# Duden

# Eltern
# COACH
# MATHE

**Sicher helfen bei Hausaufgaben & Co.**

1. Auflage

**Dudenverlag**
Berlin

**Bibliografische Information der Deutschen Nationalbibliothek**
Die Deutsche Nationalbibliothek verzeichnet diese Publikation in der Deutschen National-
bibliografie; detaillierte bibliografische Daten sind im Internet über http://dnb.d-nb.de abrufbar.

Das Wort **Duden** ist für den Verlag Bibliographisches Institut GmbH als Marke geschützt.

© Duden 2016   D C B A
Bibliographisches Institut GmbH, Mecklenburgische Straße 53, 14197 Berlin

**Redaktionelle Leitung** David Harvie
**Redaktion** Dr. Wiebke Salzmann
**Autor/Text** Vito Tagliente

**Herstellung** Ursula Fürst
**Layout und Satz** Sigrid Hecker, Mannheim
**Umschlaggestaltung** Büroecco, Augsburg
**Umschlagabbildungen** Stock photo iStock / Sashatigar und Büroecco
**Grafiken** Sigrid Hecker, Mannheim
**Druck und Bindung** Heenemann GmbH & Co. KG, Bessemerstraße 83–91, 19103 Berlin
Printed in Germany

ISBN 978-3-411-87181-0
Auch als E-Book erhältlich unter: ISBN 978-3-411-90932-2
www.duden.de

Liebe Leserin, lieber Leser,

natürlich können Sie zwei Zahlen voneinander subtrahieren – aber was Ihr Kind da gerade in der Schule zum Addieren von Gegenzahlen nicht verstanden hat, sagt Ihnen leider auch nichts mehr? Und, Hand aufs Herz, wann haben Sie das letzte Mal zwei Kommazahlen schriftlich dividiert? Und wie sah noch mal die p-q-Formel aus? Sie möchten Ihrem Kind gern bei Problemen mit den Mathematik-Hausaufgaben helfen und waren ja auch gar nicht so schlecht in Mathe – aber ein paar Jahre ist das nun doch schon her und Sie könnten eine kurze **Auffrischung** des damals Gewussten gebrauchen? Genau die liefert Ihnen dieses Buch.

Anschaulich erklärt und übersichtlich aufbereitet finden Sie im „Elterncoach Mathematik" die **Themen der 5. bis 10. Klasse** – auch solche, die nicht in jedem Bundesland bereits bis zur 10. Klasse auf dem Lehrplan stehen wie Vektorrechnung oder Kurvendiskussionen, werden behandelt. Das macht den Elterncoach auch für ältere Schüler und Schülerinnen interessant, die sich selbstständig zu einzelnen Themen informieren wollen.

Die fünf Kapitel behandeln jeweils ein Teilgebiet der Mathematik und sind unterteilt in Unterkapitel, die jedes ein bis zwei **Doppelseiten** umfassen. Durch das Doppelseitenprinzip wird weitgehend vermieden, einen Gedankengang durch Umblättern unterbrechen zu müssen. **Beispiele** und **Grafiken** machen das Erklärte anschaulich und holen das früher Gelernte rasch in Ihr Gedächtnis zurück.

Zu Beginn eines Unterkapitels gibt ein kurzer Einstieg **„Wozu eigentlich?"** die Antwort auf die Frage: „Wozu muss man das eigentlich lernen?".
Ein Kasten **„Patzer vermeiden!"** gibt am Schluss eines jeden Unterkapitels Tipps zu häufigen Fehlerquellen und wie man diese umgeht.

Um den Inhalt des Buches zu erschließen, steht Ihnen neben dem **Inhaltsverzeichnis** auch ein **Register** zur Verfügung – dieses enthält wichtige Begriffe, die nicht im Inhaltsverzeichnis auftauchen: Wenn Sie nachschlagen wollen, was ein Gegenereignis ist, aber nicht mehr sicher sind, zu welchem Thema dieser Begriff gehört, finden Sie im Register die richtige Seite. Oder Sie schauen ins **Glossar**, das auf acht Seiten wichtige Begriffe kurz erklärt – wenn Sie noch genau wissen, wozu man die p-q-Formel braucht, aber nicht mehr sicher sind, ob es „+q" oder „–q" heißen muss, brauchen Sie nicht das ganze Kapitel zu quadratischen Gleichungen zu lesen, sondern können die Formel schnell im Glossar nachschlagen.

Ihnen – und Ihrem Kind – viel Erfolg beim Lernen!

# INHALTSVERZEICHNIS

# 1

# ZAHLEN UND ZAHLENBEREICHE

# Zahlenbereiche und Zahleneigenschaften

**WOZU EIGENTLICH?**  *Beim Beschreiben von Rechenregeln und Vorgehensweisen wäre es äußerst umständlich, alle Zahlen einzeln aufzählen zu müssen, für die diese Rechenregeln gelten. Ein Zusammenschluss der Zahlen zu Zahlenbereichen ermöglicht es, Vorgehensweisen für den gesamten Zahlenbereich anzugeben.*

### Dinge nach Eigenschaften zusammenfassen

Eine 34-jährige Frau gehört zur Gruppe der 34-Jährigen, außerdem zur Gruppe der Frauen, zur Gruppe der weiblichen Menschen und zur Menge der Menschen. Ähnlich ist es mit Zahlen. Jede Zahl hat bestimmte Eigenschaften — sie kann eine Dezimalzahl sein, ein Bruch oder eine negative Zahl. Nach diesen Eigenschaften gruppiert man die Zahlen und fasst sie in **Zahlenbereichen** zusammen. Man kann damit unendlich viele Zahlen gleichzeitig benennen, indem man beispielsweise von der Menge der natürlichen Zahlen spricht und nicht die Zahlen 0; 1; 2; 3; … aufzählt. Damit lassen sich Regeln und Gesetze aufstellen, die für alle diejenigen Zahlen gelten, die zu einem bestimmten Zahlenbereich gehören.

### Die Menge der natürlichen Zahlen IN

Die natürlichen Zahlen IN sind die Zahlen, mit denen man zählt:
$\mathbb{N} = \{0; 1; 2; 3; 4; …\}$.
Früher gehörte die Null nicht zu den natürlichen Zahlen, in einigen Büchern wird dies noch so gehandhabt. Die drei Punkte in der Klammer deuten an, dass die Menge der natürlichen Zahlen unendlich viele Zahlen enthält — es gibt keine größte natürliche Zahl.

### Die Menge der ganzen Zahlen ℤ

Zu den ganzen Zahlen ℤ gehören alle **natürlichen Zahlen** und darüber hinaus die **negativen Zahlen** (s.S.38), die ohne Komma geschrieben werden können:
$\mathbb{Z} = \{…; -4; -3; -2; -1; 0; 1; 2; 3; 4; …\}$.
Auch hier bedeuten die drei Punkte, dass der Zahlenbereich in beide Richtungen beliebig erweitert werden kann — sowohl im positiven als auch im negativen Bereich kann man unendlich weiterzählen. Es gibt weder eine kleinste noch eine größte ganze Zahl.

## Die Menge der rationalen Zahlen ℚ

Zur Menge der rationalen Zahlen ℚ gehören alle **ganzen Zahlen** sowie alle **Dezimalzahlen** (Kommazahlen; s.S.34), die sich als Bruch schreiben lassen, und alle **Brüche** (s.S.26), positive wie negative:

$\mathbb{Q} = \{...;\ -28;\ ...;\ -11\frac{2}{3};\ ...;\ -10{,}428;\ ...;\ -2;\ ...;\ 0;\ ...;\ 0{,}1;\ ...;\ \frac{2}{7};\ ...;\ 2\frac{4}{9};\ ...;\ 9{,}14;\ ...\}$.

Dieser Zahlenbereich lässt sich nicht wie die natürlichen und ganzen Zahlen als fortlaufende Folge von Zahlen darstellen, da zwischen zwei beliebigen Zahlen unendlich viele weitere Zahlen liegen — so liegen zwischen 9,14 und 9,15 die Zahlen 9,145 und 9,146; zwischen diesen wiederum liegen 9,1455 und 9,1456 usw.

## Die Menge der reellen Zahlen ℝ

Der Bereich der reellen Zahlen ℝ enthält die **rationalen Zahlen** und darüber hinaus die **irrationalen Zahlen.** Irrationale Zahlen lassen sich weder als Bruch schreiben noch als Dezimalzahl, denn sie haben unendlich viele Nachkommastellen (s.S.34). Die Kreiszahl $\pi \approx 3{,}14$ oder $\sqrt{2}$ sind Beispiele für irrationale Zahlen. Da die Reihe ihrer Nachkommastellen nicht abbricht, stellt man sie gerundet dar (bei $\pi \approx 3{,}14$ bspw. auf zwei Nachkommastellen).

## Hierarchie der Zahlenmengen

Die oben genannten Zahlenbereiche sind immer gleichzeitig ein Teil des nächsten Zahlenbereichs, so wie die 34-jährige Frau, die zu der Gruppe der 34-jährigen Frauen gehört, gleichzeitig aber zu den Frauen (jeglicher Altersgruppe), der Gruppe der weiblichen Menschen (hierzu gehören alle vorhergenannten, aber auch Mädchen und Kleinkinder) und natürlich zu den Menschen insgesamt gehört.

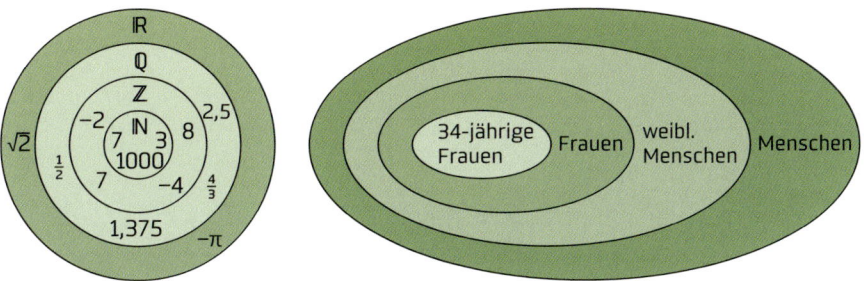

**PATZER VERMEIDEN!**  *Wichtig ist, zu verstehen, dass jeder Zahlenbereich den vorhergehenden enthält: Die reellen Zahlen enthalten die rationalen, die rationalen Zahlen enthalten die ganzen, die ganzen Zahlen enthalten die natürlichen Zahlen.*

# Zahlenstrahl und Zahlengerade

**WOZU EIGENTLICH?** *Mithilfe des Zahlenstrahls und der Zahlengeraden lassen sich Zahlen der Größe nach ordnen und darstellen. Durch die sinnvolle Ordnung der Zahlen lassen sich Bereiche und Verhältnisse gut veranschaulichen.*

### Der Zahlenstrahl

Der Zahlenstrahl wird als **Pfeil** dargestellt, der bei 0 beginnt und dessen Pfeilspitze nach rechts zeigt. Die Pfeilspitze bedeutet, dass der Zahlenstrahl sich nach rechts unendlich fortsetzt. Daran erkennt man bereits, dass der Zahlenstrahl die natürlichen Zahlen symbolisiert. Gleiche Abstände zwischen zwei Zahlen werden durch gleiche Abstände zwischen den Skalenstrichen dargestellt.

### Die Zahlengerade

Die Zahlengerade setzt sich in **beide Richtungen** unendlich fort, mit ihr können diejenigen Zahlenmengen dargestellt werden, die auch negative Zahlen enthalten: ganze, rationale und reelle Zahlen.
Die Zahlengerade beginnt am linken Ende nicht mit einem Skalenstrich, sondern ragt ein Stück darüber hinaus — damit wird verdeutlicht, dass sie in diese Richtung unendlich fortgeführt werden kann. Sie endet rechts wie der Zahlenstrahl mit einer Pfeilspitze; diese bedeutet, dass die Zahlengerade auch in diese Richtung unendlich weiter geht.

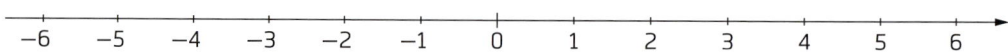

### Eine Zahlengerade anlegen

Im Prinzip beinhaltet eine Zahlengerade unendlich viele Zahlen. Es werden jedoch immer nur die Zahlen eingetragen und sichtbar gemacht, die gerade für die Betrachtung notwendig sind. Entsprechend wählt man den Ausschnitt und die Skalierung der Zahlengeraden.

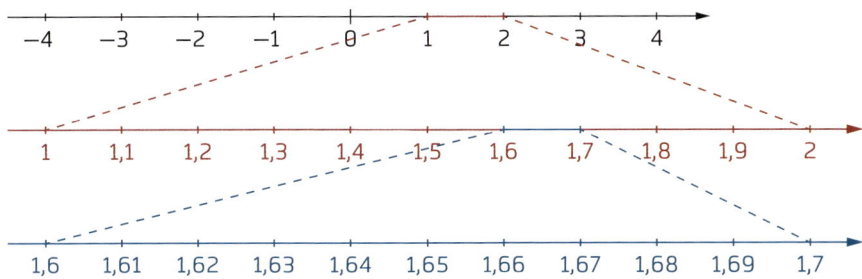

Da zwischen zwei Zahlen immer unendlich viele liegen, kann man „mit der Lupe"
immer tiefer „hineinzoomen".

### Gegenzahlen

Meist ist 0 der Mittelpunkt der Zahlengerade. Jede Zahl auf der einen Seite
der 0 besitzt eine Gegenzahl auf der anderen Seite von 0: zum Beispiel ist −2 die
Gegenzahl zu 2 und umgekehrt.

### Betrag einer Zahl

Den **Abstand** einer Zahl a zur 0 auf der Zahlengerade bezeichnet man mit |a|,
gelesen: „Betrag von a". Dieser Abstand ist grundsätzlich positiv, da es keine
negativen Abstände gibt. Das heißt zum Beispiel:

**BEISPIEL:**     |27| = 27
              Der Betrag von 27 ist 27.
              |−27| = 27
              Der Betrag von −27 ist ebenfalls 27.

Gegenzahlen haben also denselben Betrag, da beide denselben Abstand
zur 0 haben.
Jede beliebige Zahl auf einer Zahlengerade hat somit eine Gegenzahl, weil es
immer auf der anderen Seite der 0 eine Zahl gibt, die den gleichen Abstand
zur 0 hat.

**PATZER VERMEIDEN!**  *Will man eine Zahlengerade zeichnen, muss man sich vorher
überlegen, welche größte und welche kleinste Zahl die Zahlengerade enthalten soll
und welche Skala am sinnvollsten ist. Zum einen muss die Gerade auf das Blatt passen,
zum anderen ist oftmals ein größtmöglicher Skalenabstand nötig, um gut zeichnen
zu können.*

# Folgen

**WOZU EIGENTLICH?**  *Ohne das Wissen über Zahlenfolgen wäre es um einiges schwieriger, Prognosen aufzustellen, wenn sich z. B. etwas gleichmäßig vermehrt oder reduziert. Beispiele hierfür sind die Entwicklung von Tierpopulationen oder die Abnahme der Menge eines chemischen Elementes beim radioaktiven Zerfall.*
*In Intelligenztests werden Folgen häufig genutzt, um das logische Denken zu prüfen.*

### Was sind Folgen?

Folgen sind Anordnungen von Zahlen, die aus einer bestimmten Regelmäßigkeit hervorgehen. Dabei spielt es keine Rolle, ob die Zahlen kleiner oder größer werden — wichtig ist nur, dass jede nachfolgende Zahl sich nach einer festgelegten Gesetzmäßigkeit ergibt.
Lautet die zugrunde liegende Regel „addiere 4", ergibt sich die Folge:

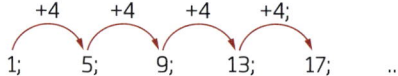

Die nächste Zahl lautet also 21, danach folgt 25 usw.

Eine Folge muss nicht unbedingt bei 1 oder 0 beginnen, wie im folgenden Beispiel mit der Regel „subtrahiere 9":

$$-9 \quad -9 \quad -9 \quad -9$$
$$59; \quad 50; \quad 41; \quad 32; \quad 23; \quad \dots$$

Natürlich können die Vorschriften zum Aufbau einer Folge auch Multiplikation oder Division enthalten:

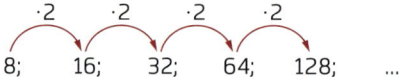

Auch kompliziertere Regeln, die mehrere Rechenschritte umfassen, kommen vor:

$$\cdot 2+1 \quad \cdot 2+1 \quad \cdot 2+1 \quad \cdot 2+1$$
$$3; \quad 7; \quad 15; \quad 31; \quad 63; \quad \dots$$

## Vorschriften erkennen

Um die Gesetzmäßigkeit einer Folge zu bestimmen, kann man an beliebiger Stelle in der Folge beginnen. Man greift zwei aufeinanderfolgende Zahlen heraus und stellt Vermutungen an, wie aus der vorhergehenden Zahl der Nachfolger entstanden sein könnte. Diese Vermutung überträgt man dann auf weitere aufeinanderfolgende Zahlenpaare und prüft, ob die vermutete Vorschrift auch für diese gilt. Die Gesetzmäßigkeit **muss an allen Stellen anwendbar** sein.
Ist zum Beispiel die Folge: 486; 162; 54; 18; 6; … gegeben, könnte man mit den beiden Zahlen 18 und 6 beginnen. 6 ist offensichtlich ein Drittel von 18, geht also aus 18 durch Division durch 3 hervor. Überprüft man diese Vermutung an den Zahlen 54 und 18 oder an 162 und 54, erhält man auch hier die Regel, dass die nachfolgende Zahl über eine Division durch 3 aus der vorhergehenden entsteht. Die vermutete Regel ist daher richtig, die Vorschrift zur Bildung der Folge lautet: „Dividiere durch 3".

## Die Fibonacci-Folge

Eine der bekanntesten Zahlenfolgen ist die Fibonacci-Folge:
1; 1; 2; 3; 5; 8; 13; 21; …
Ihre Vorschrift lautet: „Addiere zwei benachbarte Zahlen, um die nächste zu erhalten". Für die ersten beiden Zahlen wird 1 als Wert festgelegt. Zeichnet man Quadrate, deren Seitenlängen den Fibonacci-Zahlen entsprechen, in einer bestimmten Weise aneinander und fügt Viertelkreise ein, erhält man die **Fibonacci-Spirale.**

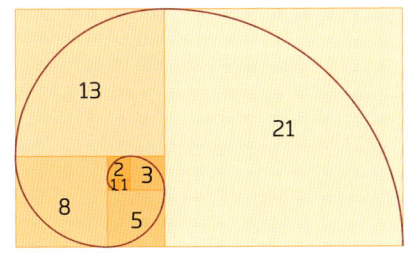

Viele Dinge in der Natur sind so aufgebaut, dass sich die Fibonacci-Spirale erkennen lässt, z. B. Schneckenhäuser, Kiefernzapfen, Ananas.

---

**PATZER VERMEIDEN!**   *Einige Folgen lassen unterschiedliche Fortführungen zu. In der Folge 3; 5; 7; … vermutet man zunächst die Regel „+2". Es könnte aber auch eine Folge von Primzahlen (s. S. 20) sein, die mit 11 weitergehen würde.*
*Je weniger Zahlen vorgegeben sind oder je weniger Zahlen man untersucht, um die Gesetzmäßigkeit zu erkennen, desto unsicherer ist das Ergebnis. Deshalb ist es wichtig, nachdem man eine Vermutung aufgestellt hat, diese an allen vorgegebenen Folgezahlen zu überprüfen.*

# Addieren und Subtrahieren

**WOZU EIGENTLICH?** *Es kann immer wieder passieren, dass man kein elektronisches Hilfsmittel zur Hand hat – in solchen Situationen kommt man mit den Methoden des schriftlichen Addierens und Subtrahierens schnell zum Ergebnis.*

### Begriffe und Rechengesetze der Addition

| 3 | + | 4 | = | 7 |
|---|---|---|---|---|
| Summand | plus | Summand | gleich | Summe |

Mit „Summe" bezeichnet man sowohl den zur Addition gehörenden Rechenausdruck wie auch das Ergebnis der Addition.

Bei der Addition gelten folgende **Rechengesetze:**
**Kommutativgesetz:** Die Reihenfolge der Summanden darf vertauscht werden, der Wert der Summe ändert sich dadurch nicht: $3 + 4 = 4 + 3 = 7$.
**Assoziativgesetz:** Die Reihenfolge der Rechenschritte darf vertauscht werden, der Wert der Summe ändert sich dadurch nicht: $(3 + 4) + 2 = 3 + (4 + 2) = 9$.

### Schriftlich addieren

**1.** Man schreibt die Summanden so untereinander, dass die Einer unter den Einern stehen, die Zehner unter den Zehnern usw.

$$\begin{array}{r} 6\ 3\ 5 \\ +\ 1\ 6\ 1\ 4 \\ \hline \end{array}$$

**2.** Nun addiert man die Einer ($5 + 4 = 9$); danach die Zehner ($3 + 1 = 4$) usw.

$$\begin{array}{r} 6\ 3\ 5 \\ +\ 1\ 6\ 1\ 4 \\ \hline 4\ 9 \end{array}$$

**3.** Erhält man beim Addieren einer Spalte ein zweistelliges Ergebnis ($6 + 6 = 12$), notiert man die hintere Ziffer (2) im Endergebnis und übernimmt die vordere Ziffer (1) als Übertrag in die Rechnung.

**4.** Die übertragene Ziffer ist nun ein neuer Summand in der Addition und wird genauso wie die anderen Summanden innerhalb dieser Spalte behandelt und einfach addiert ($1 + 1 = 2$).

$$\begin{array}{r} 6\ 3\ 5 \\ +\ 1_{1}\ 6\ 1\ 4 \\ \hline 2\ 2\ 4\ 9 \end{array}$$

## Begriffe und Rechengesetze der Subtraktion

| 7 | – | 4 | = | 3 |
|---|---|---|---|---|
| Minuend | minus | Subtrahend | gleich | Differenz |

Mit „Differenz" bezeichnet man den Rechenausdruck wie auch das Ergebnis der Subtraktion.

**Kommutativgesetz und Assoziativgesetz gelten bei der Subtraktion nicht** — weder die Glieder noch die Rechenschritte dürfen vertauscht werden:
$7 - 4 \neq 4 - 7$, denn $3 \neq -3$, und $(9 - 2) - 3 \neq 9 - (2 - 3)$, denn $7 - 3 \neq 9 - (-1)$.

## Schriftlich subtrahieren

**1.** Man schreibt Minuenden und Subtrahenden so untereinander, dass Einer unter Einern stehen, Zehner unter Zehnern usw. Man subtrahiert zunächst Einer von den Einern ($9 - 6 = 3$).

$$\begin{array}{r} 4\ 1\ 9 \\ -\ 2\ 5\ 6 \\ \hline \end{array}$$

**2.** Muss eine Ziffer von einer kleineren abgezogen werden, holt man sich eine 1 aus der nächsten Spalte zu Hilfe ($1 - 5$ wird zu $11 - 5 = 6$). Die „geliehene" 1 notiert man als Übertrag.

$$\begin{array}{r} 4\ 1\ 9 \\ -\ 2\ 5\ 6 \\ \phantom{00}{}_{1}\phantom{0} \\ \hline 1\ 6\ 3 \end{array}$$

**3.** Die übertragene Zahl ist nun ein neuer Subtrahend. Man muss im Beispiel also $2 + 1 = 3$ von 4 abziehen.

**4.** Hat man mehrere Subtrahenden, addiert man vor der eigentlichen Subtraktion alle Subtrahenden ($6 + 8 = 14$).

$$\begin{array}{r} 5\ 0\ 2 \\ -\ 1\ 0\ 6 \\ -\ 1\ 3\ 8 \\ \phantom{0}{}_{2}\phantom{0} \\ \hline 8 \end{array} \quad \}6 + 8 = 14$$

**5.** Jetzt müsste man 14 von 2 abziehen. Da der Subtrahend aber größer ist als der Minuend, „bedient" man sich wiederum bei den Zehnern, sodass gedanklich aus der 2 eine 22 wird. Die „geliehene" 2 schreibt man als Übertrag.

**6.** Die übertragene 2 wird nun wie ein weiterer Subtrahend in der entsprechenden Spalte zu den anderen Ziffern addiert und es wird weitergerechnet wie im vorigen Schritt.

$$\begin{array}{r} 5\ 0\ 2 \\ -\ 1\ 0\ 6 \\ -\ 1\ 3\ 8 \\ {}_{1}\phantom{0}{}_{2}\phantom{0} \\ \hline 2\ 5\ 8 \end{array}$$

**PATZER VERMEIDEN!** *Man sollte immer überprüfen, ob die Zahlen stellengerecht untereinander stehen und ob man beim Rechnen nicht in der Spalte verrutscht. Überträge darf man nicht zu notieren vergessen!*

# Multiplizieren und Dividieren

**WOZU EIGENTLICH?**  *Auch ohne Taschenrechner kommt man mit den Methoden des schriftlichen Multiplizierens und Dividierens schnell zum Ergebnis.*

### Begriffe und Rechengesetze der Multiplikation

| 3 | · | 4 | = | 12 |
|---|---|---|---|----|
| Faktor | mal | Faktor | gleich | Produkt |

Mit „Produkt" bezeichnet man den zur Multiplikation gehörenden Rechenausdruck wie auch ihr Ergebnis.

Bei der Multiplikation gelten folgende Rechengesetze:
**Kommutativgesetz:** Die Reihenfolge der Faktoren darf vertauscht werden, der Wert des Produktes ändert sich dadurch nicht: $3 \cdot 4 = 4 \cdot 3 = 12$.
**Assoziativgesetz:** Die Reihenfolge der Rechenschritte darf vertauscht werden, der Wert des Produktes ändert sich dadurch nicht: $(3 \cdot 4) \cdot 2 = 3 \cdot (4 \cdot 2) = 24$.

### Schriftlich multiplizieren

**1.** Mann beginnt mit der 1. Ziffer des 2. Faktors und multipliziert sie mit der letzten Ziffer des 1. Faktors ($5 \cdot 3$). Ist das Ergebnis größer als 10 (hier: 15), notiert man die Einer und merkt sich die Zehner („5 hin, 1 im Sinn"). Das Ergebnis wird unter der Ziffer des 2. Faktors notiert, mit der man multipliziert hat.

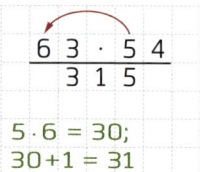

**2.** Nun wird die 1. Ziffer des 2. Faktors mit der nächsten Ziffer des 1. Faktors multipliziert ($5 \cdot 6$). Zum Ergebnis (30) addiert man die gemerkte Zehnerziffer ($30 + 1 = 31$). So verfährt man, bis man alle Ziffern des 1. Faktors multipliziert hat.

**3.** Man wiederholt die Schritte mit der 2. Ziffer des 2. Faktors und schreibt das Ergebnis in die nächste Zeile, beginnend unter der betreffenden Ziffer des 2. Faktors.

**4.** Die Teilergebnisse werden addiert, um das endgültige Produkt zu erhalten — leere Stellen werden mit einer 0 gefüllt.

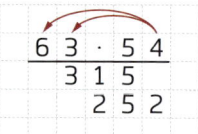

## Begriffe und Rechengesetze der Division

| 8 | : | 4 | = | 2 |
|---|---|---|---|---|
| **Dividend** | **dividiert durch** | **Divisor** | **gleich** | **Quotient** |

Mit „Quotient" bezeichnet man den zur Division gehörenden Rechenausdruck wie auch das Ergebnis der Division.

**Kommutativgesetz und Assoziativgesetz gelten bei der Division nicht –**
weder die Glieder noch die Rechenschritte dürfen vertauscht werden:
$8:4 \neq 4:8$, denn $2 \neq \frac{1}{2}$, und $(8:2):2 \neq 8:(2:2)$, denn $4:2 \neq 8:1$.

## Schriftlich dividieren

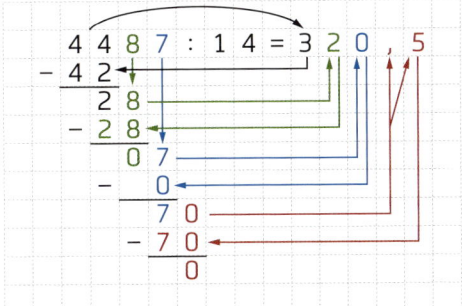

**1.** Hinter dem Gleichheitszeichen notiert man, wie oft der Divisor in die erste Ziffer des Dividenden „passt" (44 : 14 = 3 Rest 2). Ist die erste Ziffer des Dividenden kleiner als der Divisor, nimmt man die ersten beiden Ziffern des Dividenden usw.

**2.** Das bisherige Ergebnis wird mit dem Divisor multipliziert und dieses Ergebnis unter die Ziffern geschrieben, die man für die erste Berechnung genutzt hat ($3 \cdot 14 = 42$) und dann von dieser Zahl subtrahiert ($44 - 42 = 2$).

**3.** Nun holt man die nächste Ziffer des Dividenden „nach unten" (8). Die entstandene Zahl (28) ist der neue Dividend, der durch den Divisor dividiert wird (28 : 14 = 2).

**4.** Nach und nach werden alle Ziffern des Dividenden „nach unten geholt". Ist der neue Dividend (7) kleiner als der Divisor, passt dieser 0-mal hinein. Im Ergebnis wird 0 notiert und man „holt" die nächste Ziffer „herunter".

**5.** Gibt es keine nächste Ziffer, schreibt man hinter das Ergebnis ein Komma. Man holt nun die Nachkommastellen des Dividenden herunter; diese sind im Fall einer ganzen Zahl als Dividend Nullen.

**PATZER VERMEIDEN!** *Bei der schriftlichen **Multiplikation** sollte man die Teilprodukte sorgfältig notieren, um sie stellenrichtig zu addieren.*
*Wählt man bei der schriftlichen **Division** für den ersten Schritt zu viele Ziffern aus dem Dividenden aus, wird die Aufgabe unnötig kompliziert.*

## Primzahlen

**WOZU EIGENTLICH?** *Kennt man die Primzahlen, lassen sich leichter gemeinsame Teiler zweier Zahlen finden, womit sich wiederum Brüche leichter kürzen lassen. Primzahlen verwendet man bei der Programmierung von Verschlüsselungssystemen für PC, E-Mail oder Onlinebanking. Dabei werden zwei möglichst große Primzahlen multipliziert. Die Primfaktorzerlegung zu finden und damit das Programm zu „hacken", wird umso schwieriger, je größer die gewählten Primzahlen sind.*

### Primzahlen und Primfaktorzerlegung

Zahlen, die nur durch 1 und sich selbst teilbar sind, nennt man Primzahlen (Primzahlen von 1 bis 100 s. Tabelle). Jede beliebige natürliche Zahl ist in Primzahlen zerlegbar; man spricht von **Primfaktorzerlegung.** Für die natürlichen Zahlen bis 100 gilt: Ist eine Zahl nicht durch 2, 3, 5 und 7 (die ersten vier Primzahlen) teilbar, so ist sie selbst auch eine Primzahl.

| | | | | | | | | | |
|---|---|---|---|---|---|---|---|---|---|
| 1 | 2 | 3 | 4 | 5 | 6 | 7 | 8 | 9 | 10 |
| 11 | 12 | 13 | 14 | 15 | 16 | 17 | 18 | 19 | 20 |
| 21 | 22 | 23 | 24 | 25 | 26 | 27 | 28 | 29 | 30 |
| 31 | 32 | 33 | 34 | 35 | 36 | 37 | 38 | 39 | 40 |
| 41 | 42 | 43 | 44 | 45 | 46 | 47 | 48 | 49 | 50 |
| 51 | 52 | 53 | 54 | 55 | 56 | 57 | 58 | 59 | 60 |
| 61 | 62 | 63 | 64 | 66 | 66 | 67 | 68 | 69 | 70 |
| 71 | 72 | 73 | 74 | 75 | 76 | 77 | 78 | 79 | 80 |
| 81 | 82 | 83 | 84 | 85 | 86 | 87 | 88 | 89 | 90 |
| 91 | 92 | 93 | 94 | 95 | 96 | 97 | 98 | 99 | 100 |

### Eine Zahl prüfen

Um festzustellen, ob eine Zahl zusammengesetzt oder eine Primzahl ist, fängt man mit der kleinsten Zahl an, durch die sie teilbar sein könnte, und prüft dann nach und nach die nächstgrößeren Zahlen – wobei Vielfache der vorhergehenden Zahlen jeweils ausgelassen werden können. Dies wird so lange probiert, bis man zu einer Zahl gelangt, die mit sich selbst multipliziert größer ist als die zu prüfende Zahl.

**BEISPIEL:** Ist 53 eine Primzahl?
2 ist kein Teiler von 53, also auch nicht 4, 6, 8 usw. 3 ist kein Teiler von 53, also auch nicht 6, 9, 12 usw. 4 wurde bereits ausgeschlossen. 5 ist kein Teiler von 53, also auch nicht 10, 15 usw. 7 ist kein Teiler von 53, damit auch nicht 14, 21 usw. 11 ist kein Teiler von 53. Da 11 · 11 = 121 schon mehr ist als 53, ist 53 eine Primzahl.

## Das Sieb des Eratosthenes

Um alle Primzahlen zwischen 1 und 100 zu
finden, lässt sich das Sieb des Eratosthenes
anwenden: Man schreibt alle Zahlen von 1
bis 100 auf und streicht die 1, da sie keine
Primzahl ist. Nun kreist man die 2 ein
und streicht alle Vielfachen von 2. Danach
kreist man die nächste noch freie Zahl

| 1̶ | ② | ③ | 4̶ | ⑤ | 6̶ | 7 | 8̶ | 9̶ | 1̶0̶ |
|---|---|---|---|---|---|---|---|---|---|
| 11 | 1̶2̶ | 13 | 1̶4̶ | 1̶5̶ | 1̶6̶ | 17 | 1̶8̶ | 19 | 2̶0̶ |
| 2̶1̶ | 2̶2̶ | 23 | 2̶4̶ | 25 | 2̶6̶ | 2̶7̶ | 2̶8̶ | 29 | 3̶0̶ |
| 31 | 3̶2̶ | 3̶3̶ | 3̶4̶ | 35 | 3̶6̶ | 37 | 3̶8̶ | 3̶9̶ | 4̶0̶ |
| 41 | 4̶2̶ | 43 | 4̶4̶ | 4̶5̶ | 4̶6̶ | 47 | 4̶8̶ | 49 | 5̶0̶ |

ein und streicht wieder alle Vielfachen dieser Zahl. Am Ende bleiben nur die
(eingekreisten) Primzahlen übrig, alle anderen sind gestrichen.

## Eine Zahl in Primfaktoren zerlegen

Eine **Primfaktorzerlegung** ist bei kleineren Zahlen recht einfach, da man
vorwiegend mit niedrigen Zahlenwerten rechnet. Man prüft die Teilbarkeit der zu
zerlegenden Zahl durch Primzahlen, beginnend bei der kleinsten Primzahl.

**1.** Man prüft zuerst, ob die Zahl, die zerlegt werden soll, ohne Rest durch 2 teilbar
(denn 2 ist die kleinste Primzahl), also eine gerade Zahl ist.
**BEISPIELE:**   **a)** 81 : 2 → nicht ohne Rest teilbar     **b)** 88 : 2 = 44

**2.** Ist die Zahl ohne Rest durch 2 teilbar, prüft man, ob der neu entstandene
Quotient erneut durch 2 teilbar ist. Ist die Zahl nicht ohne Rest durch 2 teilbar,
geht man zur nächsten Primzahl über und versucht, diese als Divisor einzusetzen.
**BEISPIELE:**   **a)** 81 : 3 = 27         **b)** 44 : 2 = 22

**3.** So geht man weiter vor, bis das Ergebnis selbst eine Primzahl ist.
**BEISPIELE:**   **a)** 27 : 3 = 9         **b)** 22 : 2 = 11 (Primzahl)
         **a)** 9 : 3 = 3 (Primzahl)

**4.** Alle Zahlen aus der Rechnung werden anschließend als Faktoren notiert.
**BEISPIELE:**   **a)** 81 = 3 · 3 · 3         **b)** 88 = 2 · 2 · 2 · 11

**PATZER VERMEIDEN!**   *Bei der Primzahlprüfung und der Primfaktorzerlegung muss
wirklich **jede** Primzahl bedacht werden, sonst ist das Ergebnis fehlerhaft.
Am besten prägt man sich die ersten Primzahlen ein (2, 3, 5, 7, 11), damit man
bei Berechnungen keine aus Versehen übergeht.*

# Vielfache und Teiler

**WOZU EIGENTLICH?** *Der größte gemeinsame Teiler und das kleinste gemeinsame Vielfache zweier Zahlen werden oft für weitere Berechnungen benötigt – z.B. in der Bruchrechnung beim Kürzen oder zur Bestimmung eines gemeinsamen Nenners.*

### Vielfache

Vielfache einer Zahl erhält man durch Multiplikation mit anderen Zahlen. Ist ein Vielfaches einer Zahl auch Vielfaches einer anderen Zahl, ist es ein gemeinsames Vielfaches beider Zahlen. Häufig sucht man das **kleinste gemeinsame Vielfache (kgV).** 24 ist ein gemeinsames Vielfaches von 2 und 6; das kgV von 2 und 6 ist 6.

### Das kgV finden

Um das kgV zweier Zahlen zu finden, zerlegt man beide in ihre Primfaktoren (s.S.21). Unter die Primfaktorzerlegungen wird ein Strich gezogen und alle Zahlen, die in den Primfaktorzerlegungen vorkommen, werden darunter notiert. Kommt ein Faktor in beiden Rechnungen vor, schreibt man ihn jedoch nur einmal auf. Anders ausgedrückt: Man nimmt **die jeweils höchsten Potenzen** eines Primfaktors. Multiplikation der unter dem Strich notierten Faktoren ergibt das kgV.

$$180 = 2 \cdot 2 \cdot 3 \cdot 3 \qquad \cdot 5$$
$$324 = 2 \cdot 2 \cdot 3 \cdot 3 \cdot 3 \cdot 3$$
$$\rule{8cm}{0.4pt}$$
$$180 = 2^2 \qquad \cdot 3^2 \qquad \cdot 5$$
$$324 = 2^2 \qquad \cdot 3^4$$
$$\rule{8cm}{0.4pt}$$
$$\text{kgV}\,(180;\,324) = 2^2 \qquad \cdot 3^4 \qquad \cdot 5 = 1620$$

### Teiler und Teilbarkeit

Kann eine Zahl n durch eine zweite Zahl t ohne Rest geteilt werden, sagt man „n ist durch t **teilbar**". Mathematisch ausgedrückt heißt das: **t | n („t teilt n")** oder „t ist Teiler von n".
Ist die erste Zahl nicht ohne Rest durch die zweite Zahl teilbar, schreibt man **t ∤ n („t teilt n nicht")**

BEISPIELE: a) 35 : 5 = 7, d.h., 5 | 35 („5 teilt 35")
b) 56 : 9 = 6 Rest 2, da 9 · 6 = 54.
Also gilt: 9 ∤ 56 („9 teilt 56 nicht").

## Teilbarkeitsregeln

Teilbarkeitsregeln können die Suche nach Teilern stark vereinfachen, weil sie oft nach einem kurzen Blick schon verraten, welche Teiler in einer Zahl stecken.
Eine Zahl ist durch …

**… 2 teilbar,** wenn ihre letzte Ziffer durch 2 teilbar ist, sie also eine gerade Zahl ist.

**… 3 teilbar,** wenn ihre Quersumme durch 3 teilbar ist. Man addiert also alle Ziffern der Zahl und erhält so die Quersumme, die viel kleiner ist als die Zahl selbst. Bei dieser kann man viel leichter abschätzen, ob sie durch 3 teilbar ist oder nicht.
BEISPIELE: Teilt 3 …
a) 837? → Quersumme: 8+3+7 = 18. 3 | 18, also 3 | 837
b) 625? → Quersumme: 6+2+5 = 13. 3 ∤ 13, also 3 ∤ 625

**… 4 teilbar,** wenn die letzten beiden Ziffern eine durch 4 teilbare Zahl darstellen.
BEISPIELE: Teilt 4 …
a) 1328? → 4 | 28, also 4 | 1328
b) 262? → 4 ∤ 62, also 4 ∤ 262

**… 5 teilbar,** wenn die letzte Ziffer eine 0 oder eine 5 ist.

**… 6 teilbar,** wenn sie durch 2 und durch 3 teilbar ist.
BEISPIELE: Teilt 6 …
a) 552? → 2 | 552 und 3 | 552 ( Quersumme = 12); also: 6 | 552
b) 326? → 2 | 326. Aber 3 ∤ 326 (Quersumme = 11); also: 6 ∤ 326

**… 8 teilbar,** wenn die letzten drei Ziffern eine durch 8 teilbare Zahl darstellen.
Dies erkennt man zwar nicht immer sofort, trotzdem ist die Rechnung durch die Teilbarkeitsregel einfacher, als wenn man die gesamte Zahl prüfen muss.
BEISPIELE: Teilt 8 …
a) 6152? → 8 | 152, also 8 | 6152
b) 5342? → 8 ∤ 342, also 8 ∤ 5342

**… 9 teilbar**, wenn die Quersumme durch 9 teilbar ist.
BEISPIELE: Teilt 9 …
a) 1287? → Quersumme: 1+2+8+7 = 18. 9 | 18, also 9 | 1287
b) 496 → Quersumme: 4+9+6 = 19. 9 ∤ 19, also 9 ∤ 496

**… 10 teilbar**, wenn die letzte Ziffer eine 0 ist.

## Weitere Teilbarkeitsregeln

So wie die Teilbarkeitsregel zur 6 eine Zusammensetzung aus denen für 3 und 2 ist, lassen sich auch für größere Zahlen Teilbarkeitsregeln durch Kombination herstellen. So ist eine Zahl durch 12 teilbar, wenn sie durch 2 und 6 oder durch 3 und 4 teilbar ist. Eine Zahl ist durch 18 teilbar, wenn sie durch 2 und 9 teilbar ist.

## Teilermenge

Erfasst man **alle Teiler einer Zahl n,** spricht man von einer Teilermenge $T_n$.
**BEISPIEL:**   Teilermenge von 12: $T_{12} = \{1; 2; 3; 4; 6; 12\}$.
Bestimmt man eine Teilermenge, muss man daran denken, dass jede Zahl auch durch sich selbst und durch 1 teilbar ist — die 1 und die Zahl, die untersucht wird, tauchen immer in der eigenen Teilermenge auf.
Die 0 bildet hierbei eine Ausnahme. Sie ist nicht durch sich selbst teilbar (weil keine Zahl durch 0 teilbar ist), aber dafür durch jede andere beliebige Zahl.

Um die Teilermenge einer Zahl zu bestimmen, prüft man der Reihe nach alle Zahlen, ob sie die Zahl teilen.
**BEISPIEL:**   42 ist teilbar durch …
… 1 (da jede Zahl durch 1 teilbar ist)
… 2 (42 ist eine gerade Zahl)
… 3 (Quersumme = 6 ist durch 3 teilbar)
… 6 (Zahl ist durch 2 und durch 3 teilbar)
… 7 (hier hilft nur ausprobieren, da es keine Teilbarkeitsregel gibt)
… 14 (Zahl ist durch 2 und durch 7 teilbar)
… 21 (Zahl ist durch 3 und 7 teilbar)
… 42 (da jede Zahl außer 0 durch sich selbst teilbar ist)
$\Rightarrow T_{42} = \{1; 2; 3; 6; 7; 14; 21; 42\}$

## Komplementärteiler

Bei der Bestimmung der Teilermenge kann man sich die „Hälfte des Weges" sparen, da es zu jedem Teiler einen Komplementärteiler oder Gegenteiler gibt: eine Zahl, die mit dem gefundenen Teiler multipliziert die zu teilende Zahl ergibt.
**BEISPIEL:**   42 : 3 = 14
Also ist 3 ein Teiler und 14 der Komplementärteiler (bzw. umgekehrt).

Stellt man eine Tabelle mit Teilern und Komplementärteilern auf, ist man fertig, wenn man bei einem Teiler ankommt, der bereits als Gegenteiler aufgeführt ist — man muss also nur die Hälfte der Zahlen prüfen.

**BEISPIEL:**   Teilermenge von 42

| 42 | |
|---|---|
| Teiler | Gegenteiler |
| 1 | 42 |
| 2 | 21 |
| 3 | 14 |
| 6 | 7 |

$T_{42} = \{1; 2; 3; 6; 7; 14; 21; 42\}$

## Gemeinsame Teiler

Ist ein Teiler einer Zahl auch Teiler einer anderen Zahl, ist er ein gemeinsamer Teiler beider Zahlen. Interessant ist oft der **größte gemeinsame Teiler (ggT).**
**BEISPIEL:**    4 ist gemeinsamer Teiler von 12 und 24; aber der ggT (12; 24) ist 12.
Haben zwei Zahlen keinen gemeinsamen Teiler, nennt man sie **teilerfremd.**

## Den ggT finden

Um den ggT zweier Zahlen zu finden, führt man eine Primfaktorzerlegung (s. S. 21) beider Zahlen durch.
Unter die Primfaktorzerlegungen der beiden Zahlen wird ein Strich gezogen und die Zahlen, die in **beiden** Rechnungen vorkommen, werden markiert. Diese Zahlen werden unter dem Strich notiert und miteinander multipliziert. Das Produkt aus diesen Zahlen ist der größte gemeinsame Teiler.

$$
\begin{array}{rcl}
8\,4 &=& 2 \cdot 2 \cdot 3 \quad\quad \cdot 7 \\
2\,5\,2 &=& 2 \cdot 2 \cdot 3 \cdot 3 \cdot 7 \\
\hline
\text{ggT }(84; 252) &=& 2 \cdot 2 \cdot 3 \quad\quad \cdot 7 = 8\,4
\end{array}
$$

**PATZER VERMEIDEN!**   *Eine gründliche Durchführung und eine saubere Notation helfen zu erkennen, welche Faktoren für die weitere Berechnung benötigt werden. Ist man unsicher, ob die Primfaktorzerlegung korrekt durchgeführt wurde, lässt sich eine einfache Probe durchführen, indem man die einzelnen Primfaktoren multipliziert und prüft, ob die ursprüngliche Zahl herauskommt.*

# Brüche

**WOZU EIGENTLICH?** *Ohne Brüche könnte man keine Verhältnisse darstellen. Zudem sind einige unendlich lange Dezimalzahlen als Bruch kürzer und genauer darstellbar — so ist $\frac{1}{3}$ als Dezimalzahl geschrieben 0,3333333... Wer gut mit Brüchen umgehen kann, kann sich außerdem viele Rechenschritte ersparen.*
*Sowohl die Prozentrechnung als auch die Wahrscheinlichkeitsrechnung nutzen die Bruchrechnung und wären viel komplizierter, wenn man ohne Brüche rechnen müsste.*

## Was sind Brüche?

Ein Bruch besteht in der Regel aus einem ganzzahligen Zähler, einem Bruchstrich und einem ganzzahligen Nenner.
Ein Bruch ist eigentlich eine Division, und der Bruchstrich ist nichts anderes als ein Divisionszeichen.

## Brüche zeichnerisch darstellen

Brüche lassen sich auf vielfältige Art und Weise zeichnerisch darstellen. Wichtig dabei ist, dass alle Teile der Zeichnung dieselbe Form und Größe haben.
Die Gesamtanzahl der einzelnen Teile ergibt den Nenner.
Die farbigen Teile ergeben den Zähler. Der Bruchstrich lässt sich hier einfach als „von" deuten: 2 von 6 sind farbig.
In manchen Fällen lassen sich die so ermittelten Ergebnisse auch kürzen.

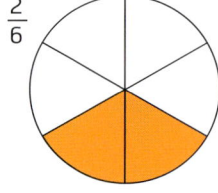

## Brüche kürzen

Wenn man einen Bruch kürzt, dividiert man Zähler und Nenner durch dieselbe Zahl. Der Wert des Bruches verändert sich dabei nicht.
1. Brüche sind dann kürzbar, wenn Zähler und Nenner gemeinsame Teiler (s. S. 22) besitzen.
**BEISPIEL:** $\frac{5}{8}$ ist nicht kürzbar, weil 5 und 8 keine gemeinsamen Teiler besitzen.

**2.** Um zu kürzen, betrachtet man Zähler und Nenner und sucht nach gemeinsamen Teilern. Bei einfachen Zahlen bestimmt man am besten gleich den ggT (s. S. 24).

**BEISPIEL:**   $\frac{18}{21} = \frac{3 \cdot 3 \cdot 2}{7 \cdot 3}$; der ggT ist 3.

**3.** Nun teilt man Zähler und Nenner durch den gemeinsamen Teiler und erhält den neuen Zähler und den neuen Nenner. Der Bruch hat nach wie vor denselben Wert.

**BEISPIEL:**   18 : 3 = 6 und 21 : 3 = 7 → $\frac{18}{21} = \frac{6}{7}$

**4.** Größere, unübersichtlichere Zahlen lassen sich auch schrittweise kürzen, indem man einfach beliebige gemeinsame Teiler sucht. (Teilbarkeits-regeln s. S. 23)

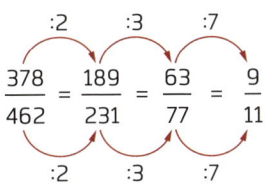

Man sollte Brüche — wann immer es möglich ist — frühzeitig kürzen, da mit den kleineren Zahlen in Zähler und Nenner nachfolgende Rechnungen meist einfacher werden.

**Brüche erweitern**

Erweitern ist das Gegenteil von Kürzen — Zähler und Nenner eines Bruches werden beim Erweitern mit derselben Zahl multipliziert. Auch hierbei ändert sich der Wert des Bruches nicht.

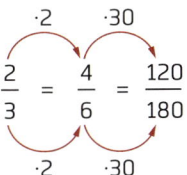

Kürzen und Erweitern lässt sich im Kreisdiagramm veranschaulichen. Die Einteilung wird gröber oder feiner, aber die gesamte eingefärbte Fläche bleibt gleich.

**Kürzen:**

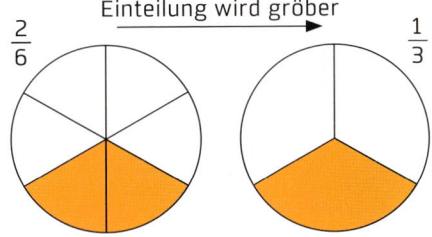

**Erweitern:**

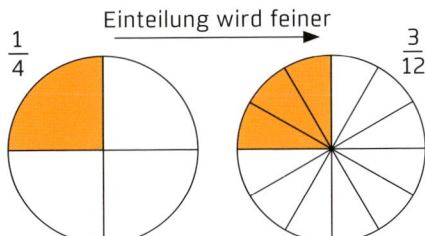

**Der Wert eines Bruches**

Um den Wert eines Bruches grob zu bestimmen, könnte man einfach den Zähler durch den Nenner teilen. Allerdings müssen die Ergebnisse dann häufig **gerundet** (s. S. 34) werden, da sie unendlich viele Nachkommastellen haben können:

**BEISPIEL:**   $\frac{8}{17} = 0{,}4705882353\ldots$

Beim **Vergleichen** der Werte zweier Brüche ist dieses Verfahren oft zu ungenau. Wenn man den Quotienten aus Zähler und Nenner runden muss, lässt sich kein konkretes Ergebnis beim Vergleichen ablesen, wie hier:

**BEISPIEL:**   $\frac{8}{17} \approx 0{,}471$ und $\frac{941}{2000} \approx 0{,}471$; trotzdem ist $\frac{8}{17} \neq \frac{941}{2000}$.

Als Bruch ist die Zahl dagegen exakt angegeben, und zwar bei geringem Schreibaufwand. Deshalb sollte man die Brüche beim Vergleichen beibehalten.

**Brüche vergleichen**

**1.** Zum Vergleichen erweitert man die Brüche so (s. S. 27), dass sie **denselben Nenner** haben. Dies erreicht man entweder, indem man die Nenner miteinander multipliziert oder indem man das kgV (s. S. 21) der beiden ursprünglichen Nenner bestimmt.

**2.** Der gemeinsame Nenner steht nun fest. Jetzt gilt es, die Zahl zu finden, mit der man den gesamten Bruch erweitern muss, um auf diesen Nenner zu kommen.

**3.** Haben die beiden Brüche nun denselben Nenner, lässt sich gut erkennen, welcher der beiden Brüche größer ist, indem man die Zähler vergleicht.

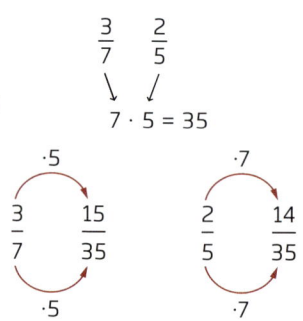

**Der Hauptnenner**

Zwei Brüche mit unterschiedlichen Nennern heißen **ungleichnamig;** zwei Brüche mit demselben Nenner heißen **gleichnamig.**
Das kgV der Nenner zweier Brüche nennt man **Hauptnenner.** Um zwei Brüche gleichnamig zu machen, erweitert man sie meist auf den Hauptnenner.

### Echte und unechte Brüche und gemischte Zahlen

Bei den bisher behandelten Brüchen liegt der Wert des Bruches zwischen 0 und 1. Der Zähler ist dann kleiner als der Nenner, man spricht von **echten Brüchen.** Es gibt auch Brüche, deren Wert größer ist als 1, bei diesen ist der Zähler größer als der Nenner. Sie heißen entsprechend **unechte Brüche.** Unechte Brüche werden in der Regel in eine **gemischte Zahl** umgewandelt, d.h., sie bestehen nach der Umformung aus einer ganzen Zahl und einem Bruch.

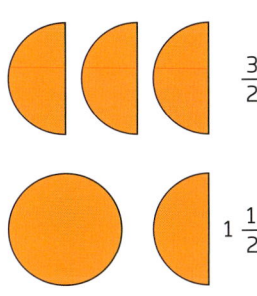

$$\frac{3}{2}$$

$$1\frac{1}{2}$$

**BEISPIEL:** $\frac{3}{2} = 1\frac{1}{2}$

Dabei ist die Schreibweise als gemischte Zahl eine Verkürzung der Summe aus der ganzen Zahl und dem Bruchanteil:

**BEISPIEL:** $\frac{3}{2} = 1\frac{1}{2} = 1 + \frac{1}{2}$

### Brüche in gemischte Zahlen umwandeln

Zuerst prüft man, wie oft der Nenner in den Zähler „passt", indem man Zähler durch Nenner dividiert. Dieser Faktor ist die ganze Zahl. Der Rest der Division ergibt den neuen Zähler; den Nenner übernimmt man aus dem Ursprungsbruch.

$$\frac{34}{15} \rightarrow 34:15 = 2 \text{ Rest } 4 \rightarrow 2\frac{4}{15}$$

### Gemischte Zahlen in Brüche umwandeln

Man schreibt die ganze Zahl als Bruch mit dem Nenner 1, erweitert den Einserbruch auf den Nenner des Bruchanteils der gemischten Zahl und addiert beide Brüche (s. S. 30).

**BEISPIEL:** $3\frac{1}{2} = 3 + \frac{1}{2} = \frac{3}{1} + \frac{1}{2} = \frac{3 \cdot 2}{1 \cdot 2} + \frac{1}{2} = \frac{6}{2} + \frac{1}{2} = \frac{7}{2}$

**PATZER VERMEIDEN!** *Beim Kürzen und Erweitern müssen immer sowohl Zähler als auch Nenner mit derselben Zahl verrechnet werden. Fehler entstehen häufig, weil beim Kürzen oder Erweitern einer der beiden (Zähler oder Nenner) vergessen wird.*

# Rechnen mit Brüchen

*Auch wenn es kompliziert aussieht und vielleicht abschreckend wirkt, lässt sich mit Brüchen viel einfacher und schneller rechnen, wenn man sich mit den Regeln vertraut gemacht hat und das „kleine 1×1" beherrscht.*

### Brüche addieren

Beim Addieren und Subtrahieren von Brüchen muss für alle Glieder zuerst ein gemeinsamer Nenner gefunden werden, sie müssen **gleichnamig** sein.
Der Grund dafür ist ein ganz einfacher:
Die Abbildung zeigt die grafische Darstellung von $\frac{1}{4}$ und von $\frac{5}{8}$. Gefragt ist nun nach der Summe der beiden Brüche.

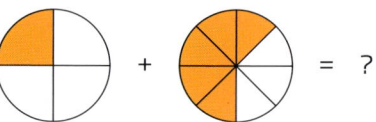

Würde man einfach die farbigen Sektoren des Kreises irgendwie aneinanderstecken, erhielte man zwar grafisch ein Ergebnis für die Addition, aber das genaue Benennen der Summe bleibt schwierig.
Durch das Erweitern der Brüche auf gleichnamige Nenner lassen sich jedoch die farbigen Sektoren problemlos abzählen und addieren: $\frac{1}{4} = \frac{2}{8} \rightarrow \frac{2}{8} + \frac{5}{8} = \frac{7}{8}$

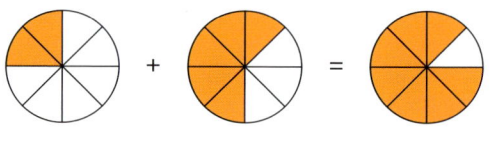

Vor der Addition oder Subtraktion muss man also die Brüche gleichnamig machen. Dazu bietet sich im Prinzip jedes gemeinsame Vielfache der Nenner an, am besten ermittelt man jedoch das kgV (den **Hauptnenner**) (s. S. 28), weil man sich damit später weitere Rechenschritte erspart.

**BEISPIEL:**   Es soll addiert werden: $\frac{1}{3} + \frac{1}{4}$

Die Brüche sind ungleichnamig, kgV (3; 4) = 12

Man erweitert nun beide Brüche so, dass sie den Hauptnenner aufweisen (s. S. 27). Dazu sucht man die Zahl, mit der man den Nenner multiplizieren muss, um auf den Hauptnenner zu kommen.
Hat man diesen Faktor zur Erweiterung ermittelt, muss der Zähler **mit derselben Zahl** erweitert werden. Nur dann bleibt der Bruch im Wert unverändert.

**BEISPIEL:**  Der Hauptnenner ist 12; der Nenner muss daher mit 4 multipliziert werden und der Zähler ebenfalls.

$$\frac{1}{3} = \frac{?}{12} \quad \rightarrow \quad \frac{1}{3} = \frac{4}{12}$$

Mit dem zweiten Bruch geht man genauso vor: zuerst den Faktor für den Nenner suchen, dann mit demselben Faktor den Zähler multiplizieren.

$$\frac{1}{4} = \frac{?}{12} \quad \rightarrow \quad \frac{1}{4} = \frac{3}{12}$$

Haben beide Brüche denselben Nenner, können sie addiert oder subtrahiert werden. Dabei werden **nur die Zähler addiert bzw. subtrahiert,** der Nenner wird beibehalten. Das Ergebnis wird gegebenenfalls noch so weit wie möglich gekürzt.

**BEISPIEL:**  $\frac{1}{3} + \frac{1}{4} = \frac{1 \cdot 4}{3 \cdot 4} + \frac{1 \cdot 3}{4 \cdot 3} = \frac{4}{12} + \frac{3}{12} = \frac{7}{12}$

$\frac{1}{3}$  +  $\frac{1}{4}$

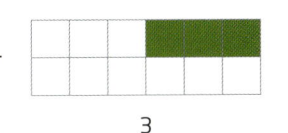 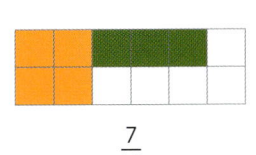

$\frac{4}{12}$  +  $\frac{3}{12}$  =  $\frac{7}{12}$

## Brüche subtrahieren

Das Subtrahieren von Brüchen geht ganz analog zum Addieren von Brüchen:
1. Hauptnenner suchen;

2. überlegen, mit welcher Zahl die ursprünglichen Nenner multipliziert werden müssen, damit sie den Hauptnenner ergeben;

3. die Zähler mit demselben Faktor multiplizieren wie die Nenner des jeweiligen Bruches;

4. wenn die Brüche gleichnamig sind, Zähler subtrahieren, Nenner beibehalten.

**BEISPIEL:**  $\frac{6}{11} - \frac{11}{22} = \frac{6 \cdot 2}{11 \cdot 2} - \frac{11}{22} = \frac{12}{22} - \frac{11}{22} = \frac{1}{22}$

## Brüche multiplizieren

Brüche werden multipliziert, indem man jeweils die Zähler miteinander und die Nenner miteinander multipliziert. Man hat also zwei Rechnungen: die **Zähler- und die Nennermultiplikation.** Dabei ist es üblich, dass man für die zu multiplizierenden Brüche einen gemeinsamen Bruchstrich verwendet, um die Rechnung übersichtlicher zu gestalten. Das Malzeichen rutscht dabei in den Zähler und in den Nenner.

**BEISPIEL:**   $\frac{4}{7} \cdot \frac{3}{10} = \frac{4 \cdot 3}{7 \cdot 10} = \frac{12}{70}$

Vor dem Multiplizieren sollte man immer prüfen, ob gekürzt werden kann, denn das kann die Rechnung erheblich vereinfachen. Dabei darf **jede Zahl aus dem Zähler mit jeder Zahl aus dem Nenner gekürzt** werden, da sie untereinander vertauscht werden dürfen. Das folgt aus dem Kommutativgesetz (s. S. 18).

**BEISPIEL:**   $\frac{4}{7} \cdot \frac{3}{10} = \frac{4 \cdot 3}{7 \cdot 10} = \frac{{}^{2}\!4 \cdot 3}{7 \cdot 10_{5}} = \frac{2 \cdot 3}{7 \cdot 5} = \frac{6}{35}$

Ergibt sich aus der Multiplikation ein unechter Bruch (s. S. 29), wandelt man das Ergebnis in eine gemischte Zahl um (s. S. 29).

## Brüche dividieren

Die Division zweier Brüche lässt sich in eine Multiplikation umwandeln, indem man den **Kehrwert** des zweiten Bruches bildet: Aus dem „:"wird ein „·" und der zweite Bruch wird „auf den Kopf gestellt", d. h., **Zähler und Nenner des zweiten Bruchs werden vertauscht.**

**BEISPIEL:**   $\frac{8}{9} : \frac{2}{5} = ?$

Der Kehrwert von $\frac{2}{5}$ ist $\frac{5}{2}$   $\rightarrow$   $\frac{8}{9} : \frac{2}{5} = \frac{8}{9} \cdot \frac{5}{2}$

Dann geht man vor wie bei der Multiplikation: Zuerst werden die einzelnen Bestandteile der Brüche auf einen gemeinsamen Bruchstrich geschrieben, dann wird so weit wie möglich gekürzt, und am Ende wird Zähler mit Zähler und Nenner mit Nenner multipliziert.

**BEISPIEL:**   $\frac{8}{9} : \frac{2}{5} = \frac{8}{9} \cdot \frac{5}{2} = \frac{8 \cdot 5}{9 \cdot 2} = \frac{4 \cdot 5}{9 \cdot 1} = \frac{20}{9}$

Im letzten Schritt wird geprüft, ob der Bruch ggf. nochmals gekürzt oder ob aus einem unechten Bruch ein gemischter Bruch gemacht werden muss.

**BEISPIEL:** $\frac{20}{9} = 2\frac{2}{9}$

Eine Division von Brüchen kann auch als Doppelbruch dargestellt werden, da ein Bruchstrich nichts anderes als ein Divisionszeichen ist. Zum Berechnen empfiehlt sich aber auch hier die Aufspaltung in zwei Brüche und die entsprechende Multiplikation über die Bildung des Kehrwertes.

**BEISPIEL:** $\frac{8}{9} : \frac{2}{5} = \dfrac{\frac{8}{9}}{\frac{2}{5}}$

### Mit ganzen Zahlen und Brüchen rechnen

Manchmal trifft man bei der Bruchrechnung auch auf ganze Zahlen. Bei der Addition stellt diese Kombination meist kein Problem dar.

**BEISPIEL:** $5 + \frac{2}{7} = 5\frac{2}{7}$

Für geübte Rechner funktioniert das auch bei der Subtraktion relativ reibungslos. Um sicherzugehen, kann man aber auch aus der ganzen Zahl einfach einen Bruch machen, indem man die Zahl in den Zähler überträgt und eine 1 in den Nenner schreibt (denn 5 ist genauso viel wie „5 : 1").

**BEISPIEL:** $5 - \frac{2}{7} = \frac{5}{1} - \frac{2}{7} = \frac{5 \cdot 7}{1 \cdot 7} - \frac{2}{7} = \frac{35}{7} - \frac{2}{7} = \frac{33}{7} = 4\frac{5}{7}$

Auch bei der Multiplikation und der Division kann man sich damit behelfen, dass man aus der ganzen Zahl einen Bruch mit dem Nenner 1 bildet. So kann man bei Bedarf selbst von ganzen Zahlen den Kehrwert bilden.

**BEISPIEL:** $\frac{2}{7} : 5 = \frac{2}{7} : \frac{5}{1} = \frac{2}{7} \cdot \frac{1}{5} = \frac{2 \cdot 1}{7 \cdot 5} = \frac{2}{35}$

---

**PATZER VERMEIDEN!** *Bei Addition und Subtraktion müssen die Brüche gleichnamig sein. **In einer Summe oder Differenz darf man nicht kürzen!** Bei der Division muss vom Divisor der Kehrwert gebildet werden. Man kann auch von ganzen Zahlen Kehrwerte bilden: „: 5" ist gleichbedeutend mit „$\cdot \frac{1}{5}$", da $5 = \frac{5}{1}$.*

# Dezimalzahlen

**WOZU EIGENTLICH?** *Dezimalzahlen kommen auch im Alltag häufig vor: bei Geldbeträgen, Längen etc. Hätte man nur ganze Zahlen zur Verfügung, wäre die Angabe von Größen ungenau und umständlich – da man dann 1 cm nicht als 0,01 m ausdrücken könnte.*

## Was sind Dezimalzahlen?

Dezimalzahlen haben **Vorkommastellen,
ein Komma** und **Nachkommastellen,**
auch **Dezimalen** genannt.
Jeder Dezimalzahl können unendlich
viele Nullen angehängt werden, ohne dass sich ihr Wert verändert.

$$14{,}25$$

Vorkommastellen   Komma   Nachkommastellen
(Dezimalen)

**BEISPIEL:**   14,25 = 14,250 = 14,2500 = 14,250000000…

Ein waagrechter Strich über Nachkommastellen bedeutet, dass sich die überstrichenen Nachkommastellen endlos wiederholen. Man spricht von einer **Periode.**
**BEISPIEL:**   $14{,}\overline{25}$ = 14,252525… sprich: „14 Komma Periode 25"

## Dezimalzahlen runden

Da es unendlich viele Dezimalzahlen gibt, die unendlich viele Nachkommastellen haben, wird häufig mit **gerundeten Werten** weitergerechnet. „Runden" bedeutet, dass man einen ungefähren Wert angibt, der möglichst nahe an dem tatsächlichen Wert liegt. Man orientiert sich beim Runden an der Stelle, die **hinter** der zu rundenden Nachkommastelle steht.
**BEISPIEL:**   Runden auf drei Nachkommastellen: 6,297438225911
Runden auf zwei Nachkommastellen: 0,866203

Liegt die dort stehende Ziffer zwischen 0 und 4, wird **abgerundet:** Die zu rundende Ziffer bleibt unverändert, die übrigen Nachkommastellen entfallen. Das heißt, der Wert der Zahl wird etwas kleiner.
**BEISPIEL:**   Runden auf drei Nachkommastellen: 6,297438225911 ≈ 6,297

Liegt die dort stehende Ziffer zwischen 5 und 9, wird **aufgerundet:** Die zu rundende Nachkommastelle wird um 1 erhöht, die übrigen Nachkommastellen entfallen. Das heißt, der Wert der Zahl wird etwas größer.
**BEISPIEL:**   Runden auf zwei Nachkommastellen: 0,866203 ≈ 0,87

## Sonderfälle beim Runden

Ist die aufzurundende Ziffer eine 9, würde beim Runden daraus eine 10 werden. Deshalb erhöht man die davorstehende Ziffer um 1, die übrigen Zahlen entfallen.

**BEISPIEL:**    Runden auf zwei Nachkommastellen: 6,297438225911 ≈ 6,30 = 6,3

**Sinnvolles Runden** bedeutet, dass man z. B. die gefragte Einheit (s. S. 60) berücksichtigt. So ist es beispielsweise wenig sinnvoll, beim Rechnen mit Geldbeträgen auf mehr als zwei Nachkommastellen zu runden. Außerdem muss der Inhalt der Aufgabenstellung in die Überlegung mit einbezogen werden.

**BEISPIEL:**    7,51 Euro sollen gerecht unter 2 Personen aufgeteilt werden.
Formal erhält man: 7,51 € : 2 = 3,755 € ≈ 3,76 €.
Jeder bekommt dennoch nur 3,75 €, weil sonst das Geld nicht reicht.

Die Ziffer, die angibt, ob man auf- oder abrunden muss, wird selbst vorher nicht gerundet; die Stellen, die nach ihr kommen, bleiben unberücksichtigt.

**BEISPIEL:**    Runde auf zwei Nachkommastellen: 3,2145.
Die 4 wird nicht aufgerundet — die Stellen, die auf die 3. Stelle folgen, bleiben unberücksichtigt. Das Rundungsergebnis ist somit 3,21.

## Dezimalzahlen in Brüche umwandeln

Um eine Dezimalzahl als Bruch darzustellen, schreibt man sie als Bruch mit einer **Zehnerpotenz** im Nenner (10, 100, 1000 …). Dazu zählt man die Nachkommastellen, denn deren Anzahl gibt an, wie viele Nullen die Zehnerpotenz haben muss.
Den Zähler liefert die ursprüngliche Zahl, allerdings ohne das Komma.

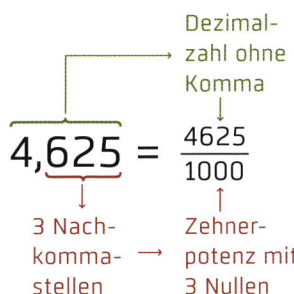

Die Begründung für diese Vorgehensweise ist recht einfach: Dividiert man eine Zahl durch 10, verschiebt sich das Komma um eine Stelle nach links. Division durch 100 bedeutet, das Komma rückt zwei Stellen nach links usw:

**BEISPIEL:**    $\frac{4621}{10}$ = 462,1;  $\frac{4621}{100}$ = 46,21;  $\frac{4621}{1000}$ = 4,621

**PATZER VERMEIDEN!**    *Von einer 9 ausgehend zu runden, kann irritieren, weil man die eigentlich zu rundende Nachkommastelle praktisch „überspringt".*

# Rechnen mit Dezimalzahlen

**WOZU EIGENTLICH?**   *Beim schriftlichen Rechnen mit Dezimalzahlen muss man neben den Vorgehensweisen, die bereits bei den ganzen Zahlen behandelt wurden, weitere Regeln kennen.*

### Dezimalzahlen addieren und subtrahieren

**1.** Bei der Addition und Subtraktion von Dezimalzahlen müssen die Kommas untereinanderstehen. Eventuelle Leerstellen am Ende können einfach mit Nullen aufgefüllt werden, da sich der Wert der Zahl nicht verändert.

$$
\begin{array}{r}
1\,8,5\,4\,0 \\
-\phantom{1\,8,}0,6\,1\,3 \\
\hline
1\,7,9\,2\,7
\end{array}
$$

**2.** Danach wird weitergerechnet wie mit ganzen Zahlen ohne Komma (s. S. 16).

**3.** Das Komma im Ergebnis wird einfach aus der entsprechenden Spalte nach unten übertragen.

### Dezimalzahlen multiplizieren

**1.** Die Kommas ignoriert man zunächst und multipliziert die Dezimalzahlen wie ganze Zahlen (s. S. 18).

**2.** Nun werden alle Nachkommastellen der beiden Faktoren gezählt. Zusammengenommen ergeben sie die Anzahl der Nachkommastellen im Ergebnis.

**BEISPIEL:**   $9{,}251 \cdot 3{,}4 = ?$

Rechnen ohne Komma:

$$
\begin{array}{r}
9\,2\,5\,1 \cdot 3\,4 \\
2\,7\,7\,5\,3\,0 \\
+\phantom{2\,}3\,7\,0\,0\,4 \\
\hline
3\,1\,4\,5\,3\,4
\end{array}
$$

$9{,}251 \rightarrow 3$ Nachkommastellen
$3{,}4 \rightarrow 1$ Nachkommastelle
→ Das Ergebnis hat 4 Nachkommastellen:
$9{,}251 \cdot 3{,}4 = 31{,}4534$

## Division von Dezimalzahlen

**1.** Bei der Division von Dezimalzahlen behilft man sich mit einem kleinen Trick: Man lässt das Komma im Divisor „verschwinden". Dazu wird in beiden Zahlen das Komma um dieselbe Stellenanzahl nach rechts verschoben, bis es aus dem Divisor verschwunden ist.
Hat der Dividend weniger Nachkommastellen als der Divisor, können ihm einfach Nullen angehängt werden, da der Zahlenwert sich dadurch nicht ändert.

**2.** Nun kann man wie gewohnt weiterrechnen. Das Komma wird ins Ergebnis übertragen, sobald man die erste Nachkommastelle des Dividenden zur Rechnung nach unten zieht.
Eventuell muss man an geeigneter Stelle abbrechen und runden.

**BEISPIEL:**    4,487 : 0,14 = ?

Divisor hat
2 Nachkommastellen
→ Komma um
2 Stellen nach rechts
verschieben:
4,487 → 448,7
0,14 → 14

```
 4 4 8,7 : 1 4 = 3 2,0 5
- 4 2                        ↑
     2 8        Komma      Komma
   - 2 8      → über-     → im
     0 7        schritten   Ergebnis
   -     0                  setzen
         7 0
       - 7 0
           0
```

## Warum das Komma verschoben werden darf

Ein Bruchstrich ist gleichbedeutend mit „dividiert durch". Im obigen Beispiel bedeutet also 9,251 : 3,4 nichts anderes als $\frac{9,251}{3,4}$. Das Verschieben des Kommas nach rechts bedeutet danach nur eine Erweiterung des Bruches mit 10, 100, 1000 usw. Sein Wert verändert sich dadurch nicht (s. S. 27):

**BEISPIEL:**    $\frac{9,251}{3,4} = \frac{92,51}{34}$, also ist 9,251 : 3,4 gleichbedeutend mit 92,51 : 34

**PATZER VERMEIDEN!**    *Zu addierende oder zu subtrahierende Zahlen müssen immer so untereinanderstehen, dass die Kommas auf gleicher Höhe sind. Übertrag nicht vergessen!*
*Zu Beginn einer Rechnung sollte das zu erwartende Ergebnis überschlagen werden. Dabei wird mit stark gerundeten Werten geschätzt, wie oft der Divisor in den Dividenden passt, und die Schätzung mit dem Ergebnis verglichen. Ist dieses deutlich zu groß oder zu klein, könnte das Komma falsch stehen.*

# Negative Zahlen

**WOZU EIGENTLICH?**   *In vielen Bereichen des Alltags kommen sowohl positive als auch negative Zahlen vor, wie z. B. bei Temperaturen oder beim Kontostand. Dabei ist es sinnvoll anzunehmen, dass die negativen Zahlen sich wie die positiven Zahlen auch unendlich weit fortsetzen. Denn auch Schulden können zumindest theoretisch unendlich hoch werden.*

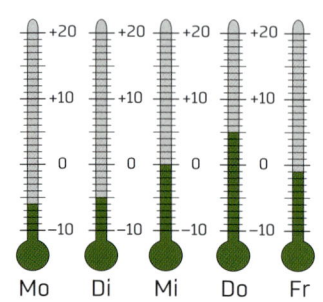

## Negative Zahlen auf der Zahlengerade

Die negativen Zahlen liegen auf der Zahlengerade (s. S. 12) links von der Null. Sie werden umso kleiner, je weiter man nach links geht, denn bei zwei negativen Zahlen ist diejenige kleiner, die den größeren Betrag hat.
Die Beträge der Zahlen werden jedoch nach links immer größer!

**BEISPIEL:**    −5 < −3; |−5| > |−3|

## Vorzeichen und Rechenzeichen zusammenfassen

Treffen zwei **verschiedene** Zeichen direkt aufeinander, wird daraus ein **Minus.** Treffen zwei **gleiche** Zeichen aufeinander, wird daraus ein **Plus.**

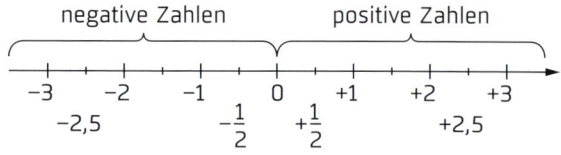

## Negative Zahlen addieren und subtrahieren

Zunächst sorgt man wie oben erläutert dafür, dass keine zwei Zeichen (Rechenzeichen und Vorzeichen) direkt aufeinandertreffen. Dadurch werden aus negativen Zahlen natürliche Zahlen.
Nun startet man auf dem Zahlenstrahl bei der ersten Zahl aus der Rechnung, im Beispiel bei der 1. Da eine **Addition** folgt, geht man entsprechend der zu addierenden Zahl **nach rechts.**
Danach folgt die **Subtraktion**, bei der man entsprechende Schritte **nach links** geht. Die Zahl, bei der man am Ende ankommt, ist das Endergebnis.

**BEISPIEL:** $1 + 2 - 5 = ?$

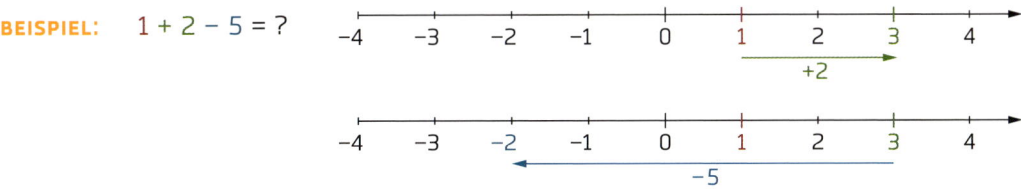

## Negative Zahlen multiplizieren und dividieren

**Multipliziert** man negative Zahlen, gilt für die **Vorzeichen:**

- Plus mal Plus ergibt Plus.          $(+14) \cdot (+3) = +42$

- Minus mal Minus ergibt Plus.        $(-14) \cdot (+3) = -42$

- Plus mal Minus ergibt Minus.        $(+14) \cdot (-3) = -42$

- Minus mal Plus ergibt Minus.        $(-14) \cdot (-3) = +42$

Für die Division lauten die Regeln entsprechend.
**„Zwei gleiche ergeben Plus, zwei unterschiedliche ergeben Minus."**

Ein Produkt aus **mehreren Faktoren** ist …
- positiv, wenn alle Faktoren positiv sind,
- positiv, wenn die Anzahl negativer Faktoren gerade ist,
- negativ, wenn die Anzahl negativer Faktoren ungerade ist.

## Gemischte „Punkt-Strich"-Aufgaben

Natürlich gilt auch hier die grundlegende Regel „Punkt vor Strich". Am besten unterteilt man die komplette Aufgabe in Rechenausdrücke, die **durch „Punkt- rechnung" fest verbunden** sind. Alles andere überträgt man unverändert.

**BEISPIEL:**  $(-4) \cdot 3 + (-21) \cdot 5 - 6 + 8 - (-10) : 2 - 1 = ?$

$(-12) \quad + (-105) \quad - 6 + 8 - \quad (-5) \quad - 1 = ?$

Jetzt kann man wie gewohnt weiterrechnen, indem man erst die Vor- und Rechenzeichen verrechnet und im Anschluss die Aufgabe löst.

**BEISPIEL:**  $-12 - 105 - 6 + 8 + 5 - 1 = -111$

**PATZER VERMEIDEN!** *Der häufigste Fehler ist wohl, dass man Vorzeichen beim Rechnen übersieht. Wenn man schon vor einer Multiplikation das zu erwartende Vor- zeichen notiert, kann man rechnen, ohne sich um die Vorzeichen zu sorgen.*

# Klammerausdrücke

**WOZU EIGENTLICH?**   *Mit Klammern wird die Reihenfolge festgelegt, in der verschachtelte Rechenausdrücke berechnet werden sollen. Zudem lassen sich mit Klammerausdrücken und den für sie geltenden Regeln Rechnungen vereinfachen.*

### Vorfahrtsregeln beim Rechnen

**Klammerausdrücke gehen vor.** Erst danach gilt die Punkt-vor-Strich-Regel.

**BEISPIEL:**   $(8 + 12) : 4 - 2 \cdot 5 = 20 : 4 - 10 = 5 - 10 = -5$

Sind mehrere Klammern vorhanden, rechnet man „von innen nach außen", d.h., zuerst wird die innere Klammer berechnet, dann die nächstäußere usw.

**BEISPIEL:**   $8 + 12 : [(4 - 2) \cdot 5] = 8 + 12 : [2 \cdot 5] = 8 + 12 : 10 = 8 + 1{,}2 = 9{,}2$

### Leichter rechnen mit dem Assoziativgesetz

Das **Assoziativgesetz** erlaubt, **reine Additions- oder Multiplikationsaufgaben** an beliebiger Stelle zu beginnen. Zuerst muss man entscheiden, was sich am leichtesten verrechnen lässt. Dann setzt man die gewählten Rechenschritte wegen der besseren Übersicht in Klammern und berechnet diese Klammern zuerst.

**BEISPIEL:**   $472 + 19 + 211 + 4 + 76 = ?$
Hier fällt es leichter, im Kopf die 19 zu 211 zu addieren als zu 472.

$472 + (19 + 211) + (4 + 76) = 472 + 230 + 80$

### Ausmultiplizieren und Ausklammern mit dem Distributivgesetz

Das Distributivgesetz erlaubt einerseits das Ausklammern eines Faktors aus einer Summe oder Differenz; andererseits das Ausmultiplizieren einer Summe oder Differenz mit einem Faktor.

## Ausmultiplizieren

Jedes Glied der Summe oder Differenz wird mit dem Faktor multipliziert.

**BEISPIEL:**  $4 \cdot (32 - 14 + 23) = 4 \cdot 32 - 4 \cdot 14 + 4 \cdot 23$

Steht direkt vor der Klammer ein Minus oder ein negativer Faktor (**Minusklammer**), muss auch das beim Auflösen der Klammer berücksichtigt werden, d. h., beim Ausmultiplizieren **ändert sich für jedes Klammerglied das Vorzeichen.**

**BEISPIELE:**   **a)** $23 - (4 + 12 - 15 - 28) + 3 = 23 - 4 - 12 + 15 + 28 + 3 = 53$

**b)** $(-6) \cdot (7 + 11 - 23) = (-6) \cdot 7 + (-6) \cdot 11 - (-6) \cdot 23$

$= -42 + (-66) - (-138) = -42 - 66 + 138 = +30$

## Ausklammern

Nach dem **Ausklammern** eines Faktors aus einer Summe oder einer Differenz können die dann kleineren Zahlen leichter addiert oder subtrahiert werden.

**1.** Man sucht einen Teiler, der **in jedem der Glieder** steckt. Im günstigsten Fall verwendet man den ggT (s. S. 25), ansonsten kann es sein, dass man mehrfach ausklammern muss.

**BEISPIEL:**   $42 + 66 - 138 + 84 = ?;$ ggT$(42; 66; 138; 84) = 6$

**2.** Nun zerlegt man jede Zahl in den ggT und den **Komplementärteiler** (s. S. 24).

**BEISPIEL:**   ggT ist 6. → $42 : 6 = 7$ → Komplementärteiler 7

ggT ist 6. → $66 : 6 = 11$ → Komplementärteiler 11 usw.

**3.** Den Faktor, den alle Zahlen aus der Rechnung gemeinsam haben, „zieht" man nun „heraus" und setzt ihn vor die Klammer. Die zugehörigen Komplementärteiler schreibt man in die Klammer, wobei man die Rechenzeichen beibehält.

**BEISPIEL:**   $42 \quad + \quad 66 \quad - \quad 138 \quad + \quad 84$

$= 6 \cdot 7 + 6 \cdot 11 - 6 \cdot 23 + 6 \cdot 14$

$= 6 \cdot (7 + 11 - 23 + 14)$

Ein Malzeichen, das direkt vor der Klammer steht, kann man auch weglassen.

**BEISPIEL:**   $6 \cdot (7 + 11 - 23 + 14) = 6 (7 + 11 - 23 + 14)$

**PATZER VERMEIDEN!**   *Beim Rechnen mit verschachtelten Klammern dürfen die Klammern nicht verwechselt werden. Bei der Anwendung des Distributivgesetzes kann man eine Probe machen, indem man die Aufgabe durch Ausmultiplizieren und Ausklammern löst. Sollten zwei unterschiedliche Ergebnisse herauskommen, wurde an mindestens einer Stelle falsch gerechnet.*

# Verhältnisse und Maßstäbe

**WOZU EIGENTLICH?** *Ohne Verhältnisse könnte man unmöglich die Größe zweier Mengen vergleichen. Für Hochrechnungen ist dies aber notwendig, ebenso für verkleinerte oder vergrößerte maßstabsgetreue Darstellungen.*
*Verhältnisse ermöglichen außerdem, Mengen unkompliziert auf größere Mengen umzurechnen und einzelne Anteile anzugeben. Ansonsten wären z.B. Kochrezepte für 4 Personen nicht für 6 Personen umsetzbar.*

### Verhältnisse darstellen

Um ein Verhältnis zweier Mengen darzustellen, verwendet man entweder einen Bruchstrich oder das Divisionszeichen (beides ist gleichbedeutend, s. S. 26). Die Gesamtmenge ist dabei so groß wie die Summe der beiden im Verhältnis stehenden Teilmengen.

**BEISPIEL:**  2 große Vögel, 5 kleine Vögel
Das Verhältnis großer zu kleiner Vögel
beträgt $\frac{2}{5}$ oder 2 : 5; gelesen „2 zu 5"
Gesamtmenge Vögel: 2 + 5 = 7

### Verhältnisse bestimmen

**1.** Will man Verhältnisse bestimmen, müssen alle zu betrachtenden Teilmengen die gleiche Einheit aufweisen. Ist dies nicht der Fall, muss vorher geeignet umgerechnet werden (s. S. 62).

**2.** Nun können die beiden Teilmengen zueinander ins Verhältnis gesetzt werden. Dabei sollte in der Bruchschreibweise der kleinere der beiden Werte im Zähler stehen. Wenn möglich, wird gekürzt (s. S. 26).

**BEISPIEL:**  Für Quittenmarmelade benötigt man 3 kg Quitten und 1500 g Zucker.
**1.** Umrechnen in dieselbe Einheit: 3 kg Quitten = 3000 g Quitten
**2.** Verhältnis bilden: $\frac{1500\text{ g (Gelierzucker)}}{3000\text{ g (Quitten)}} = \frac{1500}{3000} = \frac{1}{2}$ oder 1 : 2

Für Quittenmarmelade benötigt man Gelierzucker und Quitten im Verhältnis 1 : 2.

## Maßstäbe

### a) Maßstäbe zur Verkleinerung

Auch Maßstäbe zeigen ein Verhältnis an,
beispielsweise das Verhältnis, in dem eine
Landkarte das Abbild der Realität wiedergibt.
Der angegebene Maßstab in der Abbildung
bedeutet, dass 1 cm auf der Karte 40 000 cm in
der Wirklichkeit darstellt.

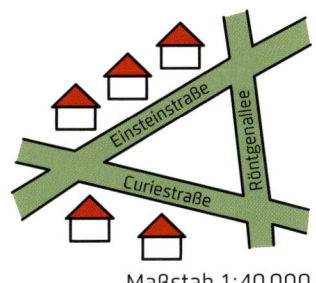

Maßstab 1:40 000

Da 1 cm auf der Karte 40 000 cm in der Wirklichkeit
entspricht, muss ein gemessener Abstand auf
der Karte mit 40 000 multipliziert werden, um den
realen Abstand zu berechnen:

4 cm · 40 000 = 160 000 cm = 1600 m = 1,6 km

### b) Maßstäbe zur Vergrößerung

Eine Landkarte stellt eine Verkleinerung der Wirklichkeit dar. Bei Maßstäben zur Vergrößerung geht man
umgekehrt vor.

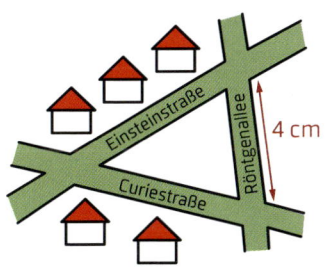

Man misst den Abstand auf dem Bild, den man in die
reale Größe umrechnen möchte.
Der angegebene Maßstab im Beispiel bedeutet, dass 20 mm
in der Abbildung 1 mm in der Wirklichkeit darstellen.
Wenn der Floh in der Abbildung 4 cm lang ist, muss dieser Wert
durch 20 dividiert werden, um die tatsächliche Größe des Flohs
zu erhalten:

4 cm : 20 = 40 mm : 20 = 2 mm

Der Floh ist in Wirklichkeit 2 mm groß.

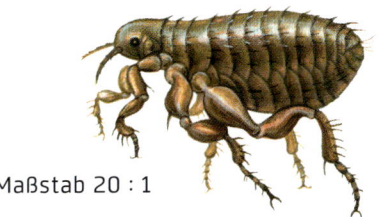

Maßstab 20 : 1

---

**PATZER VERMEIDEN!**   *Mengen, die in ein Verhältnis gesetzt werden, müssen
immer die gleiche Einheit aufweisen.*
*Beim Umrechnen von Vergrößerungen und Verkleinerungen auf Originalgröße kann
es schnell zu Verwechslungen kommen. Beim logischen Betrachten der Aufgabe
(ohne zu rechnen) kann man sich aber schnell verdeutlichen, ob der gesuchte Wert
größer oder kleiner sein muss als der ursprüngliche.*

# Proportionalität und Antiproportionalität

**WOZU EIGENTLICH?**   *Oft hängt eine Größe von einer anderen ab. Kennt man die Vorschrift für diese Abhängigkeit, lässt sich die Entwicklung der einen Größe aus der Entwicklung der anderen Größe berechnen. Ein einfaches Beispiel aus dem Alltag wäre, die Kosten für 50 l Benzin aus denen für 1 l Benzin zu berechnen.*

### Zuordnung

Eine Zuordnung ordnet einem Wert einen zweiten Wert zu. Beim Bäcker ist z. B. der Anzahl Brötchen ein bestimmter Preis zugeordnet: Kostet 1 Brötchen 40 Cent, dann kosten 2 Brötchen 80 Cent.

Um dies kenntlich zu machen, verwendet man dieses Symbol: $\mapsto$. 1 Brötchen wird 40 Cent zugeordnet, wird damit geschrieben als: 1 Brötchen $\mapsto$ 40 Cent.

Allgemein heißt demnach $x \mapsto y$ „x wird y zugeordnet". So entstehen **Wertepaare** (x|y). Für die Brötchen und deren Preise wären das beispielsweise folgende: (1|0,40), (2|0,80), (3|1,20) usw.

Um einen Vergleich oder eine Entwicklung zu verdeutlichen, aber auch um später Graphen zu einer Zuordnung erstellen zu können, trägt man diese Wertepaare häufig in einer **Wertetabelle** zusammen.

Brötchen $\mapsto$ Preis:

| Anzahl Brötchen | 1 | 2 | 3 | 4 |
|---|---|---|---|---|
| Preis in € | 0,40 | 0,80 | 1,20 | 1,60 |

### Proportionale Zuordnungen

Sind zwei Größen **proportional** (auch: **direkt proportional**) zueinander, verändern sie sich immer im gleichen Verhältnis: Wenn sich die eine Größe verdoppelt (verdreifacht usw.), verdoppelt (verdreifacht usw.) sich die andere auch:

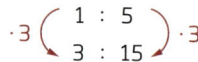

$$\cdot 3 \left( \begin{array}{c} 1 : 5 \\ 3 : 15 \end{array} \right) \cdot 3$$

**BEISPIELE:**

a) Wenn 1 Bäckerin an einem Vormittag 5 Brote herstellen kann, schaffen 3 Bäckerinnen $3 \cdot 5 = 15$ Brote.

**b)** Ein Auto benötigt für eine Strecke von 100 km 6,2 Liter Diesel.
Auf 200 km braucht es 2 · 6,2 Liter = 12,4 Liter Diesel.

Hier gilt also: **je mehr ↦ desto mehr** oder **je weniger ↦ desto weniger**
und das in gleichmäßigen Schritten.

### Antiproportionale Zuordnungen

Von **Antiproportionalität** (auch: **umgekehrter
Proportionalität** oder **indirekter Proportionalität**)
spricht man, wenn die eine Größe sich nach
Verdopplung (Verdreifachung usw.) der anderen
halbiert (drittelt usw.).

**BEISPIELE:**

**a)** Wenn 1 Bauer zum Pflügen eines Ackers
8 Stunden braucht, brauchen
2 Bauern 8 : 2 = 4 Stunden.

$$\cdot 2 \left( \begin{array}{c} 1 \; : \; 8 \\ 2 \; : \; 4 \end{array} \right) : 2$$

**b)** Frau Müllers Getränkevorräte
reichen für sie allein noch für
3 Tage.
Wenn nun aber ihre Mutter zu
Besuch kommt, reichen sie nur
noch für 3 : 2 = $\frac{3}{2}$ = 1,5 Tage.

Hier gilt demnach: **je mehr ↦ desto weniger** oder **je weniger ↦ desto mehr**
und das in gleichmäßigen Schritten.

Zur Berechnung der Wertepaare bei proportionalen und antiproportionalen
Zuordnungen wird häufig der Dreisatz verwendet (s. S. 48).

### Art der Zuordnung prüfen

Durch logisches Denken kann man häufig bereits an der Aufgabenstellung
erkennen, ob der zweite Wert sich bei Ab- oder Zunahme des ersten Wertes
genauso verhält oder entgegengesetzt. Zum Beispiel würde niemand davon
ausgehen, dass er umso weniger zahlt, je mehr Brötchen er kauft, oder dass eine
Renovierung umso länger dauert, je mehr Handwerker beteiligt sind.
So erhält man einen ersten Eindruck und muss nur noch die Gleichmäßigkeit des
Zuwachses oder der Abnahme ermitteln, um die Proportionalität oder die Antiproportionalität nachzuweisen.

Um die Art der Zuordnung festzustellen, fragt man sich, was mit der zweiten Größe passiert, wenn man die erste Größe verdoppelt. Die zweite Größe …

| **verdoppelt sich auch.** | **halbiert sich.** | **verdoppelt oder halbiert sich nicht.** |
|---|---|---|
| Sammelbienen fliegen ca. 4 Millionen Blüten an, um 3 kg Nektar zu sammeln. Fliegen sie 8 Millionen Blüten an, können sie die doppelte Menge, 6 kg, sammeln. | Eine Taxifahrt kostet für 1 Person 15 €. Würden 3 Personen mitfahren, würden sie die Kosten aufteilen, sodass jeder nur noch 5 € zahlen müsste. | Auf einem Schachbrett liegen Reiskörner, und zwar auf jedem Feld die doppelte Anzahl des vorherigen: auf dem ersten Feld 1 Korn, auf dem zweiten 2 Körner, auf dem dritten 4 Körner usw. |
| 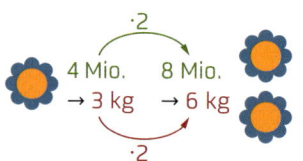 | 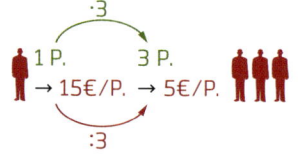 | 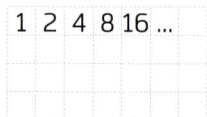 |
| 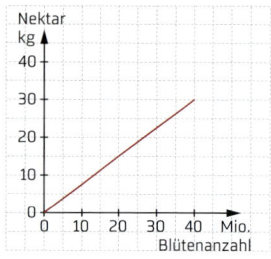 | 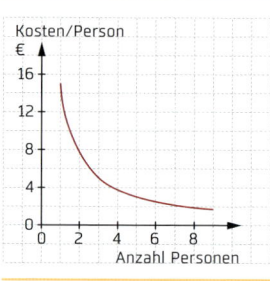 | 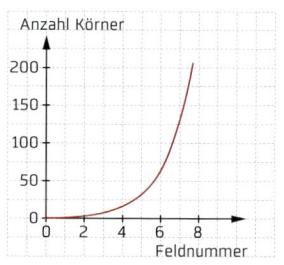 |
| Der **Quotient** zweier zugehöriger Größen hat immer **denselben Wert:** 3 kg Nektar, 4 Millionen Blüten: $\frac{3}{4}$ 6 kg Nektar, 8 Millionen Blüten: $\frac{6}{8} = \frac{3}{4}$ 9 kg Nektar, 12 Millionen Blüten: $\frac{9}{12} = \frac{3}{4}$ → **proportional** | Das **Produkt** zweier zugehöriger Größen hat immer **denselben Wert:** 1 Passagier, 15 €/Pers.: $1 \cdot 15 = 15$ 3 Passagiere, 5 €/Pers.: $3 \cdot 5 = 15$ 5 Passagiere, 3 €/Pers.: $5 \cdot 3 = 15$ → **antiproportional** | Weder das Produkt noch der Quotient zweier zugehöriger Werte ist konstant: 1. Feld, 1 Korn: $\frac{1}{1} = 1$ 3. Feld, 4 Körner: $\frac{3}{4}$ → nicht proportional 1. Feld, 1 Korn: $1 \cdot 1 = 1$ 3. Feld, 4 Körner: $3 \cdot 4 = 12$ → nicht antiproportional |

## Zuordnungsvorschriften

**Proportionale Zuordnung:** Sind zwei Größen x und y proportional zueinander, ist ihr Quotient konstant: $\frac{y}{x} = m$, da sich das Verhältnis der Werte nie verändert.
m heißt **Proportionalitätskonstante.** Aufgelöst nach y ergibt sich die Zuordnungsvorschrift **y = m·x.**
**Antiproportionale Zuordnung:** Sind zwei Größen x und y antiproportional zueinander, ist ihr Produkt konstant: **y·x = k**
k heißt **Proportionalitätskonstante.** Aufgelöst nach y ergibt sich die Zuordnungsvorschrift **$y = \frac{k}{x}$.**

## Nicht proportionale Zuordnungen

Viele der Aufgaben, auf die man im Mathematikunterricht trifft, sind natürlich nur deshalb proportional oder antiproportional, weil sie Idealfälle abbilden.
Bezogen auf die genannten Beispiele gibt es z. B. Bäcker, die 6 Brötchen zum Preis von 5 anbieten. Das heißt, für den Fall gilt die Proportionalitätskonstante natürlich nicht.
Gibt man beim Fahren mehr oder weniger Gas, verändert sich auch der Dieselverbrauch des Fahrzeuges. Dadurch ist die gefahrene Strecke nicht mehr proportional zum Dieselverbrauch.
Und im Beispiel mit dem Getränkevorrat von Frau Müller handelt es sich auch nur dann um eine antiproportionale Zuordnung, wenn die Mutter genauso viele Getränke verbraucht wie Frau Müller.
Die meisten Zuordnungen im Alltag sind tatsächlich nicht proportional (wie auch Einkommen ↦ Lohnsteuer). Trotzdem wird eine Prognose möglich, wenn man die tatsächlichen Fälle durch einen Idealfall annähert – also bspw. annimmt, dass die Mutter genauso viel trinkt wie Frau Müller oder dass der Dieselverbrauch unabhängig vom Fahrerverhalten ist.

---

**PATZER VERMEIDEN!**   *Bei der Entscheidung, ob es sich um eine proportionale oder eine antiproportionale Zuordnung handelt, hilft es*
*1. vor dem Rechnen genau zu überlegen, welche Antwort man erwartet (wird der zweite Wert größer, wenn man den ersten vergrößert?),*
*2. zu prüfen, ob sich eine Proportionalitätskonstante aus dem Produkt oder dem Quotienten verschiedener Wertepaare berechnen lässt.*

# Dreisatz

**WOZU EIGENTLICH?** *Der Dreisatz vereinfacht das Berechnen von Größen aus proportionalen und antiproportionalen Zuordnungen (s. S. 44). Dies wäre auch ohne Dreisatz möglich, aber nur auf umständlicherem Weg.*

## Dreisatz bei proportionalen Größen

**1.** Man prüft, ob die Zuordnung proportional ist oder nicht. Die Zuordnung im Beispiel ist proportional, denn doppelt so viele Hunde brauchen doppelt so viel Futter.

**BEISPIEL:**    3 Hunde brauchen 9 Schalen Futter. Wie viel brauchen 4 Hunde?

**2.** Um von dem Basiswert auf den gefragten Wert zu kommen, berechnet man zuerst den Wert der zweiten Größe, für den Fall, **dass die erste Größe 1 beträgt.** Beide Größen werden also durch dieselbe Zahl geteilt — im Beispiel durch 3, da man die Futtermenge für einen Hund ermitteln muss.

**BEISPIEL:**
$$:3 \left( \begin{array}{l} 3 \text{ Hunde} \triangleq 9 \text{ Schalen} \\ 1 \text{ Hund } \triangleq 9 : 3 \text{ Schalen} \end{array} \right) :3$$

**3.** Nachdem man nun weiß, wie sich der zweite Wert verhält, wenn der erste Wert 1 ist, kann man die Werte **hochrechnen**, um auf den gesuchten Wert zu kommen.

**BEISPIEL:**
$$\cdot 4 \left( \begin{array}{l} 1 \text{ Hund } \triangleq 3 \text{ Schalen} \\ 4 \text{ Hunde} \triangleq 3 \cdot 4 \text{ Schalen} \\ 4 \text{ Hunde} \triangleq 12 \text{ Schalen} \end{array} \right) \cdot 4$$

   4 Hunde brauchen 12 Schalen Futter.

## Rechnung abkürzen

Wenn man sicher im Dreisatzrechnen ist, kann man all das in einem einzigen Rechenschritt berechnen — um vom Futter für 3 Hunde auf das Futter für 4 Hunde zu kommen, muss erst durch 3 dividiert, dann mit 4 multipliziert werden, also:
9 Schalen $\cdot \frac{4}{3}$ = 12 Schalen.

**Dreisatz bei antiproportionalen Größen**

**1.** Man prüft, ob die Zuordnung antiproportional ist oder nicht. Die Zuordnung im Beispiel ist antiproportional, denn doppelt so viele Arbeiter brauchen halb so viel Zeit.

**BEISPIEL:**     Um eine Baugrube auszuheben, brauchen 5 Bauarbeiter 9 Tage.
             Wie lange brauchen 6 Bauarbeiter?

**2.** Dann rechnet man aus, welchen Wert die gesuchte Größe annimmt, wenn man **die gegebene Größe als 1 annimmt.** Aufpassen — bei antiproportionalen Größen muss **die erste Größe dividiert, die gesuchte multipliziert** werden, aber jeweils mit derselben Zahl!

**BEISPIEL:**
$$: 5 \left( \begin{array}{l} \text{5 Arbeiter} \triangleq \text{9 Tage} \\ \text{1 Arbeiter} \triangleq \text{9} \cdot \text{5 Tage} \end{array} \right) \cdot 5$$

**3.** Im nächsten Schritt kann man nun problemlos von der 1 ausgehend auf den gesuchten Wert **hochrechnen.** Aufpassen — bei antiproportionalen Größen muss die erste Größe multipliziert, die zweite dividiert werden bzw. umgekehrt, aber wieder mit derselben Zahl!

**BEISPIEL:**
$$\cdot 6 \left( \begin{array}{l} \text{1 Arbeiter} \triangleq \text{45 Tage} \\ \text{6 Arbeiter} \triangleq \text{45} : \text{6 Tage} \\ \text{6 Arbeiter} \triangleq \text{7,5 Tage} \end{array} \right) : 6$$

     6 Arbeiter brauchen 7,5 Tage, um die Baugrube auszuheben.

**Rechnung abkürzen**

Wenn man sicher im Dreisatzrechnen ist, kann man all das in einem einzigen Rechenschritt berechnen — um von der von 5 Arbeitern benötigten Zeit auf die von 6 Arbeitern zu kommen, muss erst mit 5 multipliziert werden, dann durch 6 dividiert werden, also: 9 Tage $\cdot \frac{5}{6} = 7\frac{1}{2}$ Tage.

**PATZER VERMEIDEN!** *Beim verkürzten Rechnen mit dem Dreisatz werden leicht Zähler und Nenner verwechselt. Um das zu vermeiden, vergleicht man das Ergebnis mit der Aufgabenstellung. Hat man zu Beginn einen höheren Wert erwartet, aber einen niedrigeren erhalten, wurde vielleicht der Bruch verkehrt herum notiert. Bei Unsicherheiten empfiehlt sich eher der ausführliche Rechenweg.*

# Prozent- und Zinsrechnung

**WOZU EIGENTLICH?** *Durch die Angabe eines prozentualen Anteils lassen sich Ergebnisse leicht auf unterschiedliche Gesamtmengen übertragen. Auch bei der Zinsrechnung stellen Prozentangaben übersichtlicher dar, wie viel Zinsen man bei welchem Kapital bekommt.*

### Grundbegriffe der Prozentrechnung

100 % sind ein Ganzes, unabhängig von der tatsächlichen Anzahl.
100 % der Einwohner Deutschlands sind beispielsweise deutlich mehr als 100 % der Einwohner Italiens. **100 % meint „alle"**, lässt aber noch keine Rückschlüsse auf eine Anzahl zu.
Dies gelingt erst mit dem **Grundwert G**. Dieser benennt eine Anzahl, nämlich wie viele 100 % im konkreten Fall sind:
„100 % der Deutschen" waren im Jahre 2014 81,1 Millionen (Grundwert), während „100 % der Italiener" zur gleichen Zeit einen Grundwert von nur 60 Millionen Menschen meint.
Der Grundwert ist demnach eine „Übersetzung" der 100 % Prozent in eine genaue Anzahl. Gemeint sind hier nach wie vor **„alle"**.

Grundwert:  Grundwert:
81,1 Mio.   60 Mio.

Geht man nur von einem Teil des Ganzen aus, zieht man den **Prozentsatz p** heran. „Prozent" bedeutet „von hundert" oder „Hundertstel". Jede Prozentangabe bedeutet demnach „soundsoviele von hundert".
Das „Hunderstel" deutet außerdem darauf hin, dass sich Prozentangaben auch als Bruch mit dem Nenner 100 darstellen lassen.
Beispielsweise machen ca. 8 % oder $\frac{8}{100}$ der Deutschen (8 von 100 Deutschen) gerne Urlaub in Italien.
70 % oder $\frac{70}{100}$ der Italiener tun es ihnen gleich und bleiben am liebsten gleich dort.
Eine Umrechnung und Darstellung in Dezimalzahlen ist auch denkbar (0,08 und 0,7 in unserem Beispiel), ist aber außer in der Wahrscheinlichkeitsrechnung (s. S. 128 f) eher ungebräuchlich.

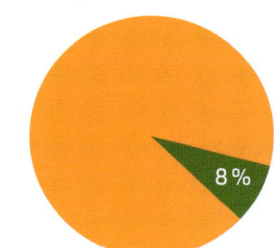

Möchte man zu einem Prozentsatz p einen entsprechenden Anteil, also eine **konkrete Anzahl** angeben, nutzt man den **Prozentwert W.**
Der Prozentsatz der 8 % der Deutschen, die am liebsten nach Italien reisen, entspricht einem Prozentwert von 6 488 000 tatsächlich Reisenden.

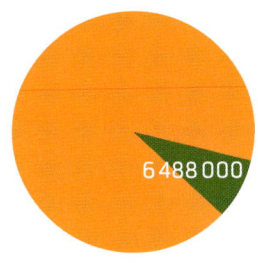

## Grundbegriffe der Zinsrechnung

Die Zinsrechnung „funktioniert" wie die Prozentrechnung — nur mit anderen Begriffen. Hat man verstanden, dass der Grundwert das Ganze ist, also die Gesamtanzahl, der Prozentsatz die prozentuale Angabe eines Anteils ist und der Prozentwert die konkrete Anzahl ist, die den Anteil ausmacht, kann man analog dazu mit den Begriffen **Kapital K, Zinssatz p und Zinsen Z** umgehen:

Grundwert → **Kapital K**
(Bspw. das komplette Geld, das angelegt wird)
Prozentsatz → **Zinssatz p**
(Bspw. die Zinsen in Prozent, die für das angelegte Kapital angerechnet werden)
Prozentwert → **Zinsen Z**
(Bspw. die Zinsen, die man bekommt, als konkreter Geldbetrag)

## Formeln der Prozent- und der Zinsrechnung

Da es im Prinzip um dieselben Inhalte und Rechenwege geht, stimmen auch die Formeln für Prozent- und Zinsrechnung überein. Es werden lediglich unterschiedliche Abkürzungen verwendet.

**Prozentrechnung:**
$p \% = \frac{W}{G}$ oder $p = \frac{W \cdot 100}{G}$   (Prozentsatz = Prozentwert/Grundwert)

**Zinsrechnung:**
$p \% = \frac{Z}{K}$ oder $p = \frac{Z \cdot 100}{K}$   (Zinssatz = Zinsen/Kapital)

**Anwendung der Formeln**

**a) Berechnen von Prozentsatz bzw. Zinssatz:** $p = \frac{W \cdot 100}{G}$

**BEISPIEL:** Eine Schule wird von 750 Kindern besucht. 126 Kinder von diesen haben keine Geschwister. Der Anteil Einzelkinder soll als prozentualer Anteil dargestellt werden.
Zuerst überlegt man, welche Größe gesucht ist. Da die Gesamtheit der Kinder (der Grundwert) gegeben ist und eine weitere konkrete Anzahl (der Prozentwert) 126 beträgt, kann nur der Prozentsatz („der prozentuale Anteil", wie es in der Aufgabe lautet) gesucht sein.

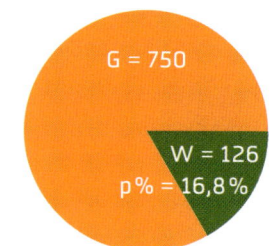

**Gegeben:** Grundwert G = 750 Kinder;
Prozentwert W = 126 Kinder
**Gesucht:** Prozentsatz p
$p = \frac{126 \cdot 100}{750} = 16,8$

**b) Berechnen von Prozentwert bzw. Zinsen:** $W = \frac{p \cdot G}{100}$

**BEISPIEL:** Nur 18 % der rund 75 500 Beschäftigten des Frankfurter Flughafens nutzen eine Fahrgemeinschaft. Wie viele sind das?
**Gegeben:** Grundwert G = 75 500 Mitarbeiter;
Prozentsatz p = 18
**Gesucht:** Prozentwert W

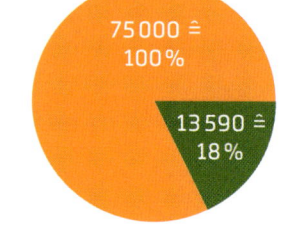

Nach Umstellen der Grundformel ergibt sich:
$p = \frac{W \cdot 100}{G} \quad | \cdot G \quad | : 100$

$W = \frac{p \cdot G}{100} = \frac{18 \cdot 75\,500}{100} = 13\,590$ Mitarbeiter

**c) Berechnen von Grundwert bzw. Kapital:** $G = \frac{W \cdot 100}{p}$

**BEISPIEL:** Laut einer Umfrage finden 44,01 % der Deutschen die Sängerin Madonna eher unsympathisch. Dies waren 441 Befragte. Wie viele Bürger wurden befragt?
**Gegeben:** Prozentsatz p = 44,01;
Prozentwert W = 441
**Gesucht:** Grundwert G

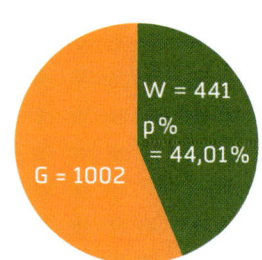

Umstellen der Grundformel ergibt:
$p = \frac{W \cdot 100}{G} \quad | \cdot G \quad | : p$

$G = \frac{W \cdot 100}{p} = \frac{441 \cdot 100}{44,01} = 1002$ Bürger

## Zinseszins

In der Regel werden Zinsen für ein Jahr berechnet. Berechnet man die Zinsen für mehrere Jahre, muss beachtet werden, dass sich das Grundkapital von Jahr zu Jahr verändert, da die Zinsen vom vorhergehenden Jahr zum Kapital addiert werden müssen.
Da also auch die Zinsen verzinst werden, spricht man von **Zinseszinsen.**

BEISPIEL:      Anfangskapital K: 2000 €, Zinssatz: 3 %;
gesucht: Kapital nach 3 Jahren.

**1.** Entweder berechnet man die Zinsen **Jahr für Jahr** mit steigendem Kapital:

BEISPIEL:      Erstes Jahr:      $Z = \frac{p \cdot K}{100} = \frac{3 \cdot 2000}{100}$ € = 60 €

Kapital nach 1 Jahr: 2000 € + 60 € = 2060 €

Zweites Jahr:      $Z = \frac{p \cdot K}{100} = \frac{3 \cdot 2060}{100}$ € = 61,80 €

Kapital nach 2 Jahren: 2060 € + 61,80 € = 2121,80 €

Drittes Jahr:      $Z = \frac{p \cdot K}{100} = \frac{3 \cdot 2121,80}{100}$ € ≈ 63,65 €

Kapital nach 3 Jahren: 2185,45 Euro

**2.** oder man multipliziert das Kapital mit dem **Zinsfaktor** $(1 + \frac{p}{100})$, und zwar so oft, wie die Anzahl Jahre beträgt.

BEISPIEL:      $K(3 \text{ Jahre}) = K \cdot (1 + \frac{p}{100}) \cdot (1 + \frac{p}{100}) \cdot (1 + \frac{p}{100}) = K \cdot (1 + \frac{p}{100})^3$

$= 2000 € \cdot (1 + \frac{3}{100})^3 ≈ 2185,45 €$

**PATZER VERMEIDEN!** *Zuerst muss grundsätzlich überlegt werden, welche Werte gegeben sind und welcher gesucht wird. Angaben mit „%" können nur der Prozentsatz sein. Überraschende Ergebnisse können auf Verwechslungen hindeuten.*

# Rechnen mit Potenzen

**WOZU EIGENTLICH?** *Rechnungen, die die Multiplikation mehrerer gleicher Faktoren beinhalten, würden unnötig lang. Das Potenzieren und das Anwenden der Potenzgesetze bietet eine Möglichkeit, solche Rechnungen zu verkürzen und sie somit zu vereinfachen. Außerdem lassen sich auch Zahlen mit besonderen Schwierigkeiten als Potenz darstellen. Zum Beispiel kann man Wurzeln als Potenzen schreiben ($\sqrt{43} = 43^{\frac{1}{2}}$). Besonders kleine oder besonders große Zahlen lassen sich übersichtlicher als Zehnerpotenz darstellen: So ist 0,0001 = $10^{-4}$ und 1 000 000 000 000 000 000 = $10^{18}$ (1 Trillion).*

## Potenzieren

So wie das Multiplizieren eine Verkürzung der Addition gleicher Summanden ist, ist das Potenzieren eine Verkürzung der Multiplikation gleicher Faktoren.

**BEISPIEL:** $5 \cdot 5 \cdot 5 \cdot 5 \cdot 5 \cdot 5 = 5^6$

Dabei gibt die **Basis** an, um welchen Faktor es sich handelt; der **Exponent (Hochzahl)** gibt an, wie oft der Faktor mit sich selbst multipliziert wird.

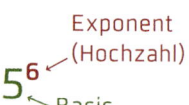

## Besonderheiten bei Potenzen

**1.** Ist der Exponent 0, ist der Wert der Potenz 1, unabhängig von der Basis.
**BEISPIEL:** $1^0 = 125^0 = 0,37^0 = a^0 = 1$

**2.** Ist der Exponent 1, ist der Wert der Potenz gleich der Basis, weil der Faktor nur ein einziges Mal vorkommt.
**BEISPIEL:** $3^1 = 3; 1000^1 = 1000; a^1 = a$

**3.** Ist der Exponent negativ, wird von der Potenz der Kehrwert gebildet.
**BEISPIEL:** $26^{-3} = \frac{1}{26^3}; a^{-3} = \frac{1}{a^3}$

**4.** Ist der Exponent ein Bruch, wird der Zähler als Exponent beibehalten, aus dem Nenner ergibt sich die n-te Wurzel (s. S. 56).
**BEISPIEL:** $a^{\frac{2}{3}} = \sqrt[3]{a^2}$

**Potenzgesetze**

Um das Rechnen mit Potenzen zu vereinfachen, gibt es fünf Potenzgesetze:

1. Bei der **Multiplikation von Potenzen mit gleicher Basis** werden die Exponenten addiert:

$$a^n \cdot a^m = a^{n+m}$$

**BEISPIEL:** $4^3 \cdot 4^2 = (4 \cdot 4 \cdot 4) \cdot (4 \cdot 4) = 4 \cdot 4 \cdot 4 \cdot 4 \cdot 4 = 4^5$

2. Bei der **Division von Potenzen mit gleicher Basis** werden die Exponenten subtrahiert:

$$a^n : a^m = a^{n-m}$$

**BEISPIEL:** $5^5 : 5^2 = \frac{5^5}{5^2} = \frac{5 \cdot 5 \cdot 5 \cdot 5 \cdot 5}{5 \cdot 5} = 5 \cdot 5 \cdot 5 = 5^3$

3. Bei der **Multiplikation von Potenzen mit gleichem Exponenten** werden die Basen multipliziert:

$$a^n \cdot b^n = (a \cdot b)^n$$

**BEISPIEL:** $4^3 \cdot 2^3 = (4 \cdot 2)^3$
$64 \cdot 8 = 512 = 8^3$

4. Bei der **Division von Potenzen mit gleichem Exponenten** werden die Basen dividiert:

$$a^n : b^n = \left(\frac{a}{b}\right)^n$$

**BEISPIEL:** $7^2 : 3^2 = \left(\frac{7}{3}\right)^2$

$49 : 9 = \frac{49}{9}$

5. Beim **Potenzieren einer Potenz** werden die Exponenten multipliziert: $(a^n)^m = a^{n \cdot m}$

Wegen des Kommutativgesetzes (s. S. 18) gilt: $(a^n)^m = a^{n \cdot m} = a^{m \cdot n} = (a^m)^n$

**BEISPIEL:** $(4^3)^2 = 4^{3 \cdot 2}$
$(4 \cdot 4 \cdot 4)^2 = (4 \cdot 4 \cdot 4) \cdot (4 \cdot 4 \cdot 4) = 4 \cdot 4 \cdot 4 \cdot 4 \cdot 4 \cdot 4 = 4^6 = 4^{3 \cdot 2}$

**PATZER VERMEIDEN!** *Die Potenzgesetze sind nur bei Multiplikation und Division anwendbar. In Additionen oder Subtraktionen können Potenzen nicht auf diese Weise zusammengefasst werden. Leicht werden bei Potenzen die Vorzeichen übersehen: Bei Vorzeichen in der Basis gilt eine recht einfache Regelung:*

- *Basis negativ und Exponent gerade → Wert der Potenz positiv;*
- *Basis negativ und Exponent ungerade → Wert der Potenz negativ.*

# Rechnen mit Wurzeln

**WOZU EIGENTLICH?** *Zu jeder Rechenart gibt es auch die Umkehrung – die Umkehrung der Addition ist die Subtraktion, die der Multiplikation ist die Division. Zum Potenzieren gibt es zwei Umkehrungen, eine davon ist das Wurzelziehen. Umkehrungen braucht man z.B. beim Lösen von Gleichungen.*

### Wurzeln

Die bekannteste Wurzel ist die Quadratwurzel. „Wurzel ziehen" bedeutet hier, eine Zahl zu suchen, die mit sich selbst multipliziert den **Radikanden** ergibt – der Radikand ist die Zahl, die unter dem Wurzelzeichen steht.

**BEISPIEL:** $\sqrt{49} = \sqrt[2]{49} = 7$, da $7 \cdot 7 = 49$

Man kann aber auch die dritte, vierte, fünfte usw. Wurzel aus einer Zahl ziehen. Der Wurzelexponent gibt dabei an, wie viele (gleiche) Faktoren gesucht werden.

**BEISPIEL:** $\sqrt[3]{216} = 6$, da $6 \cdot 6 \cdot 6 = 216$

Genau genommen enthält die Quadratwurzel den Wurzelexponenten „2", der aber in der Regel nicht hingeschrieben wird.

$$\overset{\text{Wurzelexponent}}{\sqrt[4]{16}}_{\text{Radikand}}$$

**BEISPIEL:** $\sqrt[2]{16} = \sqrt{16}$

Ist der Wurzelexponent eine gerade Zahl (Quadratwurzel, vierte, sechste … Wurzel), darf der Radikand nicht negativ sein – weil umgekehrt in einem Produkt mit einer geraden Anzahl Faktoren das Ergebnis immer positiv ist (s. S. 39).

**BEISPIEL:** $(-4) \cdot (-4) \cdot (-4) \cdot (-4) = +256$; $4 \cdot 4 \cdot 4 \cdot 4 = +256$

$(-4) \cdot (-4) \cdot (-4) = -64 \rightarrow \sqrt[3]{-64} = -4$; $4 \cdot 4 \cdot 4 = 64 \rightarrow \sqrt[3]{64} = 4$

### Potenzdarstellung von Wurzeln

Wurzeln sind Potenzen mit gebrochenen Exponenten und lassen sich daher als Potenz schreiben (s. S. 54).

**BEISPIELE:** $\sqrt{25} = 25^{\frac{1}{2}}$; $\sqrt[5]{625} = 625^{\frac{1}{5}}$

Ist der Radikand eine Potenz, bildet sein Exponent den Zähler des gebrochenen Exponenten:

**BEISPIEL:** $\sqrt[3]{146^4} = 146^{\frac{4}{3}}$

## Rechengesetze für Wurzeln

| Wurzelgesetze | Erläuterung | Beispiel |
|---|---|---|
| $\sqrt[n]{a} \cdot \sqrt[n]{b} = \sqrt[n]{a \cdot b}$ <br><br> $\sqrt[n]{a} : \sqrt[n]{b} = \sqrt[n]{\frac{a}{b}}$ | Wurzeln mit gleichem Exponenten werden multipliziert bzw. dividiert, indem man die Radikanden multipliziert bzw. dividiert. | $\sqrt[3]{64} \cdot \sqrt[3]{8} = \sqrt[3]{64 \cdot 8}$ <br> $4 \cdot 2 = \sqrt[3]{512}$ <br> $8 = 8$ <br><br> $\sqrt{16} : \sqrt{4} = \sqrt{\frac{16}{4}}$ <br> $4 : 2 = \sqrt{4}$ <br> $2 = 2$ |
| $\left(\sqrt[n]{a}\right)^m = \sqrt[n]{a^m}$ | Wird eine Wurzel potenziert, potenziert man den Radikanden | $\left(\sqrt[4]{16}\right)^2 = \sqrt[4]{16^2}$ <br> $2^2 = \sqrt[4]{256}$ <br> $4 = 4$ |
| $\sqrt[m]{\sqrt[n]{a}} = \sqrt[m \cdot n]{a} = \sqrt[n]{\sqrt[m]{a}}$ | Zieht man aus einer Wurzel die Wurzel, werden die Wurzelexponenten multipliziert. | $\sqrt[2]{\sqrt[2]{625}} = \sqrt[4]{625}$ <br> $\sqrt[2]{25} = 5$ <br> $5 = 5$ |

Wurzeln sind meist nicht periodische und nicht abbrechende Zahlen. Diesen Zahlenbereich nennt man **irrationale Zahlen.**

## Schriftliches Wurzelziehen

Ohne Taschenrechner kann man den Wurzelwert einer Zahl oft nur annähern.
**1.** Dazu sucht man zuerst zwei bekannte Quadratzahlen, von denen eine kleiner und eine größer als der Radikand ist.
**BEISPIEL:** Gesucht: $\sqrt{56} = x$; bekannt: $\sqrt{49} = 7$ und $\sqrt{64} = 8 \rightarrow 7 < x < 8$
**2.** Nun wählt man eine Zahl zwischen diesen beiden Wurzeln und quadriert sie.
**BEISPIEL:** $7{,}4 \cdot 7{,}4 = 54{,}76 \rightarrow 7{,}4 < x < 8$
**3.** Ist der berechnete Wert größer als der Radikand, wählt man noch eine kleinere Zahl. Ist er kleiner, wählt man noch eine größere Zahl.
**BEISPIEL:** $7{,}5 \cdot 7{,}5 = 56{,}25 \rightarrow 7{,}4 < x < 7{,}5$
**4.** Um sich der Wurzel weiter anzunähern, wählt man nach und nach die nächsten Nachkommastellen, bis man die gewünschte Genauigkeit erreicht hat.

**PATZER VERMEIDEN!** *Vor allem wenn der Radikand aus einem Term besteht, muss das Wurzelzeichen über dem gesamten Radikanden stehen, sonst ist nicht eindeutig, was zum Radikanden gehört und was nicht. Ist man mit den Potenzgesetzen vertraut, lohnt sich vielleicht eine Umrechnung in Potenzen.*

# Rechnen mit Logarithmen

*In der Wissenschaft wird der Logarithmus häufig benutzt, um stark wachsende Zahlen darzustellen, was sonst sehr unübersichtlich werden kann. Der Logarithmus großer Zahlen wächst hingegen viel langsamer. Ein bekanntes Beispiel ist die Wahrnehmung unterschiedlicher Lautstärken durch das menschliche Ohr – die Einheit Dezibel ist logarithmisch.*

### Logarithmieren

Das Logarithmieren ist eine **Umkehrung des Potenzierens.** Während man durch Wurzelziehen die Basis einer Potenz ermitteln kann, lässt sich durch Logarithmieren **der Exponent ermitteln.**

**BEISPIEL:** $4^3 = 64 \Rightarrow 3 = \log_4 64$

gelesen: „3 ist der Logarithmus von 64 zur Basis 4"

**Besonderheiten:**

- $\log_a 1 = 0$, denn $a^0 = 1$
- $\log_a a = 1$, denn $a^1 = a$ (s. S. 54)
- $\log_a a^b = b$

Für den Logarithmus zur Basis 10 (**dekadischer Logarithmus**) schreibt man verkürzt: lg, d. h., $\log_{10} 1036 = \lg 1036$.

Für den Logarithmus zur Basis e (**natürlicher Logarithmus**) schreibt man verkürzt: ln, d. h., $\log_e 37 = \ln 37$.

**Besonderheit beim Taschenrechner:** Bei den meisten Taschenrechnern bedeutet die Taste **log** den Logarithmus zur Basis 10 (und nicht den allgemeinen Logarithmus). Um Logarithmen zu beliebigen Basen zu berechnen, muss man daher folgende Formel anwenden:

$$\log_a b = \frac{\lg b}{\lg a}$$

**BEISPIEL:** $\log_2 4 = ?$ → Taschenrechnereingaben: log 4 : log 2

### Zusammenhang zwischen Potenz, Wurzel und Logarithmus

Den Logarithmus verdeutlicht man am besten im Zusammenhang mit Potenzieren (s. S. 54) und Wurzelziehen (s. S. 56). Zur Veranschaulichung ist die Eingabe des Rechenwegs über die Tastatur häufig benutzter Taschenrechner angegeben. (Da nicht alle Taschenrechner gleich funktionieren, kann die Tastenfolge im konkreten Fall auch eine andere sein, die man in der Bedienungsanleitung erfährt.)

**Potenzieren** muss man, um den Wert der **Potenz** zu ermitteln.

**BEISPIEL:**    $18^5 = x$    ⌗ 1 ⌗ 8 ⌗ ^ ⌗ 5 ⌗ = ⌗    $1\,889\,568$

**Wurzel ziehen** muss man, um den Wert der **Basis** zu ermitteln.

**BEISPIEL:**    $x^5 = 1\,889\,568 \;\Rightarrow\; \sqrt[5]{1\,889\,568} = x$

⌗ 5 ⌗ $\sqrt[y]{x}$ ⌗ 1 ⌗ 8 ⌗ 8 ⌗ 9 ⌗ 5 ⌗ 6 ⌗ 8 ⌗ = ⌗    18

**Logarithmieren** muss man, um den Wert des **Exponenten** zu ermitteln.

**BEISPIEL:**    $18^x = 1\,889\,568 \;\Rightarrow\; \log_{18} 1\,889\,568 = x$

⌗ log ⌗ 1 ⌗ 8 ⌗ 8 ⌗ 9 ⌗ 5 ⌗ 6 ⌗ 8 ⌗ : ⌗ log ⌗ 1 ⌗ 8 ⌗ = ⌗    5

## Rechengesetze für Logarithmen

Weil Logarithmen mit den Potenzen zusammenhängen, lassen sich einige Potenz-gesetze (s. S. 55) auch als Logarithmengesetze formulieren. Mithilfe dieser Gesetze kann man z. B. Logarithmen in kleinere Faktoren zerlegen, zu denen der entsprechende Wert vielleicht schon bekannt ist. Aus Brüchen (oder Quotienten) lassen sich ebenfalls einzelne kleinere Logarithmen berechnen.

| Potenzgesetze | Logarithmengesetze | Beispiel |
|---|---|---|
| $a^u \cdot a^v = a^{u+v}$ | $\log_a(k \cdot m) = \log_a k + \log_a m$ | $\log_3 (81) = \log_3 (3 \cdot 27)$ $= \log_3 3 + \log_3 27 = 1 + 3 = 4$ |
| $a^u : a^v = a^{u-v}$ | $\log_a\left(\frac{k}{m}\right) = \log_a k - \log_a m$ | $\log_4\left(\frac{64}{16}\right)$ $= \log_4 64 - \log_4 16$ $= 3 - 2 = 1$ |
| $(a^u)^v = a^{u \cdot v}$ | $\log_a(k^m) = m \cdot \log_a k$ | $\log_5 625 = \log_5 (25^2)$ $= 2 \cdot \log_5 25$ $= 2 \cdot 2 = 4$ |
| $a^{\frac{u}{n}} = \sqrt[n]{a^u}$ | $\log_a \sqrt[n]{k} = \frac{1}{n} \log_a k$ | $\log_3 \sqrt{27} = \frac{1}{2} \log_3 27$ $= \frac{1}{2} \cdot 3 = 1{,}5$ |

**PATZER VERMEIDEN!**    *Beim Erstellen des Logarithmus kann es schnell zu Ver-wechslungen und Vertauschungen von Basen, Exponenten und Potenzen kommen. Am besten prägt man sich die Notationsreihenfolge ein:*
$a^b = c$ *(ABC, nach dem Alphabet) und* $b = \log_a c$ *(BAC, französisch für Abi).*

# Rechnen mit Einheiten

**WOZU EIGENTLICH?**   *Hat man es im Alltag mit Rechnungen zu tun, enthalten diese so gut wie immer Einheiten – Geld, Längen, Gewichte, Zeitangaben (im Grunde enthalten auch Angaben wie „3 Äpfel" eine Einheit, nämlich „Apfel").*
*Mit vielen Einheiten geht man im Alltag in der Regel selbstverständlich um, beispielsweise mit „Euro" und „Cent" und stellt sogar Rechnungen an, ohne sich mit Einzelschritten aufzuhalten oder sie sich bewusst zu machen. Andere Einheiten sind aber eher ungewohnt und bedürfen des Verständnisses und der Übung.*

### Größen

Eine **Größe** besteht aus einer Zahl
(auch **Maßzahl** genannt) und einer **Einheit**
(auch **Maßeinheit** genannt).

$$\text{Maßzahl} \nearrow \begin{matrix} 3\,\text{kg} \\ 4\,\text{€} \\ 7{,}8\,\text{dm}^3 \end{matrix} \nwarrow \text{Einheit}$$

Größen dienen zur Bezeichnung von Geldbeträgen, Längen, Zeiten, Flächen, Volumina, Gewicht etc. Sind Größen mit einem Komma angegeben, bezieht sich die Einheit auf die Stellen vor dem Komma.
Was nach dem Komma steht, meint meist die nächstkleinere Einheit. In der Regel sind Dezimalzahlen schon so gerundet (s. S. 34) und angegeben, dass die Nachkommastellen sich nur auf die nächstkleinere Einheit beziehen.
Deshalb würde auch niemand sagen, dass er 1,805 m groß ist.

### Addieren und Subtrahieren von Größen

Beim Addieren und Subtrahieren dürfen nur Größen miteinander verrechnet werden, die die **gleichen Einheiten** aufweisen. Aus dem Alltag ist man es auch gewöhnt, mal eben 1,5 kg Mehl und 700 g Mehl zu addieren – meist rechnet man dabei auch richtig, weil man bei Angaben, mit denen man häufig umgeht, die Umrechnung (1,5 kg in 1500 g oder 700 g in 0,7 kg) quasi unbewusst im Kopf vornimmt.
Je komplexer aber die Aufgabe wird und je weniger man mit den Einheiten vertraut und geübt ist, desto eher empfiehlt es sich, zunächst in eine gemeinsame Einheit umzurechnen (Umrechnungsfaktoren s. S. 62).
Am besten orientiert man sich dabei an der kleinsten vorkommenden Einheit, um längere Dezimalzahlen zu vermeiden.

**BEISPIEL:** 3 km + 472 m − 24 dm + 3 cm → **kleinste Einheit:** cm

Das heißt, jede andere Größe muss so umgewandelt werden, dass sie als Einheit cm aufweist, bevor man weiterrechnet.

Dabei rechnet man am besten schrittweise von einer Einheit zur nächstkleineren, bis man bei der gewünschten Einheit ankommt, um Fehler zu vermeiden.

**BEISPIEL:** Umwandeln in cm:

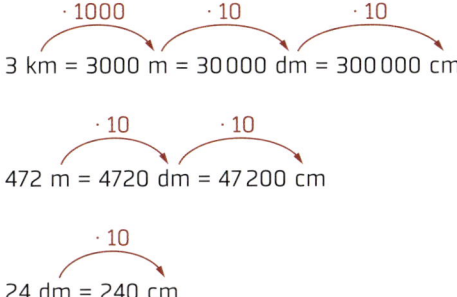

$$3 \text{ km} = 3000 \text{ m} = 30\,000 \text{ dm} = 300\,000 \text{ cm}$$

$$472 \text{ m} = 4720 \text{ dm} = 47\,200 \text{ cm}$$

$$24 \text{ dm} = 240 \text{ cm}$$

Hat man alle Glieder in dieselbe Einheit umgerechnet, kann man sie addieren oder subtrahieren:

**BEISPIEL:** 300 000 cm + 47 200 cm − 240 cm + 3 cm = 346 963 cm

Nach dem Verrechnen kann man bei Bedarf wieder eine höhere Einheit wählen, je nachdem was die Aufgabenstellung verlangt.

**BEISPIEL:**

$$346\,963 \text{ cm} = 34\,696{,}3 \text{ dm} = 3469{,}63 \text{ m} = 3{,}46963 \text{ km}$$

## Multiplizieren und Dividieren von Größen

Will man eine Größe mit einer Zahl multiplizieren oder durch eine Zahl dividieren, kann man – wenn man das Komma vermeiden will – die Größe zunächst in eine Einheit umwandeln, in der die Maßzahl kein Komma hat. Am Ende kann das Ergebnis bei Bedarf wieder in die nächstgrößere Einheit umgerechnet werden.

**BEISPIEL:** 6 · 2,5 m = 6 · 25 dm = 150 dm

150 dm = 15 m

Sollen zwei Größen miteinander multipliziert werden, muss man zuerst sicherstellen, dass sie die gleiche Einheit aufweisen. Man kann z. B. nicht 3,5 m · 20 cm berechnen. Wie bei der Addition und Subtraktion auch entscheidet man sich am besten für die kleinere der Einheiten, rechnet andere Größen zuerst um und multipliziert dann.

**BEISPIEL:** 3,5 m · 20 cm = 3500 cm · 20 cm = 70 000 cm²

**Größen als Produkt**

Wichtig ist, zu begreifen, dass eine Größe im Grunde ein **Produkt ist aus Zahl und Einheit.** Multipliziert man also zwei Größen, multipliziert man nicht nur die Zahlen, sondern auch die Einheiten. Deshalb erhält man, wenn man wie im obigen Beispiel zwei Längen multipliziert, die Einheit einer Fläche.

**BEISPIEL:**   cm · cm = cm²

**Umrechnungsfaktoren**

Um von einer Einheit in eine nächste überzugehen, genügt es nicht, zu wissen, welche Einheiten größer oder kleiner als andere sind — man benötigt auch Umrechnungsfaktoren, um zu wissen, womit man die Zahl multiplizieren oder wodurch man sie dividieren muss, um sie in die nächste Einheit zu überführen. Bei den meisten Einheiten bestehen die Umrechnungsfaktoren aus Zehnerpotenzen (s. S. 35, 54), also 10, 100, 1000 usw.

**Gewichte:**  1 t = 1000 kg; 1 kg = 1000 g; 1 g = 1000 mg

Der Umrechnungsfaktor bei Gewichten beträgt demnach 1000, da man die Maßzahl einer Gewichtsangabe immer mit 1000 multiplizieren muss, um zur nächstkleineren Einheit zu gelangen. Entsprechend müsste man durch 1000 dividieren, um zur nächstgrößeren Einheit zu gelangen.

**Längen:**  1 km = 1000 m
1 m = 10 dm
1 dm = 10 cm
1 cm = 10 mm

|  | ·1000 | ·10 | ·10 | ·10 |
|---|---|---|---|---|
| 1 km | 1 m | 1 dm | 1 cm | 1 mm |
|  | :1000 | :10 | :10 | :10 |

Der Umrechnungsfaktor bei Längen ist 10, mit Ausnahme der Umrechnung zwischen km und m — hier beträgt er 1000.

**Flächen:**  1 km² = 100 ha; 1 ha = 100 a; 1 a = 100 m²; 1 m² = 100 dm²;
1 dm² = 100 cm²; 1 cm² = 100 mm²

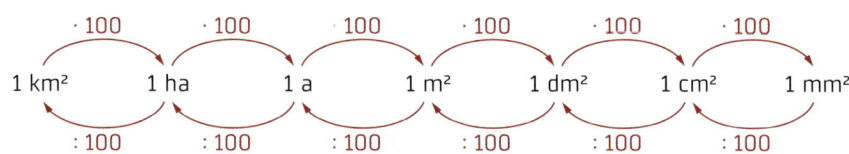

**Volumen:** $1\text{ m}^3 = 1000\text{ dm}^3$; $1\text{ dm}^3 = 1000\text{ cm}^3$; $1\text{ cm}^3 = 1000\text{ mm}^3$

Eine weitere Volumeneinheit ist Liter. Um von „Kubiklängen" auf Literangaben zu kommen, muss man wissen, dass $1\text{ dm}^3 = 1$ Liter. Von hier ausgehend kann man dann wieder mit dem Umrechnungsfaktor 10 auf Deziliter, Zentiliter und Milliliter umrechnen.

**Besonderheit beim Volumen:**
Einheit **Liter:**
$1\text{ dm}^3 = 1\text{ l} = 1000\text{ cm}^3$
$1\text{ cm}^3 = 1\text{ ml} = 1000\text{ mm}^3$

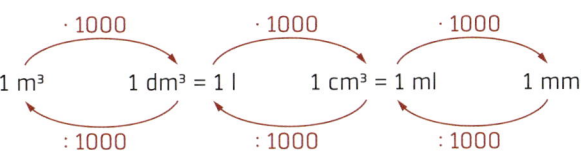

Als Faustregel kann man sich bei Angaben von Längen-, Flächen- und Volumeneinheiten merken, dass der Exponent der Einheit angibt, wie viele Nullen der Umrechnungsfaktor hat.

**BEISPIEL:**     Längeneinheit m: → Exponent 1 → Umrechnungsfaktor 10
               Volumeneinheit: $\text{m}^3$ → Exponent 3 → Umrechnungsfaktor 1000

Allerdings setzt das voraus, dass man keine Einheiten überspringt (z.B. die eher wenig gebräuchlichen Angaben Hektar und Ar) und sich zum anderen der wenigen Ausnahmen bewusst ist (von km zu m; Volumen in Liter).

## Multiplikation mit Zehnerpotenzen

Eine Multiplikation mit 10, 100, 1000 verschiebt das Komma um 1, 2, 3 Stellen nach rechts; eine Division entsprechende Stellen nach links.

**BEISPIELE:**     $3{,}47\text{ km} \cdot 1000 = 3470\text{ m}$
               $1236\text{ ha} : 100 = 12{,}36\text{ km}^2$

## Besonderheiten bei Zeitangaben

Die Umrechnung zwischen den Zeiteinheiten erfolgt nicht mit Vielfachen von 10, sondern mit 60. Deshalb trennt ein Komma hier nicht verschiedene Einheiten voneinander – 2,5 h sind **nicht** 2 Stunden 50 Minuten, sondern 2 Stunden 30 Minuten. 3 h 15 min sind entsprechend 3,25 h.

**Zeitangaben:**     $1\text{ d} = 24\text{ h}$; $1\text{ h} = 60\text{ min}$; $1\text{ min} = 60\text{ s}$

**PATZER VERMEIDEN!**     *Bei Längen, Flächen und Volumen muss man auf die Exponenten der Einheiten achten: Flächen können nicht zu Volumen oder Längen addiert werden, Längen nicht zu Volumen oder Flächen usw.!*

# 2

# ALGEBRA

# Rechnen mit Variablen

**WOZU EIGENTLICH?**   *Die Algebra wird oft beschrieben als „das Rechnen mit Buchstaben",
da in Termen nicht nur Zahlen vorkommen können, sondern auch Platzhalter, die durch
Buchstaben dargestellt werden, sogenannte Variablen. Damit lassen sich bspw. Formeln
als allgemeine Rechenvorschriften angeben, in denen man für konkrete Berechnungen
die Variablen durch Zahlen ersetzen muss. Ohne Variablen gäbe es also keine Möglichkeit, allgemeine Formeln zu notieren und ebenso allgemeingültig mit ihnen zu rechnen.*

## Terme

Terme sind Rechenausdrücke, mit denen etwas berechnet
werden kann. Sie können Zahlen oder Buchstaben und
Rechenoperationen enthalten. Häufig ist es sinnvoll, Terme
zusammenzufassen oder anders zu strukturieren, um
sie zu vereinfachen. Rechnungen werden dadurch oft kürzer
und weniger fehleranfällig.

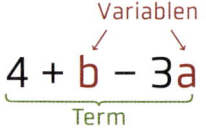

**BEISPIEL:**   $3y + 3x - 2 \cdot 4xy + 6y$

   $= 9y + 3x - 8xy$

## Terme verstehen

**1.** Stehen Buchstaben oder Buchstaben und Zahlen direkt nebeneinander, sind sie
eigentlich mit einem Malzeichen verbunden, das meist weggelassen wird.

**BEISPIEL:**   $4x = 4 \cdot x = x + x + x + x$

   $2bc = 2 \cdot b \cdot c = b \cdot c + b \cdot c = bc + bc$

**2.** Haben Variablen den Faktor „1", lässt man diesen meist weg.

**BEISPIEL:**   $y = 1y$      $a + b = 1a + 1b$

## Punkt- und Strichrechnung mit Variablen

**1.** In Strichrechnungen lassen sich gleiche Buchstabenkombinationen zusammenfassen, indem man
die Faktoren addiert oder subtrahiert. Allerdings
müssen diese Buchstabenkombinationen auch in
den Exponenten übereinstimmen. Es ist sinnvoll, die
Glieder zuerst zu sortieren, damit man sieht, welche
zusammengefasst werden können.

$$3ab + 2a + 4a^2 + ab - 6a^2$$
$$= 3ab + ab + 2a + 4a^2 - 6a^2$$
$$= \quad 4ab \quad + 2a \quad - 2a^2$$

**2.** Terme mit beliebigen Variablen lassen sich problemlos **multiplizieren:** Zahlen werden auf herkömmliche Art multipliziert; bei gleichen Variablen verändert sich der Exponent (s. S. 54); verschiedene Variablen werden nebeneinander notiert, da man das Malzeichen weglassen darf.

**BEISPIEL:**    $3x \cdot 2y^2 \cdot 5xy \cdot x^3 = 3 \cdot x \cdot 2 \cdot y \cdot y \cdot 5 \cdot x \cdot y \cdot x \cdot x \cdot x$

Nach Zahlen und gleichen Buchstaben sortieren:

$= 3 \cdot 2 \cdot 5 \cdot x \cdot x \cdot x \cdot x \cdot x \cdot y \cdot y \cdot y$

Produkte von Zahlen und gleichen Buchstaben zusammenfassen:

$= 30x^5y^3$

Ist man geübter im Vereinfachen von Termen, sieht man auf einen Blick, welchen Exponenten die Variablen im Ergebnis erhalten müssen.

**3.** Bei der **Division** gilt wie bei der Multiplikation: Man verrechnet Zahlen mit Zahlen und gleiche Buchstaben miteinander. Variablen lassen sich kürzen, indem man in Zähler und Nenner gleiche Variablen wegstreicht (und durch 1 ersetzt).

**BEISPIEL:**    $14x^2yz^5 : 2xz^2 = \dfrac{14x^2yz^5}{2xz^2} = \dfrac{14 \cdot x \cdot x \cdot y \cdot z \cdot z \cdot z \cdot z \cdot z}{2 \cdot x \cdot z \cdot z}$

$= \dfrac{14 \cdot x \cdot x \cdot y \cdot z \cdot z \cdot z \cdot z \cdot z}{2 \cdot x \cdot z \cdot z} = 7 \cdot x \cdot y \cdot z \cdot z \cdot z = 7xyz^3$

### Terme vereinfachen

**1.** Da bei Termen **Punkt- vor Strichrechnung** gilt, beginnt man beim Zusammenfassen mit Termgliedern, die mit Multiplikation oder Division verknüpft sind.

**2.** Termglieder mit exakt denselben Variablenkombinationen lassen sich anschließend addieren bzw. subtrahieren.

(1)    $3a - 6b^2 + \underbrace{3a \cdot 2b} + a - ab$

$= 3a - 6b^2 + \; 6ab \; + a - ab$

(2)    $= 4a - 6b^2 \; + 5ab$

---

**PATZER VERMEIDEN!**    *Beim Vereinfachen übersieht man leicht die Exponenten und fasst dann Glieder zusammen, die nicht zusammengefasst werden dürfen. Auf jeden Fall empfiehlt es sich, zuerst, soweit es geht, zu vereinfachen, da Termglieder manchmal sehr lang sein können und ohne Vereinfachung schlecht zu erkennen ist, welche dieselben Variablenkombinationen enthalten.*

# Lineare Gleichungen

*Lineare Gleichungen benötigt man nicht nur für Zahlenrätsel oder Knobelaufgaben, sondern – was wichtiger ist – zum Umstellen von Formeln. Auch um verschiedene Größen zu vergleichen, braucht man Gleichungen, z. B. unterschiedliche Körper, die das gleiche Volumen besitzen.*

### Lineare Gleichungen

In Gleichungen werden Dinge (meist Terme) gegenübergestellt. Das Gleichheitszeichen in der Mitte einer Gleichung besagt dabei ganz deutlich „Das rechts von mir Stehende und das links von mir Stehende sind gleich (haben denselben Wert)". Das Wort „linear" bedeutet dabei stark vereinfacht, dass in der Gleichung **nur einfache Variablen** vorkommen (keine sichtbaren Potenzen, keine Brüche mit Variablen im Nenner etc.).

**BEISPIELE:**  **Lineare Gleichung:**  $x - 24 = -3x + 10$

**Nicht lineare Gleichungen:**

Quadratische Gleichung:  $x^2 - 4x + 3 = 2{,}5$

Bruchgleichung:  $\frac{3}{x-1} = 4 + 2x$

### Gleichungen aufstellen

Gleichungen sind entweder als solche vorgegeben oder müssen erst aus dem Text einer Aufgabenstellung erschlossen und aufgestellt werden.

Zwei Terme kann man immer dann gleichsetzen, wenn beide denselben Wert haben. Steht in den Termen eine Variable, kann man vor dem Einsetzen konkreter Zahlen nicht wissen, welchen Wert die Terme haben. Setzt man nun zwei solcher Terme mit Variablen gleich, erhält man eine Gleichung. Indem man diese löst, bestimmt man den Wert, den man für die Variable einsetzen muss, damit die beiden gleichgesetzten Terme auch tatsächlich gleich sind.

Hat man eine Textaufgabe zu lösen, ist die Variable in der Regel die gesuchte Größe. Man sucht nun nach Termen, die die gesuchte Größe enthalten und gleichgesetzt werden können. Mithilfe der so erhaltenen Gleichung lässt sich die gesuchte Größe (die Variable) berechnen.

**1.** Zuerst liest man die Aufgabe genau, damit man die gesuchte Größe und die nötige Rechenoperation erkennt. Im Zweifelsfalle hilft das **Anfertigen einer Skizze.**

**BEISPIEL:**  Aus einem Draht mit der Länge 80 cm wird ein Rechteck        $y = 3 \cdot x$
geformt. Dabei soll die längere Seite dreimal so lang sein
wie die kürzere.                                                                                        x

**2.** Danach wird der Text in Terme umgesetzt. Die Variable x übernimmt dabei die
Position der gesuchten Größe „Seitenlänge".

**BEISPIEL:**   **Gesucht:**   x = Länge kurze Seite, 3x = Länge lange Seite

   **Gegeben:**  Umfang des Rechtecks U = 80 cm
      Der Umfang ist gleich der Summe der Kanten, es gibt
      also zwei Möglichkeiten, einen Term für den Umfang
      aufzustellen:
      **Term 1:** 80 cm; **Term 2:** x + x + 3x + 3x

**3.** Da beide Terme den Umfang darstellen, kann man sie gleichsetzen.

**BEISPIEL:**   **Gleichung:** x + x + 3x + 3x = 80 cm
      8x = 80 cm          | : 8  (siehe „Gleichungen lösen")
      x = 10 cm
   **Lösung:**   Die kurze Seite (x) ist 10 cm lang.
      Die lange Seite ist dreimal so lang (3x),
      also 3 · 10 cm = 30 cm.

## Gleichungen lösen – Bildliche Veranschaulichung

Gleichungen stellt man sich häufig als Waage im Gleichgewicht vor, da auf
beiden Seiten des Gleichheitszeichens Terme stehen, die denselben Wert haben.
Da das Gleichgewicht erhalten bleiben soll, muss immer **auf beiden Seiten
des Gleichheitszeichens dieselbe Rechenoperation** durchgeführt werden, mit
dem Ziel, am Ende die Lösung „x =" zu erhalten. D. h., nimmt man links etwas
weg, muss man rechts dasselbe wegnehmen, damit die Waage nicht „kippt".
Umformungen, bei denen man auf beiden Seiten der Gleichung dasselbe tut, heißen
**Äquivalenzumformungen.**

**BEISPIEL:**   5x + 20 = 3x + 40
      Übersetzt man diese Gleichung in das Bild der Waage, liegen auf der
      linken Waagschale 5 Päckchen, deren Gewicht man nicht kennt, und
      zusätzlich 20 „Gewichtseinheiten". (Diese „Gewichtseinheiten" dienen
      nur der Veranschaulichung, in Wirklichkeit hat man es natürlich nicht
      immer mit Gewichten zu tun.) Auf der rechten Waagschale liegen
      3 Päckchen mit demselben unbekannten Inhalt und 40 Gewichts-
      einheiten. Um nun herauszufinden, wie viel ein Päckchen wiegt, muss
      man nach und nach Dinge entfernen, aber immer auf beiden Seiten
      gleich viel, damit die Waage nicht kippt.

### Gleichungen lösen – Rechnung

Das, was man auf beiden Seiten rechnet, notiert man hinter einem senkrechten Strich und schreibt die „reduzierte" Gleichung in die Folgezeile. Dies wiederholt man, bis nur noch „x = eine Zahl" stehen bleibt – damit hat man das Gewicht eines Päckchens ermittelt.

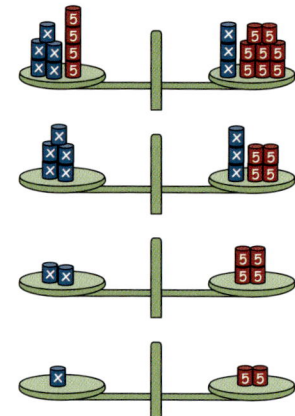

**BEISPIEL:**

$$5x + 20 = 3x + 40 \qquad | - 20$$
$$5x \phantom{+ 20} = 3x + 20 \qquad | - 3x$$
$$2x \phantom{+ 20} = 20 \qquad | : 2$$
$$x \phantom{+ 20} = 10$$
$$L \phantom{+ 20} = \{10\}$$

Um die Termglieder zu eliminieren, rechnet man im Prinzip immer das Gegenteil von dem, was in der Gleichung angegeben ist. Steht beispielsweise „+20" in der Gleichung, subtrahiert man auf beiden Seiten 20, damit dieses Termglied „verschwindet". Steht dort „–30", gleicht man dies mit „+30" aus.

Aufpassen muss man, wenn Multiplikationen oder Divisionen durchgeführt werden. Enthalten die Terme links und rechts vom Gleichheitszeichen mehrere Glieder, muss **jedes einzelne Glied dividiert oder multipliziert** werden. Deshalb sollte man vor Punktrechnungen immer erst so weit wie möglich vereinfachen, bis nur noch einzelne Glieder auf jeder Seite stehen.

**Vorsicht!** Man sollte auf jeden Fall vermeiden, durch Variablen zu dividieren! Denn dies kann zu einem falschen Ergebnis führen.

Das Ergebnis wird als **Lösungsmenge L** angegeben.

Um Fehler auszuschließen oder zu finden, macht man am Ende eine **Probe,** indem man den erhaltenen Wert für alle x in die Ausgangsgleichung einsetzt und die Terme vereinfacht. Erhält man auf beiden Seiten des Gleichheitszeichens dasselbe Ergebnis, hat man richtig gerechnet.

**BEISPIEL:**

$$5 \cdot 10 + 20 = 3 \cdot 10 + 40$$
$$50 + 20 = 30 + 40$$
$$70 = 70$$

**Besonderheiten der Lösungsmenge**

Manchmal „verschwindet" das x beim Auflösen der Gleichung. Das muss kein Rechenfehler sein. Man vereinfacht auch dann die Gleichung bis zum Ende. Ergibt sich ein widersprüchliches Ergebnis, ist die Lösungsmenge leer.

**BEISPIEL:** $2x - 36 = 2x + 14$  $\quad | - 2x$

$-36 \quad = 14$

Es gibt keine Zahl, die man für x einsetzen könnte, um $-36 = 14$ zu erhalten: **L = { }**

Erhält man ein gültiges Ergebnis, das jedoch die Variable nicht mehr enthält, so ist die Gleichung für jede beliebige Zahl, die man für x einsetzen kann, erfüllt. Die Lösungsmenge ist gleich der Menge der rationalen oder reellen Zahlen: $L = \mathbb{Q}$ oder $\mathbb{R}$.

**BEISPIEL:** $2x - 36 = 2x + 14 - 50$  $\quad | - 2x$

$-36 \quad = -36$

$L = \mathbb{Q}$

Man kann jede beliebige Zahl für x einsetzen, $-36 = -36$ gilt immer.

**Formeln umstellen**

Eine Formel ist nichts anderes als eine Gleichung. Formeln können (wie Gleichungen auch) mehrere Variablen enthalten. Die Formel wird wie eine herkömmliche Gleichung **nach der gesuchten Variable aufgelöst.** Nach dem Einsetzen der bekannten Werte kann die gesuchte Größe berechnet werden.

**BEISPIEL:**  **Gegeben:**  Volumen und Radius eines Zylinders (s. S. 212):

$V = 372 \text{ cm}^3$, $r = 6 \text{ cm}$

**Gesucht:**  Höhe des Zylinders: $h = ?$

**Formel:**  $V = \pi \cdot r^2 \cdot h$

Umstellen der Formel nach h (dividieren durch $\pi$ und $r^2$):

$h = \frac{V}{\pi \cdot r^2}$

Einsetzen der gegebenen Werte und berechnen:

$h = \frac{372 \text{ cm}^3}{\pi \cdot (6 \text{ cm})^2} = 3{,}29 \text{ cm}$

**PATZER VERMEIDEN!**  *Am besten hält man sich an eine feste Reihenfolge:*
*1. Terme wenn nötig zusammenfassen; 2. die Strichrechnungen durchführen;*
*3. danach erst die Punktrechnungen durchführen, dabei nicht durch Variablen dividieren;*
*4. Probe durchführen. Immer auf beiden Seiten des Gleichheitszeichens dieselben Rechnungen durchführen und keine Vorzeichen übersehen.*

# Bruchgleichungen

**WOZU EIGENTLICH?**  *Manchmal enthalten Gleichungen Brüche, deren Nenner wiederum Variablen enthalten. Für diese Art von Gleichungen gelten einige zusätzliche Regeln, da man sie erst in herkömmliche Gleichungen überführen muss, um dann wie gewohnt weiterrechnen zu können.*

### Bruchgleichungen

Bruchgleichungen stellen eine Besonderheit dar, da ihre Terme aus **Brüchen** bestehen, in deren Nenner Variablen stehen.

**BEISPIEL:**  $\frac{3}{x-2} = \frac{12}{x+7}$

**1.** Der erste Schritt hierbei besteht darin, dass man einen **Definitionsbereich D** für die Gleichung angibt. Bei linearen Gleichungen spielt das keine Rolle. Da bei Bruchgleichungen aber Variablen im Nenner stehen, könnte es passieren, dass später für x Zahlen eingesetzt werden, die den Nenner null werden lassen, was prinzipiell verboten ist, da durch null nie dividiert werden darf. Man definiert also vor der Rechnung die Menge der Zahlen, die überhaupt für x infrage kommen. Dafür betrachtet man nacheinander die Nenner, setzt sie gleich 0 und berechnet aus diesen Gleichungen jeweils das oder die „verbotenen" x.

**BEISPIEL:**  $\frac{3}{x-2} = \frac{12}{x+7}$

$$\begin{aligned}
&\text{1. Nenner:} && x - 2 = 0 && \mid + 2 \\
&&& x = 2 \\
&\text{2. Nenner:} && x + 7 = 0 && \mid - 7 \\
&&& x = -7
\end{aligned}$$

Der erste Nenner wird 0 für x = 2, der zweite für x = −7.

Da das auf keinen Fall sein darf, lautet der Definitionsbereich:

$D = \mathbb{Q} \setminus \{-7; 2\}$   (alle rationalen Zahlen außer −7 und 2)

Wenn man im Definieren des Definitionsbereichs geübt ist, gelingt dies oft schon beim ersten Blick auf die Gleichung. Trotzdem sollte man die Hintergründe verstehen, da nicht jede Bruchgleichung so einfach ist.

**2.** Nun beginnt die eigentliche Rechnung. Um aus einer Bruchgleichung eine herkömmliche Gleichung zu machen, müssen alle Nenner „verschwinden", die eine Variable enthalten. Nenner kann man in Gleichungen aufheben, indem man mit dem Produkt aus allen Nennern multipliziert — aber auch hier wieder auf **beiden Seiten des Gleichheitszeichens.**

**BEISPIEL:** $\frac{3}{x-2} = \frac{12}{x+7}$  $\qquad | \cdot (x-2)$

$\frac{3 \cdot (x-2)}{(x-2)} = \frac{12 \cdot (x-2)}{(x+7)}$  $\qquad | \cdot (x+7)$

$\frac{3 \cdot (x-2) \cdot (x+7)}{(x-2)} = \frac{12 \cdot (x-2) \cdot (x+7)}{(x+7)}$

**3.** Gleiche Faktoren können nun aus den Brüchen gekürzt werden (Zwar darf **aus** einer Summe oder einer Differenz nie gekürzt werden; ein Klammerglied mit einer Summe kann aber selbst ein Faktor sein und darf dann **als Ganzes** gekürzt werden).

**BEISPIEL:** $\frac{3 \cdot (x-2) \cdot (x+7)}{(x-2)} = \frac{12 \cdot (x-2) \cdot (x+7)}{(x+7)}$

$3 \cdot (x+7) = 12 \cdot (x-2)$

**4.** Nach dem Ausmultiplizieren der Klammern (s. S. 40) kann die Gleichung nun wie gewohnt gelöst werden.

**BEISPIEL:**
$$3x + 21 = 12x - 24 \qquad | -3x$$
$$21 = 9x - 24 \qquad | +24$$
$$45 = 9x \qquad | :9$$
$$5 = x$$

**5.** Beim Erstellen der **Lösungsmenge** muss der Definitionsbereich einbezogen werden: Erhält man als Lösung eine Zahl, die vorher im Definitionsbereich ausgeschlossen wurde, bleibt die Lösungsmenge leer, da man sonst der Grundbedingung für diese Gleichung widersprechen würde. Gibt es keine Überschneidungen zwischen Definitionsbereich und Lösungsmenge, kann man diese wie gewohnt notieren.

**BEISPIEL:**  $L = \{5\}$

### Komplexe Bruchgleichungen

Nicht selten bestehen Bruchgleichungen aus mehr als nur zwei Gliedern. Dabei darf eine der Grundregeln des Lösens von Gleichungen nicht vergessen werden: Bei Multiplikation und Division muss jedes einzelne Termglied berücksichtigt werden. Es spielt hierbei auch keine Rolle, ob das Termglied ein Bruch ist oder nicht.

**BEISPIEL:**   $\frac{4}{x-1} + 3 = \frac{5}{x+5} + \frac{2}{2x+6}$

**1.** Die Vorgehensweise bleibt wie gehabt: Zuerst legt man den **Definitionsbereich D** fest. Dazu bildet man wieder aus jedem Nenner eine separate Gleichung.
Da drei unterschiedliche Nenner vorhanden sind, erhält man drei Zahlen, die im Definitionsbereich ausgeschlossen werden müssen.

**BEISPIEL:**

$$
\begin{array}{lll}
1.\text{ Nenner:} & x - 1 = 0 & \mid + 1 \\
& x = 1 & \\
2.\text{ Nenner:} & x + 5 = 0 & \mid - 5 \\
& x = -5 & \\
3.\text{ Nenner:} & 2x + 6 = 0 & \mid - 6 \\
& 2x = -6 & \mid : 2 \\
& x = -3 &
\end{array}
$$

$\rightarrow D = \mathbb{Q} \setminus \{-5; -3; 1\}$

**2.** Im zweiten Schritt wird **nacheinander mit allen Nennern multipliziert,** um eine herkömmliche Gleichung als Ausgangsbasis zu erhalten.

**BEISPIEL:**   $\frac{4}{x-1} + 3 = \frac{5}{x+5} + \frac{2}{2x+6}$   $\mid \cdot (x-1)$

$\frac{4(x-1)}{x-1} + 3(x-1) = \frac{5(x-1)}{x+5} + \frac{2(x-1)}{2x+6}$   $\mid \cdot (x+5)$

$\frac{4(x-1)(x+5)}{x-1} + 3(x-1)(x+5) = \frac{5(x-1)(x+5)}{x+5} + \frac{2(x-1)(x+5)}{2x+6}$   $\mid \cdot (2x+6)$

$\frac{4(x-1)(x+5)(2x+6)}{x-1} + 3(x-1)(x+5)(2x+6) = \frac{5(x-1)(x+5)(2x+6)}{x+5} + \frac{2(x-1)(x+5)(2x+6)}{2x+6}$

Nach dem Kürzen wird dieses „Gleichungsungetüm" deutlich angenehmer:

**BEISPIEL:**   $4(x+5)(2x+6) + 3(x-1)(x+5)(2x+6) = 5(x-1)(2x+6) + 2(x-1)(x+5)$

## Besonderheiten bei Bruchgleichungen

Sind mehrere Bruchglieder vorhanden, deren Nenner eine Variable enthält, lohnt sich manchmal ein genauer Vergleich. Handelt es sich bei den unterschiedlichen Nennern um Vielfache voneinander, vereinfacht es die Rechnung sehr, wenn man sie in gleiche Faktoren zerlegt und rechtzeitig kürzt.

**BEISPIEL:** $\frac{10x+1}{2x+2} - 1 = \frac{3x-2}{x+1}$

Das geübte Auge stellt hier fest, dass der erste Nenner genau das Doppelte des zweiten Nenners ist. Das heißt, man klammert 2 im ersten Nenner aus (s. S. 40)

**BEISPIEL:** $\frac{10x+1}{2(x+1)} - 1 = \frac{3x-2}{x+1}$

Jetzt kann man wie bereits erläutert den Definitionsbereich ermitteln. Da die Nenner Vielfache voneinander sind, erhält man nur eine Ausschlusszahl.

**BEISPIEL:** $D = \mathbb{Q} \setminus \{-1\}$

Danach folgen die Eliminierung der Nenner analog zu den vorherigen Beispielen …

**BEISPIEL:** $\frac{10x+1}{2(x+1)} - 1 = \frac{3x-2}{x+1}$ $\qquad | \cdot (x+1)$

$$\frac{(10x+1)(x+1)}{2(x+1)} - 1\,(x+1) = \frac{(3x-2)(x+1)}{x+1}$$

… sowie das Kürzen und Vereinfachen und schließlich das Auflösen der Gleichung.

**BEISPIEL:** $\frac{10x+1}{2} - 1 - x = 3x - 2$ $\qquad | \cdot 2$

$$10x + 1 - 2 - 2x = 6x - 4 \qquad | \text{ zusammenfassen}$$
$$8x - 1 = 6x - 4 \qquad | -6x + 1$$
$$2x = -3 \qquad | : 2$$
$$x = -\tfrac{3}{2}$$
$$L = \left\{ -\tfrac{3}{2} \right\}$$

---

**PATZER VERMEIDEN!** *Fehler entstehen häufig, wenn man nicht beachtet, dass jedes Termglied mit jedem Nenner multipliziert werden muss. Außerdem entstehen dabei häufig Klammerausdrücke, die ebenfalls korrekt aufgelöst werden müssen (richtiges Ausmultiplizieren, evtl. Minusklammern beachten etc.)*
*Die Lösungsmenge muss mit dem Definitionsbereich abgeglichen werden. Hat man die erhaltene Lösung zu Beginn bereits ausgeschlossen, ist die Lösungsmenge leer.*

# Lineare Funktionen und ihre Graphen

*Funktionen stellen Zusammenhänge zwischen zwei Größen mithilfe mathematischer Ausdrücke dar. Läuft bspw. Wasser in eine Wanne, beschreibt eine Funktion den Zusammenhang zwischen der vergangenen Zeit und dem Wasserstand in der Wanne. Mithilfe des Funktionsterms lässt sich auch der Wasserstand zu späteren Zeitpunkten berechnen. Zeichnerisch lässt sich der Wasserstand zu jedem beliebigen Zeitpunkt mithilfe des Graphen der Funktion darstellen. So lassen sich Entwicklungen erkennen oder Werte vergleichen.*

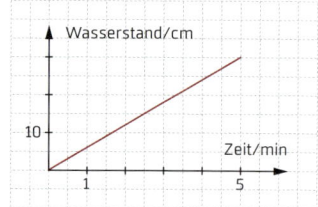

### Funktionen

Eine Funktion ist wie eine Wegbeschreibung. Allerdings gibt sie nur die Laufrichtung an, aber nicht Start- und Endpunkt. Jedem Ausgangspunkt x wird über die immer gleiche Rechenvorschrift („Laufrichtung") ein bestimmter Zielpunkt y zugeordnet — und zwar gehört zu jedem x **genau ein** y.
Eine **lineare Funktion** hat allgemein die Form: **y = mx + b.**
Häufig wird y auch als **f(x)** (gelesen: „f von x") bezeichnet: **f(x) = mx + b.**

### Definitionsmenge und Wertemenge

Sofern nicht anders angegeben, geht man von der **Definitionsmenge** $\mathbb{Q}$ oder $\mathbb{R}$ aus, d.h., jede beliebige Zahl x kann als „Startpunkt" gewählt werden. Mithilfe der Rechenvorschrift (**Funktionsvorschrift** genannt) kann dann der Zielpunkt, also der Wert für y, berechnet werden.

**BEISPIEL:**   **Funktion:** y = 3x + 2;   **Funktionsvorschrift:** 3x + 2
**Berechnen der y-Werte:**  für x = 0 → f(x) = 3 · 0 + 2 = 2
  für x = −1 → f(x) = 3 · (−1) + 2 = −1
  für x = 1 → f(x) = 3 · 1 + 2 = 5
  usw.

Setzt man nacheinander mehrere Werte für x ein, lassen sich die errechneten Werte gut in einer **Wertetabelle** festhalten. Sämtliche möglichen Werte für y ergeben die **Wertemenge W.**

| x | −2 | −1 | 0 | 1 | 2 |
|---|----|----|---|---|---|
| y | −4 | −1 | 2 | 5 | 8 |

## Graphen zeichnen

Um den Graphen einer beliebigen Funktion zu zeichnen, übernimmt man die Koordinaten aus der Wertetabelle, überträgt sie in ein Koordinatensystem (s. S. 156) und verbindet sie miteinander.

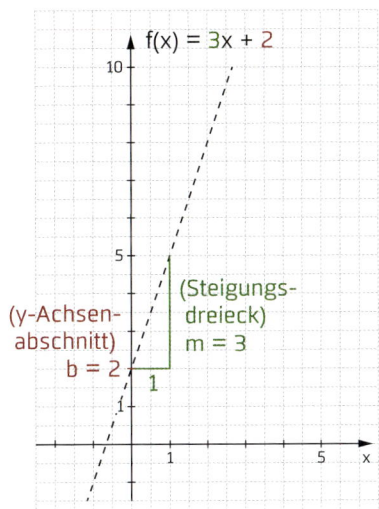

**Graphen linearer Funktionen** lassen sich jedoch noch einfacher zeichnen, da sie immer **Geraden** sind.

**1.** Man bringt die Funktionsgleichung in die Form **y = mx + b,** wobei m und b in dieser Gleichung Platzhalter für konkrete Zahlen sind. In der Abbildung ist bspw. m = 3, b = 2.

**2.** Die Zahl b gibt den Schnittpunkt des Graphen mit der y-Achse an, genannt **y-Achsenabschnitt,** der nun markiert werden kann.

**3.** Die Zahl m gibt die **Steigung** der Geraden an. Um die Steigung zu ermitteln, zeichnet man ein **Steigungsdreieck:** Von b aus zählt man eine Einheit nach rechts und dann von dort aus m Einheiten nach oben (falls m > 0) oder nach unten (falls m < 0). Im ersten Fall ist die Gerade **steigend,** im zweiten ist sie **fallend.**

**4.** Am Ende des Steigungsdreiecks liegt der zweite Punkt der Geraden. Mit einem Lineal kann nun der Funktionsgraph durch die beiden Punkte gezeichnet werden.

## Funktionsgleichung zu einem vorgegebenen Graphen bestimmen

Diese Vorgehensweise lässt sich auch umkehren, wenn der Graph gegeben und die Funktionsgleichung gesucht ist. Dazu liest man zuerst den Schnittpunkt mit der y-Achse ab und notiert ihn an der Position b der Gleichung. Von dort ausgehend bewegt man sich eine Einheit nach rechts und von dort nach oben oder nach unten, um wieder auf den Graphen zu treffen. Die Strecke nach oben oder unten gibt die Steigung m an, die entweder positiv ist (wenn man nach oben gehen musste) oder mit einem Minus versehen wird (wenn man nach unten gehen musste).

**PATZER VERMEIDEN!**   *Beim Ablesen oder Benennen des y-Achsenabschnittes oder der Steigung eines Graphen spielen die Vorzeichen eine wichtige Rolle, da sich durch ein bloßes Minus vor dem m oder dem b ein vollkommen anderer Graph ergibt.*

# Proportionale und antiproportionale Zuordnungen

**WOZU EIGENTLICH?**   *Wie bei anderen Graphen auch lassen sich aus den Graphen proportionaler und antiproportionaler Zuordnungen Entwicklungen ablesen und auf einen Blick Vergleiche ziehen. Die Darstellungsform als Graph erleichtert das Ablesen einzelner Werte und ermöglicht gleichzeitig einen Gesamteindruck. Proportionale und antiproportionale Zuordnungen spielen eine wichtige Rolle, weil sie häufig (Idealfälle von) Alltagsprobleme(n) darstellen, die sich gleichmäßig entwickeln.*

### Graphen proportionaler Zuordnungen

**Proportionale Funktionen** sind Sonderfälle linearer Funktionen (s. S. 76), d.h., sie verlaufen gerade, schneiden die y-Achse (haben also einen y-Achsenabschnitt) und besitzen eine Steigung, die sich mit einem Steigungsdreieck ermitteln lässt. Umgekehrt lassen sich b und m zur Konstruktion des Graphen nutzen.
Das Besondere ist, dass der y-Achsenabschnitt b bei den Graphen proportionaler Zuordnungen immer im Ursprung (0|0) liegt, es gilt also **b = 0**. Aus der allgemeinen Form für lineare Funktionen y = mx + b fällt das b demnach weg und es bleibt nur:
**y = mx.**

Der Grund dafür ist einfach: Schaut man sich Aufgaben mit proportionalen Zuordnungen an (s. S. 44), stellt man fest, dass dem x-Wert 0 immer nur y = 0 zugeordnet werden kann. Man wird nie für 0 Dinge einen Preis bezahlen oder für 0 km zurückgelegte Strecke einen Verbrauch feststellen oder ein Arbeitspensum in 0 Stunden erwarten etc. Also wird dem Anfangswert 0 immer die 0 zugeordnet. Die Proportionalitätskonstante m der Zuordnung (s. S. 47) ergibt sich durch Umstellen der Funktionsgleichung:
**y = mx** $\Rightarrow$ **m = $\frac{y}{x}$**

m ist auch gleichzeitig die Steigung des zugehörigen Graphen. Das Zeichnen ist daher einfacher als bei anderen linearen Funktionen: Man beginnt grundsätzlich im Nullpunkt und trägt dann die Steigung m ab, indem man wie gewohnt eine Einheit nach rechts geht und m Einheiten nach oben oder unten, je nachdem ob m positiv oder negativ ist (s. S. 77).

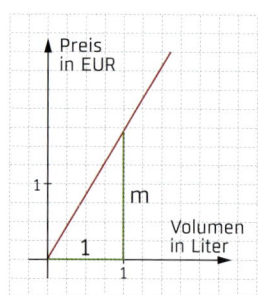

**BEISPIEL:**    Im USA-Urlaub möchte man nicht ständig umrechnen müssen, wie viel Dollar wie viel Euro entsprechen. Die Umrechnungstabellen, die es bei der Bank gibt, sind meist lückenhaft, besonders bei größeren Beträgen. Eine grafische Darstellung könnte da weiterhelfen.
**Bekannt ist:** 1 Euro = 1,13 Dollar.
x = 1 Euro, y = 1,13 Dollar → m = $\frac{y}{x}$ = $\frac{1,13}{1}$ = 1,13

Die Funktionsgleichung lautet also y = 1,13x.

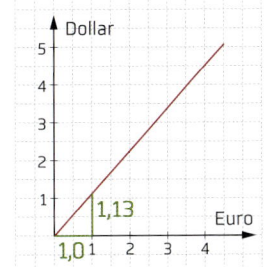

Um den Graphen zu zeichnen, beginnt man also im Nullpunkt, geht von dort aus einen Schritt nach rechts und 1,13 Einheiten nach oben. Zieht man nun eine Gerade vom Nullpunkt ausgehend durch diesen ermittelten Punkt, hat man automatisch alle korrekten Werte, weil die Zuordnung gleichmäßig wächst. Es gilt „je mehr, desto mehr".
Das heißt: Hat man einen Dollarbetrag und möchte den entsprechenden Eurobetrag ermitteln, sucht man sich den Dollarwert auf der y-Achse und liest den entsprechenden Eurowert ab. Umgekehrt funktioniert das natürlich genauso.

### Gebrochene Steigungen

Ist die Steigung m (also der Faktor vor dem x) ein Bruch, muss man nicht umständlich Brüche umformen oder deren Wert ausrechnen, sondern kann die Steigung zeichnen, indem man die Zahl im Nenner als Schritte nach rechts annimmt und den Zähler nach oben oder unten abläuft (je nachdem ob der Bruch positiv oder negativ ist).

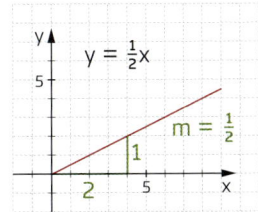

**BEISPIEL:**    Graph der proportionalen Funktion y = $\frac{1}{2}$x.
Nenner = 2, also 2 Einheiten nach rechts
Zähler = 1, demnach 1 Einheit nach oben

## Graphen antiproportionaler Zuordnungen

Bei **antiproportionalen Zuordnungen** berechnet sich die Antiproportionalitäts-konstante aus dem Produkt von y und x, folglich: **p = y · x.** (s. S. 47)
Durch Umstellen dieser Gleichung ergibt sich die allgemeine Form der Funktionsgleichung einer antiproportionalen Zuordnung:

$p = y \cdot x \quad | : x$

$\frac{p}{x} = y$, oder umgekehrt: $y = \frac{p}{x}$

Schon an dieser Gleichung lässt sich erkennen, dass der Graph einer antipropor-tionalen Zuordnung keine Gerade sein kann, da man den Funktionsterm nicht in die Form y = mx + b umformen kann.
Da die Variable im Nenner steht, muss y immer kleiner werden, je größer x wird.

Zum Zeichnen des Graphen müssen also die Wertepaare einzeln berechnet werden. Für die Notation der Wertepaare eignet sich deshalb am besten eine **Wertetabelle** (s. S. 76).

**BEISPIEL:** Sebastian legt monatlich 1 Euro zurück, und zwar 5 Monate lang. Wie lange müsste er für den gleichen Betrag sparen, wenn er monatlich 2 Euro, 4 Euro, 5 Euro usw. zurücklegen würde?
**x = zurückgelegter Betrag** in Euro; **y = Zeit** in Monaten
**Antiproportionalitätskonstante:** p = x · y
p = 1 · 5 = 5

**Funktionsgleichung:** $y = \frac{5}{x}$

**Wertetabelle:** Man setzt nacheinander für x die gegebenen Werte ein und berechnet y:

| x | 1 | 2 | 4 | 5 |
|---|---|---|---|---|
| y | 5 | 2,5 | 1,25 | 1 |

Es ergeben sich die **Punkte** (1|5); (2|2,5); (4|1,25); (5|1).

Die berechneten Punkte werden nun nacheinander in ein Koordinatensystem eingetragen und miteinander verbunden.

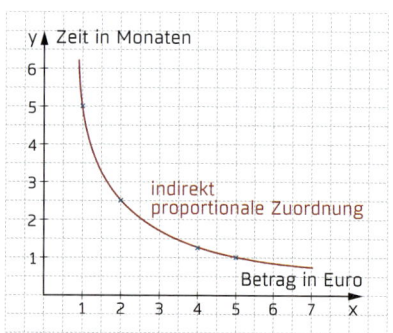

Der Graph einer antiproportionalen Zuordnung besitzt immer die Eigenschaft, sich an die x- und die y-Achse „anzuschmiegen", er nähert sich also nach rechts und nach oben immer mehr den Achsen an, ohne sie jedoch jemals zu berühren. Diese Art Graphen nennt man **Hyperbel.**
Eine Berührung oder einen Schnittpunkt mit den Achsen kann es aus folgenden Gründen nicht geben:
**a)** Um die y-Achse zu schneiden, müsste man von dem x-Wert 0 ausgehen, was aber nicht sein darf, da x im Nenner der Funktionsgleichung steht (s. S. 72) und durch 0 nie dividiert werden darf.
**b)** Um die x-Achse zu schneiden, müsste der y-Wert 0 sein, dazu müsste die Antiproportionalitätskonstante 0 sein, was auch nie der Fall ist.

Zeichnet man ein Rechteck zwischen den Achsen und der Hyperbel ein und berechnet den Flächeninhalt dieses Rechtecks, ergibt sich der Wert des Antiproportionalitätsfaktors p.

**BEISPIEL:**    Die Fläche A des Rechtecks ist das Produkt der Seitenlängen:
A = 5 · 1 = 5

Diese Eigenschaft ergibt sich daraus, dass ein Eckpunkt des Rechtecks als Koordinaten automatisch ein Wertepaar der Zuordnung hat. Gleichgültig wo man dieses Rechteck zwischen Achse und Hyperbel einzeichnet, erhält man immer Seitenlängen, die gleichzeitig als Wertepaar aufgefasst werden können und somit als Produkt den Antiproportionalitätsfaktor ergeben müssen.
In der Abbildung steht das Rechteck hochkant zwischen der Hyperbel und der y-Achse, es kann aber genauso um 90° „gekippt" und zwischen x-Achse und Hyperbel gelegt werden.

**PATZER VERMEIDEN!**    *Beim Anfertigen von Graphen übersieht man leicht ein Vorzeichen, was dann zu einer falschen Steigung oder zu falschen Punktkoordinaten führt. Es empfiehlt sich, nach dem Zeichnen die Steigung m in der Funktionsgleichung noch einmal zu betrachten und zu prüfen, ob der Graph tatsächlich bei m > 0 steigt oder bei m < 0 fällt. Bei falsch ermittelten Punkten einer Hyperbel ergibt sich im Graphen eine „Delle", die ein klarer Hinweis auf einen falschen Wert ist. In diesem Fall sollte man die Koordinaten dieses speziellen Punktes noch einmal rechnerisch nachprüfen.*

# Lineare Gleichungssysteme (LGS)

**WOZU EIGENTLICH?** *Mit LGS löst man Gleichungen, die mehr als eine Variable enthalten. Da eine einzelne Gleichung mit zwei Variablen keine eindeutige Lösung besitzt, erstellt man aus zwei Gleichungen mit denselben Variablen ein Gleichungssystem und sucht die gemeinsamen Lösungen der Gleichungen.*

### Zeichnerische Lösung von linearen Gleichungssystemen

Um ein lineares Gleichungssystem (LGS) aus zwei Gleichungen zeichnerisch zu lösen, fasst man die Gleichungen als zwei lineare Funktionen auf (s. S. 76) und zeichnet deren Graphen. Dazu muss man meist die Gleichungen erst so umstellen, dass sie die Form $y = mx + b$ haben, d. h., $y$ muss allein auf einer Seite stehen. Beim Zeichnen können drei Fälle eintreten:

**a) Schneiden sich die Graphen in genau einem Punkt,** so ist der Schnittpunkt mit den Koordinaten $x_s$ und $y_s$ die Lösung des Gleichungssystems: **L = {($x_s$|$y_s$)}**

**b)** Haben die beiden Graphen dieselbe Steigung, **sind sie also parallel zueinander** (aber nicht identisch), so gibt es keine gemeinsame Lösung der beiden Gleichungen und die Lösungsmenge des LGS ist leer: **L = { }.** Dies erkennt man gegebenenfalls bereits am Faktor vor dem $x$, da dieser die Steigung angibt.

**c) Sind die beiden Graphen identisch,** d. h., alle Werte für $x$ und $y$ erfüllen das Gleichungssystem, dann hat das LGS unendlich viele Lösungen und die Lösungsmenge ist gleich der Menge der rationalen oder reellen Zahlen: **L = $\mathbb{Q}$ oder L = $\mathbb{R}$.**

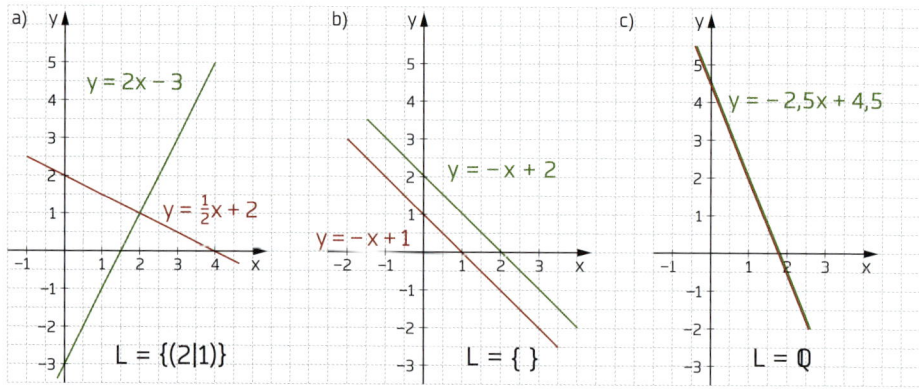

**Rechnerische Lösungsverfahren für LGS**

**a)** Beim **Additionsverfahren** formt man die Gleichungen so um, dass ein Termglied der ersten Gleichung das „Gegenteil" zu einem Termglied der zweiten Gleichung darstellt. Das erreicht man, indem man eine der Gleichungen oder beide mit einer geeigneten Zahl multipliziert oder durch eine Zahl dividiert.

**BEISPIEL:**  (I)  $2x - 5y = 23$

(II)  $7x + 9y = 1$

Man könnte die erste Gleichung mit 7 multiplizieren
und die zweite mit −2:

(I)  $14x - 35y = 161$

(II)  $-14x - 18y = -2$

oder die erste Gleichung durch 2 dividieren
und mit −7 multiplizieren:

(I)  $x - \frac{5}{2}y = \frac{23}{2}$

(I)  $-7x + \frac{35}{2}y = -\frac{161}{2}$

(II)  $7x + 9y = 1$

Allerdings wird dadurch die gesamte erste Gleichung komplizierter, da jedes einzelne Termglied verrechnet werden muss (s. S. 70) und somit Brüche entstehen. Es gibt noch zahlreiche weitere Möglichkeiten.

Nun addiert man die beiden Gleichungen. Am besten sorgt man schon vorab dafür, dass gleichartige Termglieder untereinander stehen und so einfacher addiert werden können. Man muss beim Verrechnen unbedingt auf die Vorzeichen achten!

**BEISPIEL:**  (I)   $14x - 35y = 161$

(II)  $\underline{- 14x - 18y = \;\; -2}$

$- 53y = 159$

Wie beabsichtigt ist durch die Addition der beiden Gleichungen ein Termglied weggefallen. Die neu entstandene Gleichung lässt sich nun wie gewohnt auflösen.

**BEISPIEL:**  $-53y = 159$   $\;\;\; | : (-53)$

$y = -3$

Setzt man die ermittelte Zahl in eine der ursprünglichen Gleichungen ein, erhält man auch den Wert der zweiten Variablen:

**BEISPIEL:**  y in (I):  $2x - 5 \cdot (-3) = 23$

$2x + 15 = 23$   $\qquad | - 15$

$2x = 8$   $\qquad\qquad | : 2$

$x = 4$

$L = \{(4|-3)\}$

**b)** Das **Einsetzungsverfahren** bietet sich an, wenn eine der Gleichungen bereits nach einer Variablen aufgelöst ist oder leicht aufzulösen ist.

BEISPIEL:  (I)   $x - 3y = 14$            | $+ 3y$

(I)   $x = 14 + 3y$

(II)  $6x + 2{,}5y = 8$

Ist eine der Variablen auf einer Seite isoliert, setzt man die nach der Variablen aufgelöste Gleichung in die andere Gleichung ein und hat nun eine Gleichung mit nur noch einer Variablen, die man lösen muss.

BEISPIEL:  (I)   $x = 14 + 3y$

(II)  $6x + 2{,}5y = 8$

Rechte Seite von (I) in (II) für x einsetzen:

$6(14 + 3y) + 2{,}5y = 8$

$84 + 18y + 2{,}5y = 8$

Nach Zusammenfassen gleichartiger Termglieder und Auflösen nach einer Variablen kann wie oben beschrieben auch die zweite Variable berechnet werden.

**c)** Das **Gleichsetzungsverfahren** führt dann zu einer schnellen Lösung, wenn auf einer Seite beider Gleichungen derselbe Term steht. (Gegebenenfalls müssen die Gleichungen erst entsprechend umgeformt werden.) In diesem Fall dürfen die anderen beiden Teile der Gleichungen gleichgesetzt werden.

BEISPIEL:  (I)   $\frac{2}{3}x = -12 - 5y$

(II)  $\frac{2}{3}x = 16 - 9y$

Gleichsetzen:  Gleichung (I) = Gleichung (II)

$-12 - 5y = 16 - 9y$

Auch daraus ergibt sich nach Umformung und Zusammenfassung gleichartiger Termglieder eine neue Gleichung mit nur einer Variablen, mit der dann weitergerechnet werden kann wie gewohnt.

## Probe

Unabhängig davon, für welches Verfahren man sich entscheidet, ist es unbedingt ratsam, am Ende eine Probe durchzuführen. Dazu wählt man eine der beiden ursprünglichen Gleichungen aus, setzt die errechneten Werte für x und y ein und prüft, ob die Gleichung ein sinnvolles Ergebnis liefert. Ist das nicht der Fall, liegt an irgendeiner Stelle ein Rechenfehler vor.

**Beispiel zu den Rechenverfahren am selben Gleichungssystem:**

| Additionsverfahren | Einsetzungsverfahren | Gleichsetzungsverfahren |
|---|---|---|

**Additionsverfahren**

(I)   $4x + 2y = 12$
(II)  $5x - y = 8$

**(II) mit 2 multiplizieren:**

(I)   $4x + 2y = 12$
(II)  $10x - 2y = 16$

**(I) und (II) addieren:**

(I)      $4x + 2y = 12$
(II)  $+ 10x - 2y = 16$
$\quad\quad 14x \quad\ = 28 \quad | :14$
$\quad\quad\quad x \quad\ = 2$

**Einsetzungsverfahren**

(I)   $4x + 2y = 12$
(II)  $5x - y = 8 \quad | -5x \ | \cdot(-1)$
$\Rightarrow$ (II) $y = -8 + 5x$

**(II) in (I) einsetzen:**

$4x + 2(-8 + 5x) = 12$
$4x - 16 + 10x = 12$
$14x - 16 = 12 \quad\quad | + 16$
$14x = 28 \quad\quad\quad | : 2$
$x = 2$

**Gleichsetzungsverfahren**

(I)   $4x + 2y = 12 \quad\quad | -4x$
(II)  $5x - y = 8 \quad | -5x \ | \cdot(-2)$
$\Rightarrow$ (I) $2y = 12 - 4x$
$\Rightarrow$ (II) $2y = -16 + 10x$

**(I) und (II) gleichsetzen:**

$2y = 2y$
$12 - 4x = -16 + 10x \ | +4x$
$12 = -16 + 14x \ | +16$
$28 = 14x \quad\quad | : 14$
$2 = x$

Wenn man mit einem der drei Verfahren die Lösung für die eine Variable berechnet hat, lässt sich die zweite Variable leicht ermitteln, indem man die erhaltene Lösung in eine der beiden Gleichungen einsetzt.

**BEISPIEL:**    $x = 2$ in (I) einsetzen:    $4 \cdot 2 + 2y = 12$
$\quad\quad\quad\quad\quad\quad\quad\quad\quad\quad\quad\quad\quad 8 + 2y = 12 \quad\quad\quad | -8$
$\quad\quad\quad\quad\quad\quad\quad\quad\quad\quad\quad\quad\quad 2y = 4 \quad\quad\quad\quad | : 2$
$\quad\quad\quad\quad\quad\quad\quad\quad\quad\quad\quad\quad\quad y = 2$
$\quad\quad\quad\quad\quad\quad\quad\quad\quad\quad\quad\quad \rightarrow L = \{(2|2)\}$

**PATZER VERMEIDEN!**    *Allgemein gilt wie bei allen Gleichungen: Vorsicht mit den Vorzeichen und bei der Multiplikation und Division. Hier ergeben sich beim Lösen eines Gleichungssystems die meisten Fehler.*
*Man sollte auf jeden Fall am Ende einer Rechnung eine Probe durchführen, indem man den für die erste Variable erhaltenen Wert auch in die jeweils andere Gleichung einsetzt. Nur wenn dann die gleiche Lösung für die zweite Variable herauskommt wie bei der ersten Gleichung, ist die Lösung richtig.*

# Lineare Gleichungssysteme (LGS) mit 3 Variablen

**WOZU EIGENTLICH?**  *Im vorherigen Kapitel wurden lineare Gleichungssysteme behandelt, die zwei Unbekannte enthalten. Im Prinzip können LGS aber beliebig viele Variablen enthalten, wobei man zum Lösen dann auch eine entsprechende Anzahl Gleichungen braucht. In der Schule werden in der Regel aber nur LGS mit höchstens drei Variablen behandelt.*

### Lösbarkeit von linearen Gleichungssystemen

Damit ein Gleichungssystem überhaupt eindeutig lösbar ist, muss es aus mindestens so vielen Gleichungen bestehen, wie Variablen vorhanden sind. Ein LGS mit zwei Variablen muss also (mindestens) aus zwei Gleichungen bestehen. Ein LGS mit drei Unbekannten benötigt entsprechend mindestens drei Gleichungen usw.

Bei Gleichungssystemen, die mehr als zwei Variablen enthalten, ist aber selbst die entsprechende Anzahl von Gleichungen noch keine Garantie dafür, dass das Gleichungssystem eindeutig lösbar ist. Wie LGS mit zwei Variablen können auch LGS mit drei Unbekannten (meist x, y und z) entweder

**a) keine Lösung** haben, nämlich dann, wenn mindestens zwei Gleichungen einander widersprechen;

**BEISPIEL:**  Nach geeigneten Äquivalenzumformungen und Vereinfachungen lauten die Gleichungen des LGS:

(I)   $x - 3y + 4z = -1$

(II)   $-2y = 3$

(III)  $y = \frac{1}{2}$

Die zweite und die dritte Gleichung widersprechen einander, da man auf keinen Fall auf ein gültiges Ergebnis kommen kann, wenn man die dritte Gleichung in die zweite einsetzt.

⇒ **L = { }**

**b) eine einzige eindeutige Lösung** der Form **L = {(x|y|z)}** haben, die jede einzelne der drei Gleichungen erfüllen muss;

**c) unendlich viele Lösungen L = ℚ** haben, wenn aufgrund der Äquivalenzumformungen und des Auflösens Gleichungen entstehen, bei denen auf beiden Seiten des Gleichheitszeichens dasselbe steht, z.B. 3 = 3 oder 14 = 14.

**Das gaußsche Eliminationsverfahren (Gaußverfahren)**

**1.** Mithilfe von geeigneten Äquivalenzumformungen müssen zuerst alle drei Gleichungen so aufgestellt werden, dass nur das absolute Glied (die Zahl ohne Variable) jeweils alleine auf einer Seite steht.

**2.** Nun konzentriert man sich auf je zwei Gleichungen und eliminiert schrittweise mithilfe des **Additions- oder Einsetzungsverfahrens** (s. S. 83/84) die Variablen.

**BEISPIEL:**   (I)   $4x + y - 2z = 0$

(II)   $3x + 2y + 3z = 16$

(III)  $5x - y + 3z = 12$

Aus der Multiplikation der Gleichungen (I) mit (−3) und (II) mit 4 ergeben sich zwei Gleichungen, die das Glied (−12x) bzw. 12x enthalten. Addiert man diese beiden Gleichungen, ergibt sich daraus eine neue Gleichung:

**BEISPIEL:**   (II)'  $5y + 18z = 64$

Ebenso ergibt sich nach Multiplikation der Gleichungen (I) mit 5 und (III) mit (−4) und Addition dieser Gleichungen eine weitere neue:

**BEISPIEL:**   (III)' $9y - 22z = -48$

Verrechnet man nun noch diese beiden neuen Gleichungen miteinander (Multiplikation von (II)' mit (−9) und (III) mit 5), erhält man:

**BEISPIEL:**   (III)'' $-272z = -816$

**3.** Mit dieser Vorgehensweise hat man das LGS auf die sogenannte **Dreiecksform** gebracht. Das bedeutet: Von oben nach unten besitzt jede der Gleichungen eine Variable weniger als die vorhergehende:

**BEISPIEL:**   (I)   $4x + y - 2z = 0$

(II)'  $0 + 5y + 18z = 64$

(III)'' $0 + 0 - 272z = -816$

**4.** Die letzte Gleichung hat nur noch eine Variable und lässt sich leicht auflösen (Division durch (−272), um den Wert für z zu erhalten). Der hier erhaltene Wert lässt sich nun problemlos in die „nächsthöhere" Gleichung einsetzen, um die zweite Variable zu ermitteln, und analog lässt sich mit der letzten Gleichung auch die dritte Variable berechnen.

**BEISPIEL:**   $L = \{(1|2|3)\}$

---

**PATZER VERMEIDEN!**   *LGS mit drei Unbekannten erfordern viele kleine Rechenschritte. Und damit wächst auch die Wahrscheinlichkeit für kleinere Rechenfehler, die sich dann aber durch die gesamte Rechnung ziehen. Deshalb: Auf Vorzeichen und Rechenregeln für Gleichungen achten, und am Ende auf jeden Fall eine Probe durchführen, indem man die drei ermittelten Werte in alle drei Ursprungsgleichungen einsetzt.*

# Ungleichungen

*In Gleichungen steht auf beiden Seiten des Gleichheitszeichens „dasselbe" (derselbe Termwert). Bei Ungleichungen stehen jedoch verschiedene Werte auf der linken und der rechten Seite, d.h., die Waage ist absichtlich im Ungleichgewicht und soll diesen Zustand auch beibehalten.*
*Dies kommt dann zum Tragen, wenn in einer Aufgaben-stellung von „ist kleiner als" oder „ist größer als" die Rede ist (dasselbe gilt für die Begriffe „mindestens", „höchstens" usw.)*

### Ungleichungen aufstellen

Wie bei Gleichungen muss auch bei Ungleichungen ggf. zuerst der Aufgabentext in sinnvolle Terme umgeformt werden.

**BEISPIEL:** Die Seitenlängen eines Dreiecks sollen jeweils um 2 cm länger sein als die nächstkürzere Seite. Der Umfang U des Dreiecks soll **mindestens** 45 cm betragen. (Rechnung ohne Einheiten)

U:   $x + (x + 2) + [(x + 2) + 2] > 45$

### Ungleichungen lösen

Beim Lösen von Ungleichungen geht man in der Regel vor wie bei Gleichungen auch, indem man zuerst die Terme vereinfacht und danach auf beiden Seiten des Relationszeichens die gleichen Umformungen vornimmt.

**BEISPIEL:**
$$x + x + 2 + x + 2 + 2 > 45$$

| | |
|---|---|
| $3x + 6 > 45$ | $\mid - 6$ |
| $3x > 39$ | $\mid : 3$ |
| $x > 13$ | |

$L = \{x \in \mathbb{Q} \mid x > 13\}$

(Die Lösungsmenge umfasst alle rationalen Zahlen, die größer sind als 13).

## Besonderheit beim Lösen von Ungleichungen

Einen wichtigen Unterschied zum Lösen von Gleichungen gibt es allerdings:
**Bei Division durch eine negative Zahl oder Multiplikation mit einer negativen Zahl muss das Relationszeichen in sein Gegenteil verkehrt werden.**

**BEISPIEL:** 

$15 - 4x > 2x - 3$ $\quad | - 15$

$-4x > 2x - 18$ $\quad | - 2x$

$-6x > -18$ $\quad | : (-6)$

$x < 3$

$L = \{x \in \mathbb{Q} \mid x < 3\}$

(Die Lösungsmenge umfasst alle Zahlen, die zu den rationalen Zahlen gehören und kleiner sind als 3.)

## Die Lösungsmenge notieren

Auf den ersten Blick wirkt die Schreibweise der Lösungsmenge kompliziert:

$$L = \{x \in \mathbb{Q} \mid x < 3\}$$

Gelesen:

„Lösungsmenge ist: x ist Element der rationalen Zahlen mit x kleiner als 3"
Das bedeutet nichts anderes, als dass jede beliebige Zahl für x eingesetzt werden darf, solange sie kleiner als 3 ist.

In höheren Klassen, wenn die Schüler bereits die reellen Zahlen kennen, kann eine Lösungsmenge entsprechend die Form haben:
$L = \{x \in \mathbb{R} \mid x < 3\}$

**PATZER VERMEIDEN!** *Um sicherzustellen, dass jede Zeile der vorhergehenden im Wert gleicht, muss jeder Rechenschritt sorgfältig durchgeführt werden, was bedeutet: gleiche Vorgehensweisen auf beiden Seiten des Relationszeichens. Da man häufiger mit Gleichungen konfrontiert wird als mit Ungleichungen, wird allerdings oft die Sonderregel vergessen, dass bei Ungleichungen das Relationszeichen in sein Gegenteil verkehrt werden muss, sobald eine Multiplikation oder eine Division mit negativen Zahlen erfolgt. Um sicherzugehen, empfiehlt sich auch hier das Durchführen einer Probe am Ende einer Rechnung, indem der errechnete Wert in die erste Zeile der Gleichung eingesetzt und die Ungleichung auf ihren Wahrheitsgehalt hin geprüft wird.*

# Quadratische Terme und binomische Formeln

**WOZU EIGENTLICH?** *Viele wichtige Formeln enthalten Termglieder mit höheren Exponenten – so wird die Kreisfläche mit der Formel $A = \pi \cdot r^2$ berechnet, einer Formel, die quadratisch ist in r (r bezeichnet den Radius). Um quadratische Terme und quadratische Gleichungen einfacher rechnen und zusammenfassen zu können, kann man häufig die binomischen Formeln nutzen. Außerdem erleichtern diese auch das Kopfrechnen beim Quadrieren, wenn man sie „verinnerlicht" hat.*

## Quadratische Terme

Quadratisch ist ein Term, eine Gleichung oder eine Funktion dann, wenn die Variable in der zweiten Potenz vorkommt, also den Exponenten 2 hat. (Im Gegensatz dazu kommt die Variable in linearen Gleichungen und Funktionen nur in der ersten Potenz vor (d. h. „ohne Exponent" – was bedeutet, dass der Exponent 1 ist).

**Gemischt quadratische Terme** enthalten die Variable quadratisch und linear. Eine reine Zahl als Summand heißt **absolutes Glied.** Allgemein lautet ein quadratischer Term: **$ax^2$ + bx + c;** a, b und c heißen **Koeffizienten.**
**Rein quadratische Terme** enthalten die Variable nur quadratisch.
**BEISPIEL:** $3a^2 - 24$

$$2a^2 - 3a + 18$$

| quadratisches Glied | lineares Glied | absolutes Glied |

## Binomische Formeln

Die binomischen Formeln sind Vereinfachungen des Quadrierens bestimmter Summenterme. Statt die Summenterme jedes Mal umständlich auszumultiplizieren und dabei Rechenfehler zu riskieren, genügt es, die binomischen Formeln anzuwenden – der Rechenweg wird dadurch einfacher und schneller.

Da gilt: $(a + b)^2 = (a + b)(a + b) = a^2 + ab + ab + b^2 = a^2 + 2ab + b^2$,
lautet die **1. binomische Formel: $(a + b)^2 = a^2 + 2ab + b^2$**

Da gilt $(a - b)^2 = (a - b)(a - b) = a^2 - ab - ab + b^2 = a^2 - 2ab + b^2$,
lautet die **2. binomische Formel: $(a - b)^2 = a^2 - 2ab + b^2$**

Da gilt: $(a + b)(a - b) = a^2 + ab - ab - b^2 = a^2 - b^2$,
lautet die **3. binomische Formel: $(a + b)(a - b) = a^2 - b^2$**

## Rechnen mit binomischen Formeln

1. Erkennen, ob und welche binomische Formel angewendet werden kann,
2. die Variablen a und b durch die gegebenen Werte ersetzen,
3. das Quadrat der Summe mithilfe der binomischen Formel berechnen.

**BEISPIELE:**

| 1. binomische Formel | 2. binomische Formel | 3. binomische Formel |
|---|---|---|
| $(3x + y)^2$ | $(2 - 4h^3)^2$ | $(7 + 4d)(7 - 4d)$ |
| $(a + b)^2$ | $(a - b)^2$ | $(a + b)(a - b)$ |
| $a = 3x; b = y$ | $a = 2; b = 4h^3$ | $a = 7; b = 4d$ |
| $a^2 + 2ab + b^2$ | $a^2 - 2ab + b^2$ | $a^2 - b^2$ |
| $= (3x)^2 + 2 \cdot 3x \cdot y + y^2$ | $= 2^2 - 2 \cdot 2 \cdot 4h^3 + (4h^3)^2$ | $= 7^2 - (4d)^2$ |
| $= 9x^2 + 6xy + y^2$ | $= 4 - 16h^3 + 16h^6$ | $= 49 - 16d^2$ |

## Vereinfachtes Quadrieren beim Kopfrechnen

Jede beliebige zu quadrierende Zahl lässt sich in ein Binom umformen und vereinfacht berechnen. Wer weiß schon, wie viel $27^2$ oder $39^2$ ist? Man zerlegt die Zahl geschickt in leichter zu berechnende Quadrate und wendet die passende binomische Formel an.

**BEISPIELE:**

a) $27^2$
$= (20 + 7)^2$
$= 20^2 + 2 \cdot 20 \cdot 7 + 7^2$
$= 400 + 280 + 49$
$= 729$

b) $39^2$
$= (40 - 1)^2$
$= 40^2 - 2 \cdot 40 \cdot 1 + 1^2$
$= 1600 - 80 + 1$
$= 1521$

**PATZER VERMEIDEN!** *Die binomischen Formeln erfordern zunächst ein Auswendiglernen und Einüben. Denn wenn sie nicht ausreichend geübt wurden, passieren häufig Fehler mit den korrekten Vor- oder Rechenzeichen. Nur das korrekte Setzen der „+" und „−" ergibt auch das richtige Ergebnis. Außerdem darf nicht übersehen werden, dass ein Termglied auch aus einem Koeffizienten und einer Variable bestehen kann. In diesen Fällen muss beides, also Koeffizient und Variable, quadriert werden.*

# Quadratische Funktionen und deren Graphen

**WOZU EIGENTLICH?** *Quadratische Funktionen beschreiben einige Vorgänge in der Natur, z.B. die Bahnen von geworfenen Gegenständen. Der Graph einer quadratischen Funktion ermöglicht es in solchen Fällen, mit einem Blick einen beschriebenen Vorgang (wie die Wurfbahn) zu erfassen und zu deuten. Kennt man die Eigenschaften quadratischer Funktionen, braucht man nicht jeden einzelnen Wert des Graphen zu berechnen, sondern schließt aus einigen „Eckpunkten" auf den kompletten Graphen.*

## Quadratische Funktionen

Eine **quadratische Funktion** kann immer in die folgende **allgemeine Form** gebracht werden:

**$f(x) = ax^2 + bx + c,$** mit a ≠ 0.

(a ≠ 0 ist insofern wichtig, als dass das quadratische Glied der Funktion wegfällt, wenn a = 0 ist — womit man dann eine lineare Funktion (s. S. 76) hätte.)

**BEISPIEL:**

$$4x^2 - 7 - 2y = 9x - 1 \qquad | + 1 \quad | - 9x \quad | + 2y$$
$$4x^2 - 7 + 1 - 9x = 2y$$
$$4x^2 - 9x - 6 = 2y \qquad | : 2$$
$$2x^2 - 4{,}5x - 3 = y$$
$$y = f(x) \rightarrow \text{Funktionsgleichung: } f(x) = 2x^2 - 4{,}5x - 3$$

Vergleicht man das Beispiel mit der allgemeinen Form, stellt man fest, dass in diesem Fall a = 2 ist, b = −4,5 und c = −3.

Wichtig sind die Vorzeichen: In der allgemeinen Formel der quadratischen Funktion stehen nur Pluszeichen als **Rechenzeichen,** d.h., die Minuszeichen im Beispiel (bspw. c = −3) müssen **Vorzeichen** der Koeffizienten sein. Werden die Rechen- und Vorzeichen missachtet, erhält man am Ende einen falschen Graphen.

Hat die quadratische Funktion keinen Koeffizienten bei $x^2$, ist also a = 1, hat sie die **Normalform.** Die Normalform hat demnach immer die Form:

**$f(x) = x^2 + px + q.$**

Wichtig ist, dass man die allgemeine Form für $a \neq 1$ der quadratischen Funktion nicht in die Normalform überführen kann. Bei quadratischen Gleichungen ist dies möglich, weil beide Seiten der Gleichung durch a dividiert werden (s. S. 96). Bei quadratischen Funktionen entsteht durch Division durch a jedoch eine andere Funktion!

Da der Schnittpunkt des Funktionsgraphen mit der y-Achse bedeutet, dass $x = 0$ ist, hat eine quadratische Funktion für $x = 0$ den Wert:
$$f(0) = a \cdot 0 + b \cdot 0 + c = c$$
Der **Schnittpunkt mit der y-Achse** lässt sich also gleich ablesen:
$$S_y = (0|c) \text{ bzw. } S_y = (0|q)$$

Eine quadratische Funktion der Normalform lässt sich in die **Scheitelpunktform**
**$f(x) = (x - d)^2 + e$** umwandeln. Diese Umformung sollte man beherrschen, da durch sie das Zeichnen des Graphen deutlich einfacher wird.
Um die Funktionsgleichung in die Scheitelpunktform zu bringen, führt man ausgehend von der Normalform eine **„quadratische Ergänzung"** durch (s. S. 96):
$$f(x) = x^2 + px + q = x^2 + px + \left(\tfrac{p}{2}\right)^2 - \left(\tfrac{p}{2}\right)^2 + q$$
$$= \left(x + \tfrac{p}{2}\right)^2 + \left(q - \left(\tfrac{p}{2}\right)^2\right)$$
$$= (x - d)^2 + e; \qquad \text{mit } d = -\tfrac{p}{2}; \quad e = \left(q - \left(\tfrac{p}{2}\right)^2\right)$$

Für die Praxis ist es sinnvoll, sich einzuprägen, wie d und e berechnet werden können, denn dann kann man die quadratische Ergänzung umgehen.

**BEISPIEL:**    $f(x) = x^2 - \tfrac{4}{10}x - 2$

Geht man von der Formel $f(x) = x^2 + px + q$ aus, ist:
$p = -\tfrac{4}{10}$ und $q = -2$
(Hier müssen die Vorzeichen von p und q berücksichtigt werden!)

Mit p und q kann man jetzt leicht d und e berechnen:
$d = -\tfrac{p}{2}$, also $d = \tfrac{4}{20} = \tfrac{1}{5}$
$e = \left(q - \left(\tfrac{p}{2}\right)^2\right) = \left(-2 - \left(-\tfrac{4}{20}\right)^2\right) = -2 - \left(-\tfrac{1}{5}\right)^2 = -2 - \tfrac{1}{25} = -2\tfrac{1}{25}$

Scheitelpunktform $f(x) = (x - d)^2 + e$:
$f(x) = \left(x - \tfrac{1}{5}\right)^2 - 2\tfrac{1}{25}$

### Eigenschaften der Graphen quadratischer Funktionen

Die Graphen quadratischer Funktionen heißen **Parabel.**
Der Graph der einfachsten quadratischen Funktion **f(x) = x²**
(hier ist a = 1, b = 0 und c = 0) heißt **Normalparabel.**
Sie ist nach oben geöffnet, **achsensymmetrisch** zur y-Achse
und ihr **Scheitel** S (der tiefste Punkt des Graphen) liegt
im Punkt (0|0), dem Ursprung. Aus der Normalparabel lassen
sich viele weitere Parabeln ableiten.

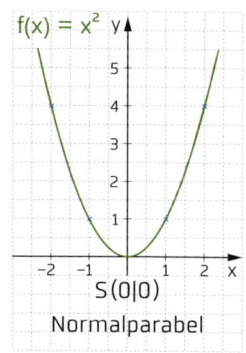

Normalparabel

### f(x) = ax²: Streckung und Stauchung

Besitzt das quadratische Termglied (also das x²)
einen Koeffizienten a (d.h., a ist ungleich 1), hat die
quadratische Funktion die Form **f(x) = ax².**
Das bedeutet, ihre Parabel wird schmaler oder breiter:
Für **|a| > 1** wird die Parabel schmaler, also **gestreckt.**
Für **0 < |a| < 1** wird die Parabel breiter, also **gestaucht.**
Für **a < 0** wird die Parabel zusätzlich **gespiegelt,**
also „nach unten geklappt", sodass die Öffnung nach unten
und der Scheitel oben liegt.

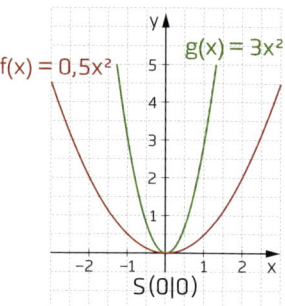

**BEISPIEL:**   **Gesucht:** Graph von f(x) = −2x².
Höchste Potenz: 2 (im x²), die Funktion ist also
quadratisch und der Graph eine Parabel.
Vor dem x² steht eine negative Zahl, der Graph
ist an der x-Achse nach unten geklappt.
Außerdem ist die Zahl vor dem x² betragsmäßig
größer als 1, d.h., die Parabel ist schmaler als
die Normalparabel, sie ist gestreckt.

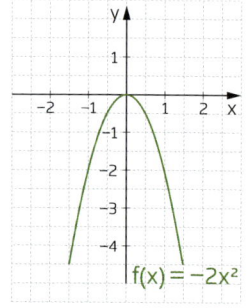

### f(x) = x² + e: Verschiebung entlang der y-Achse

Hat die quadratische Funktion die (Scheitelpunkt-)Form
**f(x) = x² + e,** wird ihre Parabel nach oben oder unten
verschoben. Ausschlaggebend für die Richtung ist das
Vorzeichen der Konstanten e:
Für **e > 0** wird die Parabel um e Einheiten nach **oben**
verschoben.
Für **e < 0** wird die Parabel um e Einheiten nach **unten**
verschoben.

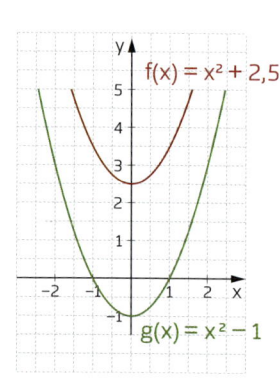

**BEISPIEL:** **Gesucht:** Graph von $f(x) = x^2 - 1$.

Der Graph ist eine Parabel (wegen $x^2$). Sein Scheitel muss um 1 Einheit nach unten verschoben werden (wegen e = −1)

Alle anderen Punkte der Parabel werden somit auch um 1 Einheit nach unten verschoben.

### $f(x) = (x - d)^2$: Verschiebung entlang der x-Achse

Auch eine Verschiebung zur Seite lässt sich an der Funktionsgleichung erkennen, wenn sie in der **Scheitelpunktform** vorliegt: $f(x) = (x - d)^2 + e$.

Die Konstante e in der Funktionsgleichung gibt wieder die Verschiebung nach oben oder unten an. Die Konstante d gibt die Verschiebung nach rechts oder links an:

Für **d > 0** wird die Parabel nach **rechts** verschoben.

Für **d < 0** wird die Parabel nach **links** verschoben.

### Zeichnen des Graphen einer quadratischen Funktion

Für das Zeichnen der Normalparabel oder auch der verschobenen Normalparabeln gibt es eine Parabelschablone, die man lediglich am zuvor ermittelten Scheitelpunkt anlegt, um den Graphen zu zeichnen.

Ohne eine solche Schablone oder auch für die gestreckten und gestauchten Parabeln sollte man sich eine Wertetabelle (s. S. 80) anlegen. Hier ist es ratsam, zuerst den Scheitelpunkt aus der Funktionsgleichung abzulesen oder ihn zu ermitteln, und dann von dessen x-Wert ausgehend x-Werte links und rechts davon einzusetzen.

**BEISPIEL:** Der Scheitel der gestreckten/gestauchten Parabel liegt in S (4|2). Dann könnte die Wertetabelle die folgenden Werte enthalten:

| x | 2 | 3 | 4 | 5 | 6 |
|---|---|---|---|---|---|
| y |  |  |  |  |  |

**PATZER VERMEIDEN!** *Das Verschieben einer Parabel zur Seite sorgt oft für Verwechslungen, da viele Schüler Rechen- und Vorzeichen verwechseln und daraufhin die Parabel in die verkehrte Richtung verschieben. Bspw. bedeutet $f(x) = (x - 3)^2$, dass die Parabel um 3 Einheiten nach rechts verschoben wird, denn d = 3 ist positiv. Das Minus davor ist ein Rechenzeichen, kein Vorzeichen.*

*Vereinfacht ausgedrückt: Steht in der Klammer ein Minus, verschiebt man nach rechts, steht in der Klammer ein Plus, verschiebt man nach links.*

# Quadratische Gleichungen

**WOZU EIGENTLICH?**   *Manche Größen hängen quadratisch von anderen Größen ab. Bei einer gleichmäßig beschleunigten Bewegung nimmt die zurückgelegte Strecke bspw. quadratisch mit der Zeit zu. Möchte man also ausrechnen, wie weit ein Auto nach einer bestimmten Zeit bei einer solchen Bewegung gekommen ist, muss man eine quadratische Gleichung lösen.*

### Darstellungsformen von quadratischen Gleichungen

Quadratische Gleichungen enthalten die Variable in der 2. Potenz („zum Quadrat"). Wie bei den linearen Gleichungen gilt auch hier, dass auf beiden Seiten des Gleichheitszeichens dasselbe stehen muss (s. S. 68). Quadratische Gleichungen können ebenfalls nach der Variablen aufgelöst werden.
Die **allgemeine Form** der quadratischen Gleichung lautet:

**$ax^2 + bx + c = 0$**

Will man die Gleichung lösen, muss man sie zunächst auf die **Normalform**

**$x^2 + px + q = 0$**

bringen. Nur dann sind die Lösungsverfahren anwendbar, sowohl für den allgemeinen Fall wie auch für die Spezialfälle (s. S. 98). Die Normalform erhält man, indem man die allgemeine Form durch a dividiert.

### Quadratische Ergänzung und Herleitung der p-q-Formel

Ein Lösungsverfahren für quadratische Gleichungen beruht auf der quadratischen Ergänzung. Man geht folgendermaßen vor:

**1.** Gleichung in die **Normalform** $x^2 + px + q = 0$ bringen.

**2. Quadratische Ergänzung:** Um eine binomische Formel (s. S. 90) nutzen zu können, addiert man ein geeignetes Glied und subtrahiert es gleich wieder. Gleichzeitig halbiert und verdoppelt man das lineare Glied. Der Wert der Gleichung bleibt also erhalten, weil man jede Rechnung gleich wieder „rückgängig macht".

$$x^2 + 2 \cdot \tfrac{p}{2}x + \left(\tfrac{p}{2}\right)^2 - \left(\tfrac{p}{2}\right)^2 + q = 0$$

**3.** Anwenden der **1. binomischen Formel** auf die ersten drei Glieder:

$$x^2 + 2 \cdot \tfrac{p}{2}x + \left(\tfrac{p}{2}\right)^2 - \left(\tfrac{p}{2}\right)^2 + q = 0$$

$$\Rightarrow \left(x + \tfrac{p}{2}\right)^2 - \left(\tfrac{p}{2}\right)^2 + q = 0$$

**4.** Aus dem konstanten Glied $- \left(\frac{p}{2}\right)^2 + q$ wird $(-1)$ ausgeklammert.

$$\left(x + \frac{p}{2}\right)^2 - \left(\left(\frac{p}{2}\right)^2 - q\right) = 0$$

**5.** Anschließend kann die 3. binomische Formel angewendet werden.

$$\left(x + \frac{p}{2}\right)^2 - \left(\sqrt{\left(\frac{p}{2}\right)^2 - q}\right)^2 = 0$$

$$\Rightarrow \left[\left(x + \frac{p}{2}\right) - \left(\sqrt{\left(\frac{p}{2}\right)^2 - q}\right)\right] \left[\left(x + \frac{p}{2}\right) + \left(\sqrt{\left(\frac{p}{2}\right)^2 - q}\right)\right] = 0$$

**6.** Die Gleichung ist 0, wenn einer der beiden Faktoren 0 ist:

$$\left[\left(x + \frac{p}{2}\right) - \left(\sqrt{\left(\frac{p}{2}\right)^2 - q}\right)\right] = 0 \text{ oder } \left[\left(x + \frac{p}{2}\right) + \left(\sqrt{\left(\frac{p}{2}\right)^2 - q}\right)\right] = 0$$

Als Lösung erhält man die so genannte **p-q-Formel:**
$$\mathbf{x_{1,2} = -\frac{p}{2} \pm \sqrt{\left(\frac{p}{2}\right)^2 - q}}$$

**BEISPIEL:**    $4x^2 - 16x + 6 = 0$

**1. Normalform:** Durch 4 dividieren: $x^2 - 4x + \frac{3}{2} = 0$; $p = -4$; $q = \frac{3}{2}$

**2. Quadratische Ergänzung:** $x^2 - 2 \cdot \frac{4}{2} + \left(\frac{4}{2}\right)^2 - \left(\frac{4}{2}\right)^2 + \frac{3}{2} = 0$

**3. Anwenden der 1. binomischen Formel:**

$$x^2 - 2 \cdot \frac{4}{2} + \left(\frac{4}{2}\right)^2 - \left(\frac{4}{2}\right)^2 + \frac{3}{2} = 0$$

$$\left(x - \frac{4}{2}\right)^2 - \left(\frac{4}{2}\right)^2 + \frac{3}{2} = 0$$

**4. Ausklammern von (−1):** $\left(x - \frac{4}{2}\right)^2 - \left[\left(\frac{4}{2}\right)^2 - \frac{3}{2}\right] = 0$

**5. Anwenden der 3. binomischen Formel:**

$$\left(x - \frac{4}{2}\right)^2 - \left(\sqrt{\left(\frac{4}{2}\right)^2 - \frac{3}{2}}\right)^2 = 0$$

$$\left[\left(x - \frac{4}{2}\right) - \left(\sqrt{\left(\frac{4}{2}\right)^2 - \frac{3}{2}}\right)\right] \left[\left(x - \frac{4}{2}\right) + \sqrt{\left(\frac{4}{2}\right)^2 - \frac{3}{2}}\right] = 0$$

6. Nullsetzen der Faktoren:

$$\left[(x - \tfrac{4}{2}) - \sqrt{(\tfrac{4}{2})^2 - \tfrac{3}{2}}\right] = 0 \text{ oder } \left[(x - \tfrac{4}{2}) + \sqrt{(\tfrac{4}{2})^2 - \tfrac{3}{2}}\right] = 0$$

$$x_1 = +\tfrac{4}{2} + \sqrt{(\tfrac{4}{2})^2 - \tfrac{3}{2}} = +2 + \sqrt{\tfrac{16}{4} - \tfrac{3}{2}} = +2 + \sqrt{\tfrac{8}{2} - \tfrac{3}{2}} = +2 + \sqrt{\tfrac{5}{2}}$$

$$x_2 = +\tfrac{4}{2} - \sqrt{(\tfrac{4}{2})^2 - \tfrac{3}{2}} = +2 - \sqrt{\tfrac{5}{2}}$$

$$L = \left\{2 + \sqrt{\tfrac{5}{2}} \,\middle|\, 2 - \sqrt{\tfrac{5}{2}}\right\}$$

### Die p-q-Formel

Mit der p-q-Formel, die im letzten Abschnitt mit der Methode der quadratischen Ergänzung hergeleitet wurde, lassen sich alle quadratischen Gleichungen lösen – sofern sie eine Lösung haben. Die entsprechenden Zahlen für p und q werden einfach aus der Normalform entnommen und in die p-q-Formel eingesetzt:

$$x^2 + px + q = 0 \;\Rightarrow\; x_{1,2} = -\tfrac{p}{2} \pm \sqrt{\left(\tfrac{p}{2}\right)^2 - q}$$

**BEISPIEL:**   $x^2 + 4x - 12 = 0 \;\Rightarrow\; p = 4;\; q = -12$ (Vorzeichen beachten!)

$$x_{1,2} = -\tfrac{4}{2} \pm \sqrt{\left(\tfrac{4}{2}\right)^2 - (-12)} = -2 \pm \sqrt{2^2 + 12} = -2 \pm \sqrt{16} = -2 \pm 4$$

$$x_1 = 2;\; x_2 = -6$$

### Spezialfälle von quadratischen Gleichungen in der Normalform

**Normalform:** $x^2 + px + q = 0$
Für bestimmte Werte von p und q vereinfacht sich der Lösungsweg:

### 1. p = 0:
$x^2 - q = 0$; mit $q > 0$ (rein quadratische Gleichung)
Man fasst q als $(\sqrt{q})^2$ auf und nutzt die 3. binomische Formel:
$(x + \sqrt{q})(x - \sqrt{q}) = 0$
Die Gleichung ist 0, wenn einer der beiden Faktoren 0 ist. Daraus ergeben sich zwei Lösungen:
$(x + \sqrt{q}) = 0 \;\Rightarrow\; x_1 = -\sqrt{q};\; (x - \sqrt{q}) = 0 \;\Rightarrow\; x_2 = \sqrt{q}$

**BEISPIELE:** **a)** $x^2 - 9 = 0$       **b)** $x^2 + 16 = 0$

$\qquad\qquad\qquad (x + 3)(x - 3) = 0 \qquad\quad L = \{\ \}$

$\qquad\qquad\qquad x_1 = 3;\ x_2 = -3 \qquad\quad$ Die Gleichung hat keine Lösung.

Für $q < 0$ hat die rein quadratische Gleichung keine Lösung, da man aus einem negativen Radikanden keine Wurzel ziehen kann.

**2. $q = \left(\frac{p}{2}\right)^2$:** $x^2 + px + \left(\frac{p}{2}\right)^2 = 0$

Hier lässt sich direkt die 1. binomische Formel anwenden:

$x^2 + px + \left(\frac{p}{2}\right)^2 = 0 \ \Rightarrow\ \left(x + \frac{p}{2}\right)^2 = 0$

$\Rightarrow\ \left(x + \frac{p}{2}\right)\left(x + \frac{p}{2}\right) = 0$

Die Gleichung ist 0, wenn einer der beiden Faktoren 0 ist. Man erhält eine Lösung:

$x + \frac{p}{2} = 0 \ \Rightarrow\ x = -\frac{p}{2}$

**BEISPIEL:** $\qquad x^2 + 8x + 16 = 0$

$\qquad\qquad\qquad p = 8;\ q = 16 = \left(\frac{8}{2}\right)^2$

$\qquad\qquad\qquad (x + 4)^2 = 0$

$\qquad\qquad\qquad x = -4$

**3. $q = 0$**

$x^2 + px = 0$ **(gemischt quadratische Gleichung)**

Durch Ausklammern (s. S. 40) erhält man:

$x(x + p) = 0$

Die Gleichung ist 0, wenn einer der beiden Faktoren 0 ist. Daraus ergeben sich zwei Lösungen:

**$x_1 = 0$ und $x_2 = -p$**

---

**PATZER VERMEIDEN!**    *Auf jeden Fall muss eine quadratische Gleichung zuerst in die Normalform gebracht werden. Bleibt die Ausgangsgleichung in der allgemeinen Form stehen, wird das Ergebnis gezwungenermaßen falsch.*

*Eine große Fehlerquelle stellt auch der Umgang mit Rechen- und Vorzeichen dar. Beim Einsetzen von p und q in die p-q-Formel ändern sich die Vorzeichen, d. h., ist $p = -4$, wird aus $-\left(\frac{p}{2}\right)$ in der Formel $\frac{4}{2}$ oder aus $q = 1{,}5$ in der Formel ein $-1{,}5$.*

*Mit einer Probe, indem man die beiden Lösungen für x nacheinander in die Gleichung einsetzt, kann man sicherstellen, dass man sich nicht verrechnet hat.*

# Gebrochenrationale Funktionen

**WOZU EIGENTLICH?** *So wie es neben linearen oder quadratischen Gleichungen auch Bruchgleichungen gibt, existieren neben linearen oder quadratischen Funktionen auch gebrochenrationale Funktionen. Will man Vorgänge beschreiben, die durch gebrochenrationale Funktionen beschrieben werden, muss man deren Eigenheiten kennen.*

### Zählergrad und Nennergrad bestimmen

**Gebrochenrationale Funktionen** haben einen **Bruch** als Funktionsterm. Zähler und Nenner bestehen aus ganzrationalen Funktionen (s. S. 114).

$$\text{gebrochenrationale Funktion} = \frac{\text{ganzrationale Funktion}}{\text{ganzrationale Funktion}}$$

Eine wichtige Rolle beim Arbeiten mit gebrochenrationalen Funktionen spielt der **Grad** von Zähler- und Nennerfunktion. Der Grad gibt die **höchste vorkommende Potenz** der Variablen an. Bspw. ist eine ganzrationale Funktion 2. Grades die quadratische Funktion.
Der Grad von Zähler und Nenner lässt sich daher auf einen Blick erkennen.

**BEISPIEL:** $f(x) = \frac{x^2 + 3x - 4}{x + 2}$

Zählergrad ist 2, da die Funktion im Zähler x in der 2. Potenz enthält; Nennergrad ist 1, da die Funktion im Nenner x in der 1. Potenz enthält.

### Definitionsbereich und Definitionslücken bestimmen

Da man nicht durch 0 dividieren darf, darf der Nenner des Bruchterms nicht 0 werden. Bei gebrochenrationalen Funktionen muss daher zuallererst der **Definitionsbereich** festgelegt werden, d.h. die Zahlen, die für x eingesetzt werden dürfen. Da die Zahlen, für die der Nenner 0 wird, also nicht im Definitionsbereich enthalten sind, spricht man von einer **Definitionslücke.** Um herauszufinden, wo diese Definitionslücke liegt, setzt man den Nenner absichtlich gleich 0 und löst nach x auf. So erhält man die „verbotene" Zahl und schließt diese im Definitionsbereich aus (s. S. 72).

BEISPIEL: $f(x) = \frac{x^2 + 3x - 4}{x + 2}$

Nennerfunktion 0 setzen: $x + 2 = 0 \qquad | - 2$

Definitionslücke: $x = -2$

Definitionsbereich: $D = \mathbb{Q} \setminus \{-2\}$

(d.h. alle rationalen Zahlen ohne −2)

## Lage und Richtung der Asymptoten bestimmen

Als **Asymptote** bezeichnet man eine Gerade im Koordinatensystem, an die sich der Graph einer Funktion „anschmiegt", die er aber nie berührt. Graphen von gebrochenrationalen Funktionen sind in der Regel in zwei oder mehr Teile geteilt, die durch die Asymptote voneinander getrennt sind.

**1. Senkrechte Asymptoten** ergeben sich an der Definitionslücke des Graphen.

**2. Waagerechte Asymptoten** erhält man bei Graphen, deren Zählergrad kleiner oder gleich dem Nennergrad ist. Ist der Zählergrad kleiner als der Nennergrad, ist die x-Achse die waagerechte Asymptote.

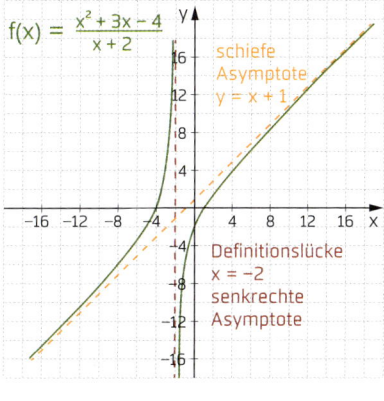

**3. Schiefe Asymptoten** erhält man, wenn der Zählergrad genau 1 mehr beträgt als der Nennergrad. Eine schiefe Asymptote bestimmt man, indem man die Zählerfunktion durch die Nennerfunktion dividiert (Polynomdivision) und dann den Grenzwert bildet.

BEISPIEL: $f(x) = \frac{x^2 + 3x - 4}{x + 2}$

Polynomdivision ergibt:

$y = x + 1 - \frac{6}{x + 2}$

Für große x wird der Bruchterm immer kleiner, geht also gegen 0.

→ Asymptote: $y = x + 1$

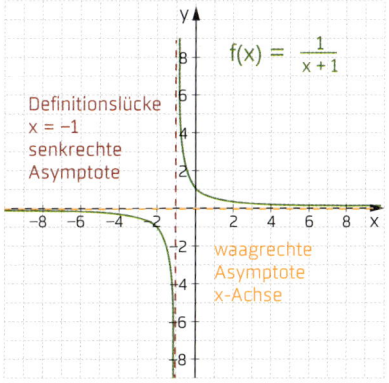

**PATZER VERMEIDEN!** *Das Bestimmen des Definitionsbereichs gibt sofort einen wichtigen Hinweis zum Graphen der Funktion. Beim Zeichnen sollte die Definitionslücke nicht vergessen und mit einer Asymptote versehen werden.*

# Potenzfunktionen und deren Graphen

**WOZU EIGENTLICH?**   *Die quadratische Funktion ist eine Potenzfunktion zweiten Grades (mit 2 als höchstem Exponenten). Es gibt aber auch Funktionen, die einen höheren Grad aufweisen. Dies kommt z. B. vor, wenn man berechnen will, wie sich ein Kapital bei einem festen Jahreszinssatz entwickelt.*

## Potenzfunktion

Eine Potenzfunktion hat allgemein die Form $f(x) = x^n$.
Die Höhe des Exponenten n gibt den **Grad** der Potenzfunktion an.
**BEISPIEL:**   Die quadratische Funktion $f(x) = x^2$ ist eine Potenzfunktion 2. Grades.

Auch für Potenzfunktionen höheren Grades gilt:
Ein **Vorfaktor a** in $f(x) = a \cdot x^n$ **streckt** (a > 1) oder **staucht** (0 < a < 1) den Graphen der Funktion; ist a < 0, wird der Graph an der x-Achse gespiegelt (s. S. 94).
Eine **additive Konstante e** in $f(x) = x^n + e$ **verschiebt** den Graphen nach oben (e > 0) oder unten (e < 0).

## Graphen von Potenzfunktionen unterschiedlichen Grades

Die Eigenschaften der Potenzfunktionen ergeben sich aus dem Exponenten.

**a) positiver, gerader Exponent**
z. B. $f(x) = x^2$, $g(x) = x^4$ usw.
- **Definitionsmenge:** $D = \mathbb{R}$
(Der Definitionsbereich umfasst die gesamte Menge der reellen Zahlen.)

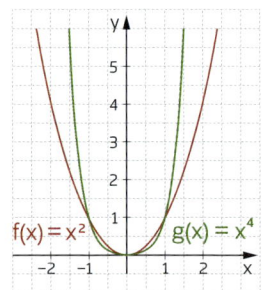

- **Wertemenge:** $W = \{y \mid y \geq 0\}$
(Der Wertebereich umfasst alle y größer oder gleich 0.)
- Graph geht durch die **Punkte** (–1|1), (0|0), (1|1)
- **Nullstelle** bei $x_0 = 0$ (s. S. 112)
- **Graph:** nach oben geöffnet; links von der y-Achse monoton fallend (s. S. 110), rechts davon monoton steigend; **achsensymmetrisch** zur y-Achse.

Ist der **Exponent 0,** ergibt sich mit $f(x) = x^0 = 1$ eine konstante Funktion — eine Gerade parallel zur x-Achse, die die y-Achse bei 1 schneidet; mit $D = \mathbb{R}$; $W = \{1\}$; ohne Nullstelle.

## b) negativer, gerader Exponent

z.B. $f(x) = x^{-2}$, $g(x) = x^{-4}$ usw.

- **Definitionsmenge:** $D = \mathbb{R} \setminus \{0\}$

(Da die Variable wegen des negativen Exponenten im Nenner steht, muss man die 0 ausschließen.)

- **Wertemenge:** $W = \{y \mid y > 0\}$
- Graph geht durch die **Punkte** $(-1|1)$, $(1|1)$ und heißt **Hyperbel**.
- **keine Nullstelle**
- **Graph:** links von der y-Achse monoton steigend, rechts davon monoton fallend; **achsensymmetrisch** zur y-Achse. Er schmiegt sich an x- und y-Achse an, ohne sie zu erreichen, beide Achsen sind Asymptoten (s. S. 101) des Graphen.

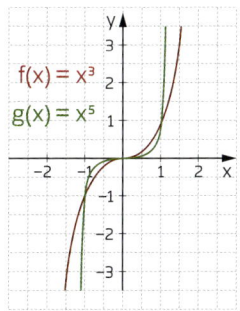

## c) positiver, ungerader Exponent

z.B. $f(x) = x^3$, $g(x) = x^5$ usw.

- **Definitionsmenge:** $D = \mathbb{R}$
- **Wertemenge:** $W = \mathbb{R}$
- Graph geht durch die **Punkte** $(-1|-1)$, $(0|0)$, $(1|1)$
- **Nullstelle** bei $x_0 = 0$
- **Graph:** im gesamten Definitionsbereich monoton steigend; **punktsymmetrisch** zum Ursprung.

Ist der **Exponent 1,** ergibt sich mit $f(x) = x$ eine **lineare** Funktion (s. S. 76) mit ansonsten denselben Eigenschaften.

## d) negativer, ungerader Exponent

z.B. $f(x) = x^{-1}$, $g(x) = x^{-3}$ usw.

- **Definitionsmenge:** $D = \mathbb{R} \setminus \{0\}$
- **Wertemenge:** $W = \mathbb{R} \setminus \{0\}$
- Graph geht durch die **Punkte** $(-1|-1)$, $(1|1)$ und heißt **Hyperbel**.
- **keine Nullstelle**
- **Graph:** links und rechts von der y-Achse monoton fallend; beide Achsen sind **Asymptoten** (s. S. 101) des Graphen, da der Graph sich beliebig nah an sie anschmiegt, sie aber nie erreicht; **punktsymmetrisch** zum Ursprung.

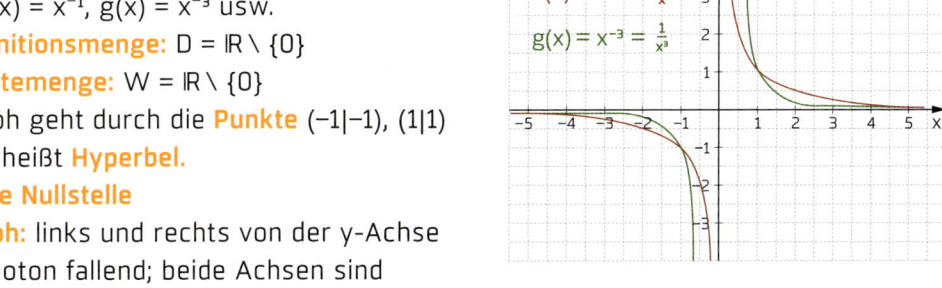

**PATZER VERMEIDEN!** *Über die Merkmale der „Graphengruppen" hat man eine Kontrollmöglichkeit zur Hand, da „Ausreißer" innerhalb der Wertetabelle, die durch Verrechnen oder falsches Einsetzen entstehen, schnell identifiziert werden können.*

# Wurzelfunktionen und Umkehrfunktionen

**WOZU EIGENTLICH?** *Umkehrfunktionen können dann sinnvoll sein, wenn die Funktion eine Zuordnung beschreibt und man „umgekehrte" Werte berechnen möchte. Zum Beispiel beschreibt die Funktion f(x) = 6x², wie sich die Oberfläche eines Würfels in Abhängigkeit von der Seitenlänge verändert. Die Umkehrfunktion beschreibt dann, wie sich die Seitenlängen in Abhängigkeit von der Oberfläche verändern. Umkehrfunktionen quadratischer Funktionen sind Wurzelfunktionen.*

### Eine Umkehrfunktion erstellen

**1.** Zuerst wird die Funktionsgleichung der Ursprungsfunktion auf herkömmlichem Weg nach x aufgelöst.

**BEISPIEL:**

$$f(x): \quad y = x^2 - 4 \qquad | + 4$$
$$y + 4 = x^2 \qquad\qquad | \sqrt{}$$
$$\sqrt{y + 4} = x$$

**2.** Als nächstes werden y und x einfach vertauscht.

**BEISPIEL:** $\quad y = \sqrt{x + 4}$

**3.** Bezeichnet wird die Umkehrfunktion schließlich mit $f^{-1}(x)$.

**BEISPIEL:** $\quad f^{-1}(x) = \sqrt{x + 4}$

### Eineindeutigkeit der Funktion als Bedingung

Damit es überhaupt möglich ist, eine Umkehrfunktion zu erstellen, muss in der ursprünglichen Funktion jedem x genau ein y zugeordnet sein und umgekehrt. Man sagt, die Funktion muss **umkehrbar eindeutig** oder **eineindeutig** sein.

Betrachtet man die Normalparabel, wird schnell klar, dass bei der Funktion $f(x) = x^2$ einem y-Wert zwei x-Werte zugeordnet sind – bspw. gehört der y-Wert 4 zu den x-Werten 2 und −2. Um eine eineindeutige Funktion zu erhalten und die Umkehrfunktion bilden zu können, grenzt man den **Definitionsbereich** so ein, dass z. B. x nur ≥ 0 sein darf: D = {x| x ≥ 0}. Man erhält dadurch praktisch nur eine „halbe Parabel", also nur einen Parabelast.

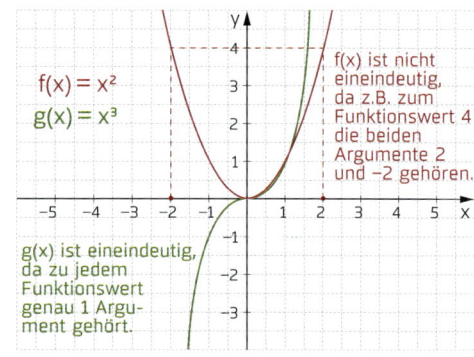

$f(x) = x^2$
$g(x) = x^3$

f(x) ist nicht eineindeutig, da z. B. zum Funktionswert 4 die beiden Argumente 2 und −2 gehören.

g(x) ist eineindeutig, da zu jedem Funktionswert genau 1 Argument gehört.

Die Funktion $f(x) = x^3$ dagegen ist eineindeutig, sie verläuft immer (d.h. im gesamten Wertebereich, also für alle y-Werte) nur jeweils auf einer Seite der y-Achse, d.h., jedem y-Wert ist immer genau ein x-Wert zugeordnet.
Hier muss der Definitionsbereich nicht eingeschränkt werden, um eine Umkehrfunktion bilden zu dürfen.

### Umkehrfunktionen von Potenzfunktionen

Die Umkehrfunktion der quadratischen Funktion $f(x) = x^2$ ist $f^{-1}(x) = \sqrt{x}$.
Die Umkehrfunktion von $f(x) = x^3$ ist $f^{-1}(x) = \sqrt[3]{x}$.
In beiden Fällen muss der Definitionsbereich eingeschränkt werden, weil man aus einer negativen Zahl keine Wurzel ziehen kann:
$D = \{x \mid x \geq 0\}$.
Mit dieser Einschränkung ist auch gewährleistet, dass die Ausgangsfunktion eineindeutig ist, selbst wenn sie es vorher nicht gewesen ist (z.B. $f(x) = x^2$, s. S. 104).

**Allgemein gilt:**
Für $f(x) = x^n$ ($x \geq 0$, $n \in \mathbb{N}$; $n \geq 2$) lautet die Umkehrfunktion $f^{-1}(x) = \sqrt[n]{x}$.

### Graphen von Umkehr- und Wurzelfunktionen

Den Graphen einer Umkehrfunktion erhält man, indem man den Graphen der Ursprungsfunktion an der Winkelhalbierenden des 1. Quadranten im Koordinatensystem spiegelt.

**BEISPIEL:**    $f(x) = x^2$
                 $f^{-1}(x) = \sqrt{x}$

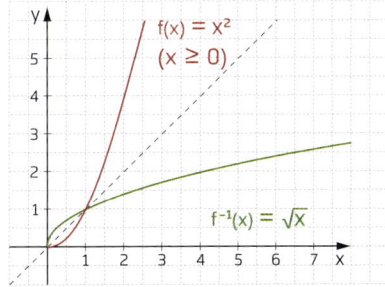

---

**PATZER VERMEIDEN!**   *Die Schwierigkeit beim Erstellen der Umkehrfunktion liegt an sich nur im richtigen Auflösen der Gleichung nach x. Man muss allerdings unbedingt darauf achten, dass ggf. der Definitionsbereich der ursprünglichen Funktion so eingeschränkt wird, dass keine doppelten x-Werte zu den y-Werten auftreten (die Eineindeutigkeit muss gewährleistet sein).*
*Beim Zeichnen handelt es sich um eine einfache Spiegelung an einer Symmetrieachse, der Winkelhalbierenden des 1. Quadranten. Sofern richtig gemessen wurde, ergibt sich der Graph sehr schnell.*

# Exponentialfunktionen und Logarithmusfunktionen

**WOZU EIGENTLICH?** *Exponentialfunktionen beschreiben Prozesse, bei denen etwas exponentiell wächst, wie bspw. Bakterienkulturen, oder abnimmt, wie beim Zerfall von radioaktiven Stoffen.*

### Eigenschaften von Exponentialfunktionen

Exponentialfunktionen haben allgemein
die Form: **$f(x) = a^x$ (a ∈ ℝ; a > 0),**
d.h., die Variable steht im Exponenten
zur Konstanten a. Exponentialfunktionen
haben folgende Eigenschaften:

- **Definitionsmenge:** $D = ℝ$
- **Wertemenge:** $W = \{y \mid y > 0\}$
- Graph geht durch den **Punkt** (0|1).
- **keine Nullstelle**
- **Graph** schmiegt sich an die x-Achse an,
  erreicht sie aber nie; x-Achse ist
  **Asymptote** (s.S.101) des Graphen
- **Monotonie:** Für a > 1 ist der Graph monoton
  steigend, für 0 < a < 1 monoton
  fallend (s.S.110).

Den Graphen von $f(x) = \left(\frac{1}{a}\right)^x$ erhält man
aus dem von $f(x) = a^x$ durch Spiegelung an
der y-Achse.

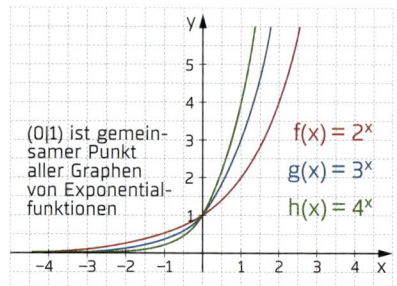

(0|1) ist gemeinsamer Punkt aller Graphen von Exponentialfunktionen

$f(x) = 2^x$
$g(x) = 3^x$
$h(x) = 4^x$

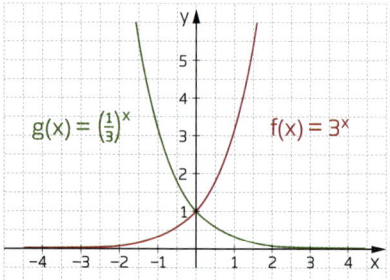

$g(x) = \left(\frac{1}{3}\right)^x$   $f(x) = 3^x$

#### Besondere Exponentialfunktionen

Am häufigsten trifft man auf
Exponentialfunktionen zur **Basis 10:** $f(x) = 10^x$
oder zur **Basis e:** $f(x) = e^x$, wobei e eine feste
Zahl — die eulersche Zahl $e \approx 2{,}718$ — ist.

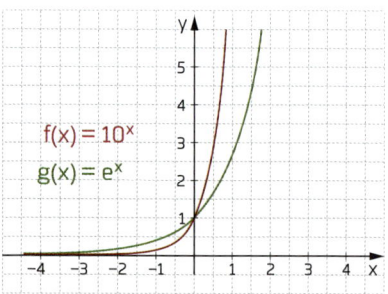

$f(x) = 10^x$
$g(x) = e^x$

### Exponentielles Wachstum

Mit Exponentialfunktionen kann man Vorgänge beschreiben, bei denen eine Größe
exponentiell wächst. Das bedeutet, dass nach jeweils derselben Zeitspanne t
der Anfangsbestand f(0) auf das a-Fache angewachsen ist. a ist eine Konstante
und heißt Wachstumsfaktor. Bei einem Zerfallsprozess ist 0 < a < 1.

### Exponentielles Wachstum: $f(t) = a^t \cdot f(0)$

**BEISPIEL:** Zu Beginn sind 10 Bakterien vorhanden; innerhalb 1 h vervierfacht sich der Bestand. Wie viele Bakterien sind es nach 3 h?

Anfangsbestand $f(0) = 10$

Wachstumsfaktor $a = 4$

Zeitspanne $t = 3$ (h)

Endbestand nach 3 h: $f(3) = 4^3 \cdot 10 = 640$ (Bakterien)

### Logarithmusfunktionen

Die Umkehrfunktion (s. S. 104) der Exponentialfunktion ist die Logarithmusfunktion.

$f(x) = \log_a x$ $(a, x \in \mathbb{R}; a, x > 0; a \neq 1)$.

Sie hat folgende Eigenschaften:

- **Definitionsmenge:** $D = \{x \mid x > 0\}$;
- **Wertemenge:** $W = \mathbb{R}$
- Graph geht durch den **Punkt** (1|0).
- **Nullstelle** bei $x_0 = 1$
- **Graph:** für $a > 1$ monoton steigend, für $0 < a < 1$ monoton fallend; y-Achse ist Asymptote.

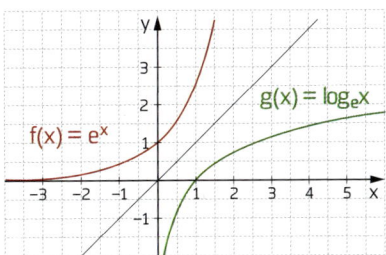

### Besondere Logarithmusfunktionen

Am häufigsten trifft man auf Logarithmusfunktionen:

- zur Basis 10 (**dekadischer Logarithmus**): $f(x) = \log_{10} x$, geschrieben als: $f(x) = \lg x$;
- oder zur Basis e (**natürlicher Logarithmus**; eulersche Zahl: $e \approx 2,718$): $f(x) = \log_e x$, geschrieben als: $f(x) = \ln x$.

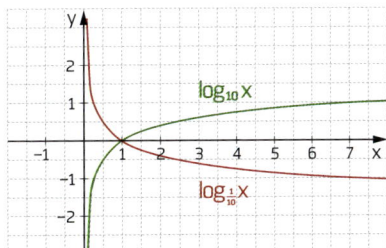

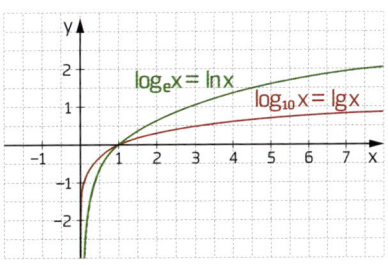

**PATZER VERMEIDEN!** *Die Wertetabelle zum Zeichnen der Graphen erstellt man wie bei anderen Funktionen auch, indem man die benötigten Werte für x in die Funktionsgleichung einsetzt. Beim Eintippen in den Taschenrechner kann es jedoch schnell zu Verwechslungen zwischen „log", „lg" und „ln" kommen, da einige Taschenrechner bei der Taste „log" die Basis 10 annehmen, also von „lg" ausgehen.*

# Ableitungen: Steigung nicht linearer Funktionen

**WOZU EIGENTLICH?** *Bei einer Geraden bestimmt man die Steigung durch ein Steigungsdreieck – das ist möglich, weil die Geradensteigung eine konstante Zahl ist. Bei den meisten Funktionen ist die Steigung des Graphen jedoch für jeden Punkt eine andere und man braucht andere Verfahren, um sie zu berechnen.*

### Steigung nicht linearer Funktionen (Differenzenquotient)

Jeder Graph hat in jedem Punkt $P_0$ (mit den Koordinaten $(x_0 \mid f(x_0))$ eine bestimmte **Steigung.** Diese lässt sich aber zeichnerisch nicht ohne weiteres ermitteln, sondern kann nur mithilfe einer Geraden angenähert werden, die man durch den Punkt $P_0$ und einen weiteren Punkt $P_1$ (mit den Koordinaten $(x_1 \mid f(x_1))$ legt, wobei $P_1$ möglichst nahe bei $P_0$ liegt.

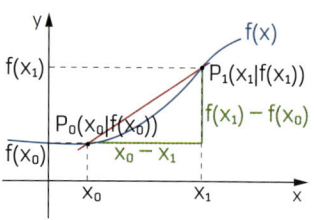

Die Steigung m dieser Geraden ist nun ungefähr gleich der Steigung in dem Punkt $P_0$. Das gilt umso genauer, je kleiner man den Abstand zwischen den beiden Punkten wählt.

Berechnet wird die Steigung m mithilfe des **Differenzenquotienten** (bei Anwendungen auch **mittlere Änderungsrate** genannt). Dabei nähert man die Steigung am Punkt $P_0$ im Grunde durch ein möglichst passendes Steigungsdreieck (s. S. 77) an:

$$m = \frac{f(x_1) - f(x_0)}{x_1 - x_0}$$

**BEISPIEL:** Steigung der Funktion $f(x) = \frac{1}{3}x^3 - 2$ bei $x_0 = 1$ bestimmen.

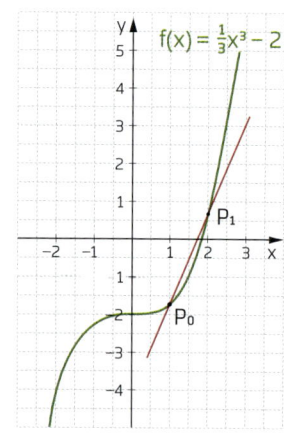

**1.** Eine zweite Stelle $x_1$ nahe an $x_0$: bspw. $x_1 = 2$. Für beide Stellen berechnet man $f(x)$:
$f(x_0 = 1) \approx -1{,}67$ und $f(x_1 = 2) \approx 0{,}67$.

**2.** Nun berechnet man die Steigung der gedachten Geraden durch die beiden Punkte mit dem Differenzenquotienten:

$$m = \frac{f(x_1) - f(x_0)}{x_1 - x_0} = \frac{0{,}67 - (-1{,}67)}{2 - 1} \approx 2{,}34$$

## Steigung nicht linearer Funktionen (Differentialquotient)

Die über eine Näherungsgerade ermittelte Steigung entspricht umso genauer der tatsächlichen Steigung im Punkt $P_0$, je kleiner der Abstand zwischen den Punkten $P_0$ und $P_1$ ist. Man lässt deshalb diesen Abstand immer kleiner werden, d.h., man bildet den Grenzwert: $f'(x) = \lim\limits_{x_1 \to x_0} \frac{f(x_1) - f(x_0)}{x_1 - x_0}$ .

Man nennt diesen Grenzwert für kleine Abstände **Differentialquotient** (auch **lokale Änderungsrate** oder **Ableitung**). Der Ausdruck bedeutet genau das: Man schiebt $x_1$ immer näher an $x_0$ heran (gelesen: „$x_1$ geht gegen $x_0$").
Im Beispiel (s. S. 108) würde man für $x_1$ Werte einsetzen, die immer näher an $x_0 = 1$ liegen, z.B.: $x_1 = 1{,}5$ und $x_1 = 1{,}1$. Eingesetzt in den Differentialquotienten erhält man für m 1,59 bzw. 1, m rückt also immer näher an 1 heran. Das heißt, der Differentialquotient hat den Wert $f'(x) = 1$.

## Ableitungen von ganzrationalen Funktionen bilden

Man muss nun nicht für jeden interessierenden Punkt eines Graphen den Differenzialquotienten berechnen. Um die 1. Ableitung $f'(x)$ einer Funktion (gelesen „f Strich von x") zu bilden, gibt es folgende Regeln:

**1. Potenzregel:** Mit dem Exponenten multiplizieren und diesen um 1 verringern:
**BEISPIEL:** $f(x) = x^3 \Rightarrow f'(x) = 3 \cdot x^{3-1} = 3x^2$
**2. Faktorregel:** Konstante Faktoren bleiben beim Ableiten bestehen.
**BEISPIEL:** $f(x) = 2x^{-3} \Rightarrow f'(x) = 2 \cdot (-3) \cdot x^{-3-1} = -6x^{-4}$
**3. Summenregel:** Summen werden gliedweise abgeleitet.
**4. Termglieder ohne Variable** fallen beim Ableiten weg.
**BEISPIEL:** $f(x) = -x^3 + 4x + 2 \Rightarrow f'(x) = -3x^2 + 4 \cdot 1 \cdot x^{1-1} = -3x^2 + 4$
**5.** Für **höhere Ableitungen** gelten dieselben Regeln.
**BEISPIEL:** $f'(x) = -3x^2 + 4 \Rightarrow f''(x) = -6x \Rightarrow f'''(x) = -6$

Um die Steigung an einer bestimmten Stelle $x_0$ zu ermitteln, wird der entsprechende Wert in die 1. Ableitung eingesetzt.
**BEISPIEL:** $f(x) = 2x^3 - 2$; Ableitung an der Stelle $x_0 = 1$:
$f'(x) = 6x^2 \Rightarrow f'(1) = 6 \Rightarrow m = 6$

**PATZER VERMEIDEN!** *Auch beim Ableiten muss immer bedacht werden, dass eine Zahl oder eine Variable ohne Exponent den Exponenten 1 hat und $x^0$ immer 1 ergibt, sonst kommt es schnell zu Rechenfehlern.*

# Monotonie und Symmetrie eines Graphen

**WOZU EIGENTLICH?**   *Auch diese beiden Eigenschaften eines Graphen benötigt man, um ihn rasch – ohne aufwendige Wertetabelle – zeichnen zu können oder um ihn zu beschreiben und mit anderen Graphen zu vergleichen.*

### Monotonie

Die **Monotonie** beschreibt, in welchen Bereichen der Graph einer Funktion steigt oder fällt:

**Monoton steigend** heißt eine Funktion $f(x)$ dann in einem bestimmten Bereich, wenn für alle $x_1$ und $x_2$ innerhalb dieses Bereichs gilt:

**Ist $x_1 < x_2$, so ist auch $f(x_1) \leq f(x_2)$.**

Graphisch bedeutet das: Je weiter man in dem angegebenen Bereich für x nach rechts geht ($x_1 < x_2$), desto größere Funktionswerte (y-Werte) erhält man ($f(x_1) \leq f(x_2)$); der Graph wird also nach oben fortgesetzt.

Gilt dabei sogar $f(x_1) < f(x_2)$ statt „≤", nennt man die Funktion innerhalb des betrachteten Bereichs **streng monoton steigend.**

**Monoton fallend** heißt eine Funktion $f(x)$ in einem bestimmten Bereich, wenn für alle $x_1$ und $x_2$ innerhalb dieses Bereichs gilt:

**Ist $x_1 < x_2$, so ist $f(x_1) \geq f(x_2)$.**

Graphisch bedeutet das: Je weiter man in dem angegebenen Bereich für x nach rechts geht ($x_1 < x_2$), desto kleinere Funktionswerte (y-Werte) erhält man ($f(x_1) \geq f(x_2)$); der Graph wird also nach unten fortgesetzt.

Gilt dabei sogar $f(x_1) > f(x_2)$, nennt man die Funktion innerhalb des betrachteten Bereichs **streng monoton fallend.**

**BEISPIELE:**   **a)**   $f(x) = \frac{1}{3}x^3 + x$

$-\infty < x \leq \infty$:

streng monoton steigend

**b)**   $g(x) = 2x^3 - 4x$

$-\infty \leq x \leq -0{,}82$ und $0{,}82 \leq x < \infty$:

monoton steigend

$-0{,}82 < x < 0{,}82$:

streng monoton fallend

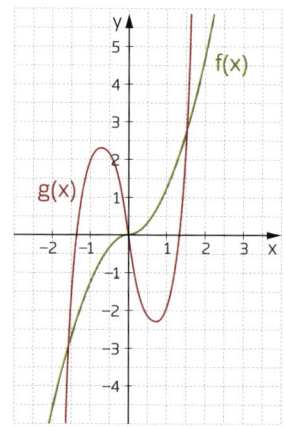

Monotonie lässt sich auch über die **1. Ableitung** (s. S. 108) bestimmen:
- Ist **f'(x) ≥ 0,** ist f(x) monoton steigend.
- Ist **f'(x) ≤ 0,** ist f(x) monoton fallend.
- Ist **f'(x) > 0,** ist f(x) streng monoton steigend.
- Ist **f'(x) < 0,** ist f(x) streng monoton fallend.

### Symmetrie

Die **Symmetrie** beschreibt, ob die eine Hälfte des Graphen an einem Punkt oder einer Symmetrieachse auf die andere Hälfte gespiegelt werden kann. Graphen können als geometrische Figuren aufgefasst werden und entweder unsymmetrisch sein oder eine Punkt- oder Achsensymmetrie aufweisen. Im Idealfall liegt der Symmetriepunkt im Ursprung (0|0) oder die Symmetrieachse auf der y-Achse (Beispiele s. S. 102, Potenzfunktionen).

#### Punktsymmetrisch zum Ursprung …

… ist ein Funktionsgraph dann, wenn für jeden definierten x-Wert gilt: **f(–x) = –f(x).**
D. h., setzt man eine Zahl und ihre Gegenzahl nacheinander in die Funktionsgleichung ein, erhält man einen y-Wert und dessen Gegenzahl.

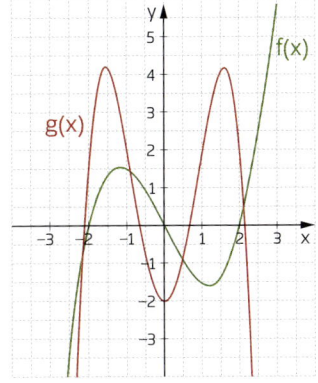

**BEISPIEL:**   $f(x) = \frac{1}{2}x^3 - 2x$
  $f(-1) = +1{,}5$ und $f(1) = -1{,}5$
  $f(-2{,}5) = -2{,}8$ und $f(2{,}5) = +2{,}8$

#### Achsensymmetrisch zur y-Achse …

… ist ein Funktionsgraph dann, wenn für jeden definierten x-Wert gilt: **f(–x) = f(x).**
D. h., setzt man eine Zahl und ihre Gegenzahl nacheinander in die Funktions-gleichung ein, erhält man denselben y-Wert.

**BEISPIEL:**   $g(x) = -x^4 + 5x^2 - 2$
  $g(-1) = +4$     und   $g(1) = +4$
  $g(-0{,}2) = -1{,}8$   und   $g(0{,}2) = -1{,}8$

---

**PATZER VERMEIDEN!**  *Beim Einsetzen der Gegenzahlen eines x-Wertes kann es schnell zu Vorzeichenfehlern kommen. Deshalb sollte man die Symmetrieprobe mit mindestens zwei x-Werten durchführen. Ergeben sich widersprüchliche Aussagen zur Symmetrie, hat man sich entweder verrechnet oder der Graph ist nicht symmetrisch zur y-Achse oder zum Ursprung.*

# Nullstellen und Polynomdivision

*Als Nullstellen bezeichnet man die Schnittpunkte eines Graphen mit der x-Achse. Die Nullstellen geben also Hinweise zur Lage eines Graphen. Gleichzeitig geben sie Auskunft darüber, an welchen Stellen die Funktion f(x) den Wert 0 annimmt, z.B. in Wetterdaten (Von welchen Tagen an betrug die Niederschlagsmenge 0 mm?) oder bei langfristigen Anschaffungen (Ab welchem Tag ist die Investition ausgeglichen und die Funktion geht in den positiven Bereich über?)*

### Nullstellen berechnen

Die Funktion hat eine **Nullstelle** $x_N$, wenn ihr Graph die x-Achse schneidet. Das ist genau dann der Fall, wenn der Funktionswert (der y-Wert) gleich 0 ist: $f(x_N) = 0$. Der Schnittpunkt N mit der x-Achse — die Nullstelle — hat die Koordinaten $N(x_N|0)$. Daran erkennt man auch schon, wie man die Nullstellen berechnet:

**1.** Die **Funktion f(x) muss 0 gesetzt werden**, damit man zum y-Wert 0 den oder die passenden x-Werte errechnen kann.

**BEISPIEL:**   $f(x) = -2x + 3$
                $0 = -2x + 3$

**2.** Die so erhaltene Funktionsgleichung muss man nun nur noch wie gewohnt nach x auflösen.

**BEISPIEL:**   $0 = -2x + 3$           $| - 3$
                $-3 = -2x$              $| : (-2)$
                $\frac{3}{2} = x \rightarrow L = \{\frac{3}{2}\} \rightarrow N = (\frac{3}{2}|0)$ (Graph s. S. 113)

### Nullstellen von Funktionen 2. Grades

Im obigen Beispiel wurde eine lineare Funktion (s. S. 76) behandelt. Aber natürlich können auch Funktionen höheren Grades Nullstellen aufweisen. Die Vorgehensweise ist zunächst dieselbe, d.h., man setzt die Funktion f(x) gleich 0 und formt die Gleichung so um, dass sich x ermitteln lässt.
Bei Funktionen zweiten Grades (quadratische Funktionen) kommt in aller Regel aber die p-q-Formel (s. S. 98) zum Einsatz, da man beim Nullsetzen der Funktionsgleichung eine quadratische Gleichung erhält.

**BEISPIEL:**   $f(x) = x^2 - 2x - 3$

Nullsetzen:  $0 = x^2 - 2x - 3$

p-q-Formel anwenden:

$p = -2; q = -3$

$x_{1,2} = -\frac{p}{2} \pm \sqrt{\left(\frac{p}{2}\right)^2 - q}$

$x_{1,2} = 1 \pm \sqrt{(1)^2 + 3}$

$x_{1,2} = 1 \pm \sqrt{1+3} = 1 \pm \sqrt{4}$

$x_1 = 1 - \sqrt{4} = 1 - 2 = -1$

$x_2 = 1 + \sqrt{4} = 1 + 2 = 3$

$N_1 (-1|0); N_2 (3|0)$

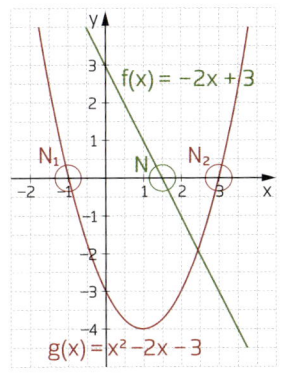

## Anzahl der Nullstellen und doppelte Nullstellen erkennen

Es fällt bei den Beispielen sofort auf, dass die lineare Funktion nur eine Nullstelle aufweist, die quadratische hingegen zwei.

Die Höchstanzahl der Nullstellen einer Funktion lässt sich problemlos mit einem Blick bestimmen, noch bevor man überhaupt beginnen muss zu rechnen — denn **der Grad der Funktion** (der höchste Exponent, s.S.100) gibt Auskunft über die Höchstzahl von Nullstellen.

Einige Funktionen können auch sogenannte **doppelte Nullstellen** (oder drei-, vierfache usw.) aufweisen. Das heißt, aus der Berechnung der Nullstelle ergibt sich **für $x_N$ zweimal derselbe Wert**. Über den Graphen sagen doppelte Nullstellen aus, dass es sich nicht um einen Schnittpunkt mit der x-Achse, sondern um einen **Berührpunkt** von Graph und x-Achse handelt.

**BEISPIEL:**   $f(x) = x^2$

Nullsetzen:          $0 = x^2$

Nach x auflösen:    $x_1 = 0$

$x_2 = 0$

$f(x) = x^2$ hat eine doppelte Nullstelle,

d.h., der Graph der Funktion berührt die

x-Achse im Punkt N (0|0).

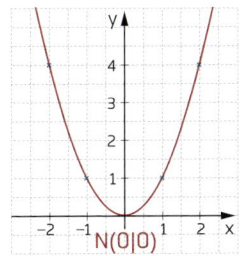

### Nullstellen von ganzrationalen Funktionen

Eine **ganzrationale Funktion** hat als Funktionsgleichung die Summe mehrerer Potenzfunktionen (s. S. 102). Allgemein hat sie daher die Form:

**$f(x) = a_n x^n + a_{n-1} x^{n-1} + \ldots + a_1 x + a_0$**

**BEISPIEL:**   $f(x) = x^3 - x^2 - 10x - 8$

Während man die Nullstellen von Funktionen 1. und 2. Grades durch Nullsetzen und Auflösen nach x bestimmen kann, muss man sich bei Funktionen höheren Grades mit einer **Linearfaktorzerlegung** behelfen.
Dabei versucht man, eine Nullstelle $x_{N1}$ zu erraten, bzw. man probiert, mit passenden Werten die Gleichung aufzulösen. Man beginnt mit kleinen Werten.

**BEISPIEL:**   $0 = x^3 - x^2 - 10x - 8$
  Nullstellen ausprobieren:
  $x = 0$ ergibt: $0 = 0 - 0 - 0 - 8 = -8$ falsch
  $x = 1$ ergibt: $0 = 1 - 1 - 10 - 8 = -18$ falsch
  $x = -1$ ergibt: $0 = -1 - 1 + 10 - 8 = 0$ richtig
  → Die Funktion hat eine Nullstelle bei $x_1 = -1$.

Hat man eine Nullstelle $x_{N1}$ gefunden, spaltet man aus der Funktionsgleichung den Faktor $(x - x_{N1})$ ab. Dadurch erhält man ein Produkt aus 2 Funktionen — dem Faktor $(x - x_{N1})$ und dem „Rest" der ursprünglichen Funktion $r(x)$:
$f(x) = (x - x_{N1}) \cdot r(x)$.

**BEISPIEL:**   $f(x) = x^3 - x^2 - 10x - 8$
  Erste Nullstelle: $x_1 = -1$
  Abspalten von $(x - x_{N1})$, hier also von $(x - (-1)) = (x + 1)$:
  $f(x) = (x + 1) \cdot r(x)$

Um $r(x)$ zu berechnen, teilt man $f(x)$ durch $(x - x_{N1})$, also: $r(x) = \frac{f(x)}{(x - x_{N1})}$. Man wendet also eine **Polynomdivision** an, d. h., ein ganzrationaler Term ($f(x)$) wird durch einen zweiten Term $(x - x_{N1})$ geteilt.

**BEISPIEL:**   $r(x) = (x^3 - x^2 - 10x - 8) : (x + 1) = ?$

Man sieht sich an, wie oft x in das 1. Glied $x^3$ passt — nämlich $x^2$-mal.
Wie bei einer herkömmlichen Division (s. S. 19) notiert man dieses Ergebnis hinter dem Gleichheitszeichen und muss nun den Divisor mit dieser Zahl multiplizieren:

**BEISPIEL:**   $(x + 1) \cdot x^2 = x^3 + x^2$

Das Ergebnis $(x^3 + x^2)$ schreibt man unter den Dividenden und subtrahiert, ganz genau wie bei herkömmlichen Divisionen auch:

**BEISPIEL:**   $(x^3 - x^2 - 10x - 8) : (x + 1) = x^2$
$$\underline{-(x^3 + x^2)}$$
$$0 - 2x^2$$

Im nächsten Schritt holt man das nächste Glied herunter und wiederholt den Vorgang, bis die Division abgeschlossen ist.

**BEISPIEL:**

$$(x^3 - x^2 - 10x - 8) : (x + 1) = x^2 - 2x - 8$$
$$\underline{-(x^3 + x^2)}$$
$$-2x^2 - 10x$$
$$\underline{-(-2x^2 - 2x)}$$
$$-8x - 8$$
$$\underline{-(-8x - 8)}$$
$$0$$

$\to r(x) = x^2 - 2x - 8$

Die Zerlegung von f(x) lautet daher:

$f(x) = (x + 1)(x^2 - 2x - 8)$

Für die Funktion r(x) (ebenfalls eine ganzrationale Funktion) gilt aber wieder, dass sie im Höchstfall so viele Nullstellen hat, wie ihr Grad anzeigt. Im nächsten Schritt muss man also die Nullstellen von r(x) berechnen.

Ist r(x) eine lineare oder quadratische Funktion, gelingt dies direkt, hat r(x) einen höheren Grad, muss man wiederum eine Nullstelle erraten und eine Polynomdivision durchführen.

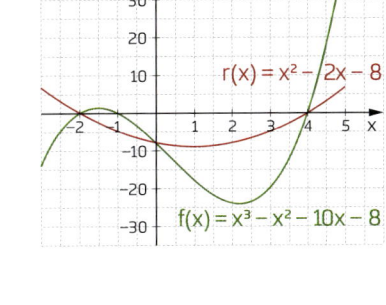

**BEISPIEL:**  r(x) = x² - 2x - 8 ist eine quadratische Funktion, die höchstens zwei weitere Nullstellen hat. Diese lassen sich über die p-q-Formel bestimmen. Man erhält:

$x_{1,2} = 1 \pm \sqrt{9} \Rightarrow x_1 = 4; x_2 = -2$

f(x) hat also 3 Nullstellen: $x_{N1} = -1$; $x_{N2} = 4$; $x_{N3} = -2$ und die vollständige **Linearfaktorzerlegung** von f(x) lautet somit:

$f(x) = (x + 1)(x - 4)(x + 2)$

**PATZER VERMEIDEN!**  *Die Polynomdivision wirkt sehr umständlich. Geht man mit einem unsicheren Gefühl an die Aufgabe, tendiert man umso mehr dazu, sich zu verrechnen. Deshalb kann man nur empfehlen, das ungute Gefühl aufgrund der vielen Rechenschritte beiseitezuschieben und einfach so zu tun, als handle es sich um eine herkömmliche Divisionsaufgabe. Die Rechenschritte sind exakt dieselben.*

# Kurvendiskussion: Besondere Punkte von Graphen

**WOZU EIGENTLICH?**   *Eine Kurvendiskussion führt man durch, um den Graphen einer Funktion skizzieren zu können. Man untersucht dabei bestimmte Eigenschaften des Graphen, wie Monotonie und Symmetrie. Zudem berechnet man wichtige Punkte wie Nullstellen, Extremstellen und Wendepunkte. Man spricht von „Kurvendiskussion", weil die Graphen sozusagen „diskutiert" werden.*

### Extrempunkte

Hoch- und Tiefpunkte eines Graphen werden Extrempunkte genannt, weil in diesen Punkten der Graph eine besondere Auffälligkeit besitzt:

Hat der Graph einer Funktion einen **Hochpunkt H,** bedeutet das, dass der Graph bis zu diesem Punkt ansteigt und danach wieder abfällt. Im Hochpunkt selbst ist die Steigung 0.

Für einen **Tiefpunkt T** ist es umgekehrt: Der Graph fällt bis zu diesem Punkt ab und steigt nach diesem Punkt wieder an. Auch im Tiefpunkt ist die Steigung 0.

Man berechnet Extrempunkte mithilfe der **1. Ableitung der Funktion** (s. S.108). Da die Steigung in den Extrempunkten 0 ist, ist dort folglich die 1. Ableitung 0.

**1.** Um die Extremstellen $x_E$ zu ermitteln, setzt man also die 1. Ableitung f'(x) = 0.
**BEISPIEL:**   $f(x) = \frac{1}{3}x^3 - x^2 - 3x$

| | |
|---|---|
| 1. Ableitung: | $f'(x) = x^2 - 2x - 3$ |
| Null setzen: | $0 = x^2 - 2x - 3$ |
| Anwenden der p-q-Formel: | $x_{E1} = -1$; $x_{E2} = 3$ |

An einem Extrempunkt ist die Steigung 0 — aber ein Punkt, an dem die Steigung 0 ist, muss kein Extrempunkt sein. Um zu prüfen, ob bei den ermittelten Extremstellen $x_E$ tatsächlich ein Extremwert liegt, untersucht man das **Vorzeichen der 1. Ableitung** rechts und links von $x_E$:

**a)** Wechselt das Vorzeichen von f'(x) **von + nach –,** steigt der Graph erst an und fällt dann ab. Es liegt also ein **Hochpunkt** vor.

**b)** Wechselt das Vorzeichen **von –  nach +,** liegt entsprechend ein **Tiefpunkt** vor.

**c)** Wechselt das Vorzeichen gar nicht, handelt es sich nicht um einen Extrempunkt.

**2.** Man setzt x-Werte in die Ableitungsfunktion f'(x) ein, die links und rechts vom Extrempunkt liegen, um zu prüfen, ob bei $x_E$ ein Extremwert liegt:

**BEISPIEL:**   1. Ableitung: $f'(x) = x^2 - 2x - 3$
Extrempunkte vermutet bei:
$x_{E1} = -1$; $x_{E2} = 3$
Werte links und rechts der $x_E$ z. B.:
für $x_{E1}$: $x_1 = -2$ (links von $x_{E1}$),
$x_2 = 0$ (rechts von $x_{E1}$):
$f'(-2) = (-2)^2 - 2 \cdot (-2) - 3 = 5$
$f'(0) = 0^2 - 2 \cdot 0 - 3 = -3$
→ Vorzeichenwechsel von + nach –:
Hochpunkt H in $x_{E1} = -1$.
für $x_{E2}$: $x_3 = 2$ (links von $x_{E2}$),
$x_4 = 4$ (rechts von $x_{E2}$):
$f'(2) = 2^2 - 2 \cdot 2 - 3 = -3$;
$f'(4) = 4^2 - 2 \cdot 4 - 3 = 5$
→ Vorzeichenwechsel von – nach +:
Tiefpunkt T in $x_{E2} = 3$.

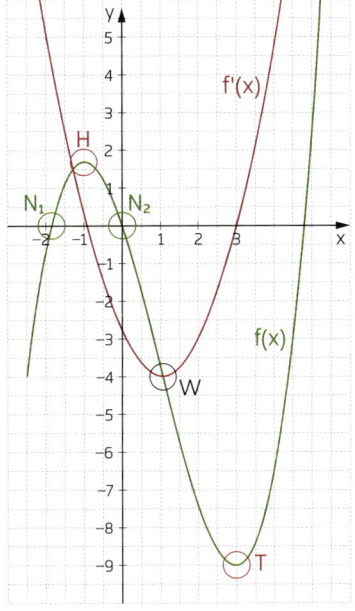

**3.** Um den zugehörigen Funktionswert (y-Wert) zu bestimmen, müssen die $x_E$ nur in die Ausgangsgleichung eingesetzt und f(x) berechnet werden:

**BEISPIEL:**   $f(x) = \frac{1}{3}x^3 - x^2 - 3x \Rightarrow f(-1) = 1\frac{2}{3}$ und $f(3) = -9$
⇒ Hochpunkt bei $H(-1|1\frac{2}{3})$ und Tiefpunkt bei $T(3|-9)$.

## Wendepunkte

An einem Wendepunkt wechselt der Graph seine Krümmung: Er geht entweder von einer Links- in eine Rechtskurve über oder umgekehrt. Um diese Punkte zu berechnen, **setzt man die 2. Ableitung 0** und berechnet den x-Wert. Nach Einsetzen in die Ursprungsgleichung erhält man den zugehörigen y-Wert. Die Vorgehensweise in Einzelschritten entspricht der Vorgehensweise bei der Extrempunktbestimmung. Man startet lediglich mit der 2. Ableitung f''(x).

## Verhalten im Unendlichen

Mit Verhalten im Unendlichen ist gemeint, wie sich die Funktionswerte verhalten, wenn x immer größer wird („gegen unendlich geht": $x \to \infty$) oder immer kleiner („gegen minus unendlich geht": $x \to -\infty$). Bei ganzrationalen Funktionen wird dieses Verhalten vom Summanden mit der höchsten Potenz bestimmt.

**BEISPIEL:**   $f(x) = x^5 + x^2 \to$ höchste Potenz: $x^5$
Für $x \to \infty$ geht $x^5$ ebenfalls gegen ∞: $\lim_{x\to\infty} x^5 = \infty$
Für $x \to -\infty$ geht $x^5$ jedoch gegen $-\infty$: $\lim_{x\to-\infty} x^5 = -\infty$

## Kurvendiskussion

**BEISPIEL:**   $f(x) = x^4 - 2x^2$

### 1. Nullstellenbestimmung

$f(x)$ wird 0 gesetzt und das oder die $x_N$ berechnet.

$0 = x^4 - 2x^2 \Leftrightarrow 0 = x^2 (x^2 - 2)$

$\Rightarrow x_{N1} = 0$ (doppelte Nullstelle);

$\quad x_{N2} = \sqrt{2}$

$\quad x_{N3} = -\sqrt{2}$

$N_1(0|0), N_2(\sqrt{2}|0), N_3(-\sqrt{2}|0)$

### 2. Schnittpunkt S mit der y-Achse

Der Wert $x = 0$ wird in $f(x)$ eingesetzt und $f(0)$ berechnet. $f(0)$ ist die y-Koordinate von S.

$f(0) = 0^4 - 2 \cdot 0^2 = 0$

$\Rightarrow S_y(0|0)$

### 3. Symmetrieeigenschaften

Zur Untersuchung der Symmetrie s. S. 111

$f(1) = -1$ und $f(-1) = -1$

$\Rightarrow$ Der Graph ist achsensymmetrisch zur y-Achse.

### 4. Monotonie

Zur Untersuchung der Monotonie s. S. 110

$-\infty < x \leq -1$: monoton fallend

$-1 < x < 0$: streng monoton steigend

$0 < x < 1$: streng monoton fallend

$1 \leq x < +\infty$: monoton steigend

### 5. Extrempunkte

Man setzt $f'(x) = 0$. Den für $x_E$ ermittelten Wert setzt man in $f(x)$ ein, um den Funktionswert y an der Stelle $x_E$ zu ermitteln.

Man untersucht den Vorzeichenwechsel der Ableitungsfunktion am Extrempunkt, um die Art des Extrempunktes zu ermitteln.

$f'(x) = 4x^3 - 4x = 0$

$4x(x^2 - 1) = 0$

$\Rightarrow x_{E1} = 0$

$\quad x_{E2} = 1$

$\quad x_{E3} = -1$

$f'(0 - 0,1) = +0,4$; $f'(0 + 0,1) = -0,4$

$\Rightarrow$ Hochpunkt bei $x = 0$

$f'(1 - 0,1) = -0,7$; $f'(1 + 0,1) = +0,9$

$\Rightarrow$ Tiefpunkt bei $x = 1$

$f'(-1 - 0,1) = -0,9$; $f'(-1 + 0,1) = +0,7$

$\Rightarrow$ Tiefpunkt bei $x = -1$

Man setzt die Werte für $x_E$ in die Funktionsgleichung ein, um die y-Werte der Extrempunkte zu berechnen.

$f(0) = 0$; $f(1) = -1$; $f(-1) = -1$

$\Rightarrow H(0|0), T(1|-1), T(-1|-1)$

### 6. Wendepunkte

Man setzt die 2. Ableitung 0 und berechnet den x-Wert.

$$f''(x) = 12x^2 - 4 = 0 \qquad | + 4$$
$$12x^2 = 4 \qquad | : 12$$
$$x^2 = \tfrac{1}{3} \qquad | \sqrt{}$$
$$\Rightarrow x_1 = \sqrt{\tfrac{1}{3}}$$
$$x_2 = -\sqrt{\tfrac{1}{3}}$$

Nach Einsetzen in die Ursprungsgleichung erhält man den zugehörigen y-Wert.

$$W_1 = \left(\sqrt{\tfrac{1}{3}} \,\middle|\, -\tfrac{5}{9}\right); \ W_2 = \left(-\sqrt{\tfrac{1}{3}} \,\middle|\, -\tfrac{5}{9}\right)$$

### 7. Verhalten im Unendlichen

$$\lim_{x \to +\infty} x^4 - 2x^2 = \lim_{x \to +\infty} x^4 = \infty$$

$$\lim_{x \to -\infty} x^4 - 2x^2 = \lim_{x \to -\infty} x^4 = \infty$$

### 8. Funktionsgraphen skizzieren

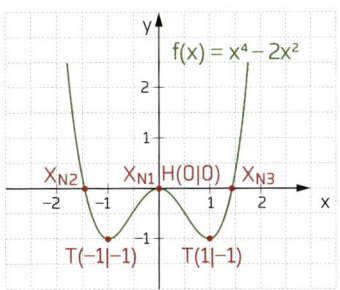

---

**PATZER VERMEIDEN!** *Eine Kurvendiskussion ist sehr zeitaufwendig, gibt aber konkrete Anhaltspunkte zum Zeichnen des Graphen. Die Ableitungen sollten gewissenhaft durchgeführt werden, denn ein Fehler hier zieht sich durch die gesamte Kurvendiskussion. Ist man mit den Einzelschritten vertraut, fallen einem beim Zeichnen Widersprüche auf, falls man sich an einer Stelle vertan hat.*

# Schnittpunkte zweier Graphen

*Manchmal ist es notwendig, herauszufinden, an welcher Stelle sich zwei Graphen schneiden, wenn man z. B. wissen möchte, ob und welche Werte zwei Funktionen gemeinsam haben. Möchte man bspw. ein Auto kaufen, muss man sich vielleicht zwischen zwei entscheiden. Man kennt den Anschaffungspreis und die Kosten für die Versicherung und möchte gern wissen, zu welchem Zeitpunkt man für beide Autos gleich viel Geld ausgegeben haben wird.*
*Werden beide Kostenaufstellungen als Graphen dargestellt, lässt sich der Zeitpunkt auf einen Blick ablesen.*

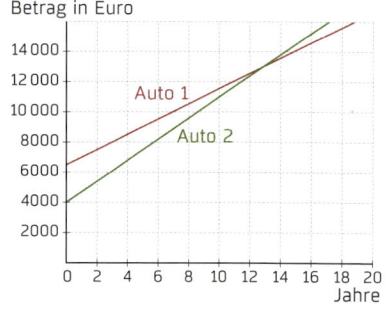

### Schnittpunkte zeichnerisch ermitteln

Möchte man den Schnittpunkt zweier Graphen zeichnerisch ermitteln, zeichnet man die Graphen ein und liest den (die) Schnittpunkt(e) ab. (Zum Zeichnen von Graphen linearer Funktionen s. S. 76; zum Zeichnen von Graphen quadratischer Funktionen s. S. 92; allgemein zur Kurvendiskussion, um Graphen zeichnen zu können, s. S. 116).

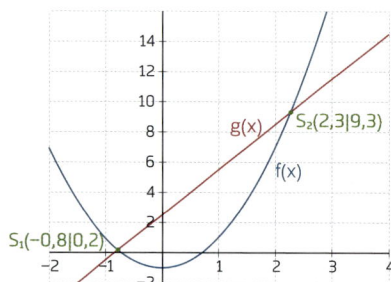

### Schnittpunkte rechnerisch ermitteln

Für die rechnerische Bestimmung der Schnittpunkte zweier Graphen werden die beiden Funktionsgleichungen gleichgesetzt und nach x aufgelöst. Für quadratische Gleichungen wird in den meisten Fällen die p-q-Formel benötigt (s. S. 98). Damit hat man die x-Koordinaten der Schnittpunkte ermittelt. Die y-Koordinate erhält man, indem man die x-Werte in die Funktionsterme einsetzt.

**BEISPIEL:**     **Gesucht** werden die Schnittpunkte der Funktionen:

$f(x) = 2x^2 - 1$ und

$g(x) = 3x + 2,5$

**Gleichsetzen der Funktionsterme** führt auf eine quadratische Gleichung für den x-Wert des Schnittpunktes:

$f(x) = g(x)$

$2x^2 - 1 = 3x + 2,5$ $\qquad | - 3x - 2,5$

$2x^2 - 3x - 3,5 = 0$ $\qquad | : 2$

$x^2 - 1,5x - 1,75 = 0$

Anwenden der **p-q-Formel:**

$x_{1,2} = 0,75 \pm \sqrt{0,75^2 + 1,75}$

$x_1 \approx 0,75 + 1,52 \approx 2,3$

$x_2 \approx 0,75 - 1,52 \approx -0,8$

Nun setzt man die x-Werte in eine der Funktionen f(x) oder g(x) ein, um die y-Werte der Schnittpunkte zu ermitteln.

**BEISPIEL:**     $g(x_1) \approx 9,3$

$g(x_2) \approx 0,2$

→ $S_1(2,27|9,31)$; $S_2(-0,77|0,19)$ (Graph s. S. 120)

Zur Probe kann man die Werte auch in beide Funktionen einsetzen. Dabei müssen dieselben Werte herauskommen, da die Koordinaten für beide Graphen gelten.

Da beim Zeichnen sowohl Zeichenungenauigkeiten als auch Unsicherheiten beim genauen Ablesen entstehen können, sind die errechneten Werte genauer.

**PATZER VERMEIDEN!**   *Gerade bei linearen Funktionen könnte man meinen, eine zeichnerische Lösung (Geraden zeichnen und Schnittpunkt ablesen) sei einfacher. Jedoch bleibt diese Vorgehensweise ungenau im Vergleich zur rechnerischen Lösung. Vor allem bei nicht linearen Funktionen reicht eine Zeichnung nicht aus und sollte mindestens durch eine Rechnung ergänzt werden.*

# 3

# STOCHASTIK

# Grundbegriffe der Statistik

**WOZU EIGENTLICH?** *Die Stochastik beschreibt und untersucht Ereignisse, die mit Zufall und Wahrscheinlichkeit zusammenhängen, umfasst also Statistik und Wahrscheinlichkeitsrechnung. Die Statistik liefert Methoden, mit denen Daten erfasst, dargestellt und ausgewertet werden können.*

### Grundbegriffe der Statistik

Die Grundlage aller statistischen Auswertungen sind die Daten. Diese werden als Stichprobe z. B. durch Befragungen oder Zählungen erhoben. Es handelt sich nur um eine Stichprobe, weil i. d. R. nicht alle Beteiligten befragt oder untersucht werden können, sondern nur ein Prozentsatz. Aus diesem Prozentsatz — der Stichprobe — schließt man nach der Auswertung auf die Grundgesamtheit, d. h. auf alle.

Hat man die Daten erfasst, empfiehlt sich meist eine Sortierung der Größe nach. Danach lassen sich die folgenden Werte am besten erkennen:

a) **Datenumfang n:** die Anzahl der Daten;

b) **Modalwert:** der Wert, der am häufigsten vorkommt — gibt es mehrere Werte, die am häufigsten vorkommen, können auch mehrere Modalwerte vorhanden sein;

c) **Minimum min.:** der kleinste Wert;

d) **Maximum max.:** der größte Wert;

e) **Zentralwert Z** oder **Median:** der Wert, der genau in der Mitte steht, wenn man die Datenwerte der Größe nach ordnet — bei einer geraden Datenzahl gibt es keine „Mitte"; dann werden die beiden mittleren Werte addiert und durch zwei geteilt, um die „Mitte" zu errechnen;

f) **arithmetischer Mittelwert μ:** Der Durchschnittswert, den man erhält, indem man alle Daten addiert und dann durch die Anzahl der Daten dividiert:

$$\mu = \frac{\text{Summe aller Daten}}{\text{Anzahl der Daten}}$$

**BEISPIEL:**  Umfrage nach dem Alter der Jugendfeuerwehrmitglieder:
Ergebnisliste (bereits der Größe nach geordnet):
10; 10; 11; 11; 11; 11; 12; 12; 12; 13; 13; 15; 17

| Alter | 10 | 11 | 12 | 13 | 15 | 17 |
|-------|----|----|----|----|----|----|
| Anzahl | 2 | 4 | 3 | 2 | 1 | 1 |

Das Alter von 13 JFw-Mitgliedern wurde erfasst: **n = 13**

Das am häufigsten vorkommende Alter ist 11 Jahre: **Modalwert = 11**

Das geringste vorkommende Alter ist 10 Jahre: **min. = 10**

Das höchste vorkommende Alter ist 17 Jahre: **max. = 17**

Bei 13 Datenwerten ist der 7. Wert der in der Mitte. Sind die 13 Werte der Größe nach geordnet, liegt an 7. Stelle der Wert 12: **Z = 12**

**Arithmetischer Mittelwert:**

$$\mu = \frac{2 \cdot 10 + 4 \cdot 11 + 3 \cdot 12 + 2 \cdot 13 + 1 \cdot 15 + 1 \cdot 17}{13} \Rightarrow \mu \approx 12{,}15$$

**g) Quartile:** Die gesamte Datenliste lässt sich außerdem in Quartile („Viertelwerte")
zerlegen. Dabei wird der Datenumfang n in Viertel zerlegt, d.h., man multipliziert
ihn mit $\frac{1}{4}$, $\frac{2}{4}$ und $\frac{3}{4}$ (also mit 0,25; 0,5 und 0,75). Ist das Produkt k ganzzahlig, liest
man die Daten ab, die auf diesem und dem darauffolgenden Rangplatz stehen, und
bildet daraus den Durchschnitt. Dort liegt das Quartil. Ist k nicht ganzzahlig, wird
aufgerundet und der Datenwert auf diesem Rangplatz abgelesen.

**BEISPIEL:**   Ergebnisliste (bereits der Größe nach geordnet):

| Datenwert (Alter) | 10 | 10 | 11 | 11 | 11 | 11 | 12 | 12 | 12 | 13 | 13 | 15 | 17 |
|---|---|---|---|---|---|---|---|---|---|---|---|---|---|
| Rang | 1 | 2 | 3 | 4 | 5 | 6 | 7 | 8 | 9 | 10 | 11 | 12 | 13 |
|  |  |  |  | Unteres Quartil |  |  | Zentral-wert |  |  | oberes Quartil |  |  |  |

n = 13 →   unteres Quartil $q_u$: $k_u = 0{,}25 \cdot 13 = 3{,}25 \approx 4 \rightarrow q_u = 11$

mittleres Quartil / Zentralwert: $Z = 0{,}5 \cdot 13 = 6{,}5 \approx 7 \rightarrow q_m = 12$

oberes Quartil: $k_o = 0{,}75 \cdot 13 = 9{,}75 \approx 10 \rightarrow q_o = 13$

Als alternative Methode zur Ermittlung der Quartile kann man auch den
Zentralwert der Datenliste bilden und von den beiden Hälften erneut den jeweiligen
Zentralwert ermitteln. Zwischen beiden Methoden können sich allerdings leichte
Abweichungen ergeben.

**PATZER VERMEIDEN!**   *Leicht kann man Befragungswerte, Angaben, Anzahlen usw.
mit Rangplätzen verwechseln, wodurch die Rechnungen entsprechend fehlerhaft werden. Rangplätze sind am einfachsten aufsteigend anzuordnen, wie z.B. eine Chartsliste,
während die Werte und Angaben durchaus doppelt vorkommen können oder Lücken
aufweisen dürfen.*

# Streuungsmaße

*Da ein Mittelwert oder ein Zentralwert allein nicht unbedingt etwas über die gesamte Datenliste aussagt, ermittelt man zusätzlich, wie weit die einzelnen Datenwerte vom Mittelwert oder Median abweichen.*

### Warum Streuungsmaße?

Um beurteilen zu können, wie gut ein Mittelwert die Verteilung widerspiegelt, muss man wissen, wie stark die Datenwerte von diesem abweichen: Dies geben die **Streuungsmaße** an. Je kleiner die Abweichung (Streuung) ist, desto besser repräsentiert der Mittelwert die Datenverteilung.

**BEISPIEL:** Zwei unterschiedliche Notenspiegel mit demselben Mittelwert 3,5:

| 1 | 2 | 3 | 4 | 5 | 6 | μ |
|---|---|----|----|---|---|-----|
| 0 | 0 | 13 | 13 | 0 | 0 | 3,5 |

| 1 | 2 | 3 | 4 | 5 | 6 | μ |
|---|----|---|---|---|---|-----|
| 3 | 10 | 0 | 1 | 8 | 4 | 3,5 |

Während links nur die Noten 3 und 4 vorkommen, gibt es rechts keine 3 und nur eine 4. Die Aussage „Im Mittel bekamen die Schüler eine 3,5" vermittelt daher nur in der linken Verteilung einen Eindruck von den wirklichen Verhältnissen.

### Verschiedene Streuungsmaße bestimmen

**a) Spannweite:** Dieses einfachste Streuungsmaß gibt an, wie groß der Messwertebereich ist. Dazu subtrahiert man vom Maximum das Minimum (s. S. 124).
**b) Quartilabstand:** Man berechnet unteres und oberes Quartil (s. S. 125) und subtrahiert diese voneinander.
**c) mittlere Abweichung a:** Zuerst berechnet man den Mittelwert der Datenwerte (siehe S. 122), anschließend die Differenzen zwischen den einzelnen Datenwerten und dem Mittelwert und bildet zuletzt aus den Beträgen der Differenzen die Summe. Diese wird nun noch durch die Anzahl der Datenwerte dividiert.
**d) Varianz $\sigma^2$:** Man berechnet wieder von jedem Wert die Differenz zum Mittelwert. Nun werden die Beträge der errechneten Differenzen aber zuerst alle quadriert, bevor man sie addiert und durch die Anzahl der Werte dividiert.
**e) Standardabweichung $\sigma$:** Man berechnet die Wurzel aus der Varianz.
Mittlere Abweichung, Varianz und die Standardabweichung arbeiten nicht nur mit Grenzen der Datenliste, sondern berücksichtigen alle einzelnen Werte — diese drei Streuungsmaße liefern daher genauere Angaben über die Streuung.

**BEISPIEL:** Bezogen auf die beiden Notenspiegel (s. S. 126) ergibt sich:

**a) Spannweite:**          linker Notenspiegel          rechter Notenspiegel
$4 - 3 = 1$                 $6 - 1 = 5$

**b) Quartilabstand:**      linker Notenspiegel          rechter Notenspiegel
$4 - 3 = 1$                 $5 - 2 = 3$

**c) mittlere Abweichung** und **d) Varianz:**

$n = 26$; Werte mit laufenden Nummern $i = 1 \ldots 26$ geordnet:

| Nummer $i = 1 \ldots n$; $n = 26$ | Werte $x_i$ | Differenz zwischen Werten und Mittelwert: $\lvert x_i - \mu \rvert$ | Quadrierte Differenz zwischen Werten und Mittelwert: $\lvert x_i - \mu \rvert^2$ |
|---|---|---|---|
| **Linker Notenspiegel:** | | | |
| 1 bis 13 | 3 | $\lvert 3 - 3{,}5 \rvert = 0{,}5$ | $0{,}5^2 = 0{,}25$ |
| 14 bis 26 | 4 | $\lvert 4 - 3{,}5 \rvert = 0{,}5$ | $0{,}5^2 = 0{,}25$ |
| Summe | $13 \cdot 3 + 13 \cdot 4 = 91$ | $13 \cdot 0{,}5 + 13 \cdot 0{,}5 = 13$ | $13 \cdot 0{,}25 + 13 \cdot 0{,}25 = 6{,}5$ |
| | Mittelwert $\mu$ $= 91 : 26 = 3{,}5$ | **mittl. Abw. a $= 13 : 26 = 0{,}5$** | **Varianz $\sigma^2$ $= 6{,}5 : 26 = 0{,}25$** |
| **Rechter Notenspiegel:** | | | |
| 1 bis 3 | 1 | $\lvert 1 - 3{,}5 \rvert = 2{,}5$ | $2{,}5^2 = 6{,}25$ |
| 4 bis 13 | 2 | $\lvert 2 - 3{,}5 \rvert = 1{,}5$ | $1{,}5^2 = 2{,}25$ |
| 14 | 4 | $\lvert 4 - 3{,}5 \rvert = 0{,}5$ | $0{,}5^2 = 0{,}25$ |
| 15 bis 22 | 5 | $\lvert 5 - 3{,}5 \rvert = 1{,}5$ | $1{,}5^2 = 2{,}25$ |
| 21 bis 26 | 6 | $\lvert 6 - 3{,}5 \rvert = 2{,}5$ | $2{,}5^2 = 6{,}25$ |
| Summe | $3 \cdot 1 + 10 \cdot 2 + 4 + 8 \cdot 5 + 4 \cdot 6 = 91$ | $3 \cdot 2{,}5 + 10 \cdot 1{,}5 + 0{,}5 + 8 \cdot 1{,}5 + 4 \cdot 2{,}5 = 27{,}5$ | $3 \cdot 6{,}25 + 10 \cdot 2{,}25 + 0{,}25 + 8 \cdot 2{,}25 + 4 \cdot 6{,}25 = 84{,}75$ |
| | Mittelwert $\mu = 3{,}5$ | **mittl. Abw. a $= 27{,}5 : 26 \approx 1{,}06$** | **Varianz $\sigma^2$ $= 84{,}75 : 26 \approx 3{,}26$** |

**e) Standardabweichung:**    linker Notenspiegel          rechter Notenspiegel
$\sigma = \sqrt{\sigma^2} = \sqrt{0{,}25}$
$= 0{,}5$                     $\sigma \approx 1{,}81$

**PATZER VERMEIDEN!**  *Die Crux ist hier, dass man bei jedem Streuungsmaß mit vorangegangenen Werten weiterrechnet, d. h., wenn man sich anfangs — beim Mittelwert — verrechnet, zieht sich der Rechenfehler durch alle weiteren Rechnungen.*

# Grundbegriffe der Wahrscheinlichkeitsrechnung

**WOZU EIGENTLICH?** *Das zweite Teilgebiet der Stochastik behandelt Wahrscheinlichkeiten. Um diese berechnen zu können, muss man einige Begriffe unterscheiden können, um Missverständnissen bei Aufgabenstellungen vorzubeugen.*

### Zufallsexperimente und deren Eigenschaften

Unter einem **Zufallsexperiment** versteht man einen Vorgang mit ungewissem Ausgang, der beliebig oft wiederholt werden kann, wie das Werfen einer Münze (Kopf oder Zahl?) oder Würfeln (1, 2, 3, 4, 5 oder 6?). Wie der Name schon sagt, hängt das Ergebnis des Zufallsexperiments vom Zufall ab.

Als **Ergebnis** bezeichnet man dabei den Ausgang des Versuchs. Alle möglichen Ergebnisse nennt man die **Ergebnismenge Ω.**

Ein **Ereignis E** fasst bestimmte erwünschte Ergebnisse zusammen, bspw. umfasst das Ereignis „eine gerade Zahl würfeln" die Ergebnisse 2, 4, 6.

**BEISPIEL:** Glücksrad mit 9 Feldern:

**Ergebnismenge:** $\Omega$ = {rot1, rot2, blau1, blau2, blau3, gelb1, gelb2, gelb3, gelb4}.

**Ereignis E** „rotes Feld": E = {rot1, rot2}

Viele Versuche sind so genannte **Laplace-Versuche:** Versuche, bei denen jedes Ergebnis die gleiche Wahrscheinlichkeit hat. Das ist z.B. der Fall beim Würfeln (der Würfel ist gleichmäßig, deshalb ist die Wahrscheinlichkeit für jede Augenzahl gleich groß), beim Münzwurf, beim Kartenziehen aus einem 32-Karten-Stapel.

Die **Wahrscheinlichkeit P** für ein Ereignis E berechnet man bei Laplace-Versuchen aus:

$$P(E) = \frac{\text{Anzahl der günstigen Ergebnisse}}{\text{Anzahl aller möglichen Ergebnisse}}$$

Die Wahrscheinlichkeit kann als Bruch, als Prozentsatz oder als Dezimalzahl zwischen 0 und 1 angegeben werden. Zwischen 0 und 1 liegen die Werte deshalb, weil P = 0 bedeutet, dass das gewünschte Ereignis nie eintritt (Anzahl der günstigen Ergebnisse = 0; **unmögliches Ereignis**) und P = 1 bedeutet, dass die Anzahl der günstigen Ergebnisse genau so groß ist wie die Anzahl aller möglichen Ergebnisse (**sicheres Ereignis**) – das sichere Ereignis liegt also vor, wenn die gesamte Ergebnismenge für das Ereignis günstig ist.

Eine Wahrscheinlichkeit ist also nie negativ und nie größer als 1 bzw. größer als 100 %.

**BEISPIEL:** Glücksrad mit 9 Feldern: Berechnen der Wahrscheinlichkeiten

Die 9 Felder des Glücksrades sind gleich groß, die Wahrscheinlichkeit, dass das Rad beim Drehen dort zum Halten kommt, ist also für alle Felder gleich groß.

→ Es handelt sich also um einen Laplace-Versuch.

**Anzahl möglicher Ergebnisse:** 9, da das Rad 9 Felder hat.

| Ereignis | Gewinn bei Rot | Gewinn bei Schwarz | Gewinn bei Grundfarbe |
|---|---|---|---|
| **Anzahl günstiger Ergebnisse** | 2 rote Felder → 2 günstige Ergebnisse | kein schwarzes Feld → kein günstiges Ergebnis | 9 Felder in Grundfarbe → 9 günstige Ergebnisse |
| **Wahrscheinlichkeit** | $P(\text{Rot}) = \frac{2}{9}$ $\approx 0{,}22 = 22\,\%$ | $P(\text{Schwarz}) = \frac{0}{9}$ $= 0 = 0\,\%$ | $P(\text{Grundfarbe}) = \frac{9}{9}$ $= 1{,}0 = 100\,\%$ |
| | | unmögliches Ereignis | sicheres Ereignis |

## Gegenereignis

Das **Gegenereignis** $\overline{E}$ umfasst alle Ergebnisse, die nicht zum gewünschten Erfolg führen. Manchmal ist es einfacher, die Wahrscheinlichkeit für das Gegenereignis $P(\overline{E})$ zu bestimmen. Die Überlegung dahinter ist einfach: Die Wahrscheinlichkeit für ein sicheres Ereignis ist 100 % und außerdem gleich der Summe der Wahrscheinlichkeiten für alle einzelnen Ergebnisse — da alle zusammen zum sicheren Ereignis führen. Zieht man von 100 % also die Wahrscheinlichkeiten für die Ergebnisse ab, die man nicht haben möchte (also für das Gegenereignis), erhält man die Wahrscheinlichkeit für das gewünschte Ereignis: $P(E) = 1 - P(\overline{E})$

**BEISPIEL:** Glücksrad: Ereignis: „Blau und Gelb gewinnt."

Gegenereignis: „Rot gewinnt."

2 rote Felder → $P(\overline{E}) = P(\text{Rot}) = \frac{2}{9}$

$P(\text{Blau, Gelb}) = 1 - P(\text{Rot}) = 1 - \frac{2}{9} = \frac{7}{9} \approx 0{,}78 = 78\,\%$

**PATZER VERMEIDEN!**  *Die Begriffe „Ergebnis" (alles Mögliche) und „Ereignis" (alles Günstige/Gewollte) werden leicht verwechselt.*
*Es muss immer geprüft werden, ob es sich um einen Laplace-Versuch handelt, ob tatsächlich alle Ergebnisse gleich wahrscheinlich sind. Wenn nicht, führt die hier vorgestellte Vorgehensweise zu einem falschen Ergebnis.*

# Absolute und relative Häufigkeit

**WOZU EIGENTLICH?** *Nicht alle Zufallsexperimente sind Laplace-Versuche (s. S. 128), zudem lässt sich in vielen Zufallsexperimenten die Wahrscheinlichkeit nicht genau bestimmen, weshalb man mit Schätzwerten arbeiten muss. Häufigkeiten können als Schätzwerte dienen.*

## Absolute Häufigkeit

Möchte man bspw. Wahlprognosen erstellen, muss man wissen, mit welcher Wahrscheinlichkeit eine beliebige Person welche Partei gewählt hat. Da die Parteien unterschiedlich beliebt sind und unterschiedliche Programme haben, lässt sich nicht ohne Weiteres eine Aussage über die Wahrscheinlichkeit treffen.

Haben Interviewer vor den Wahllokalen Wähler anonym befragt (jede Befragung stellt ein Zufallsexperiment dar), können sie die tatsächliche Stimmenanzahl festhalten. Diese tatsächlichen Werte nennt man **absolute Häufigkeiten.**

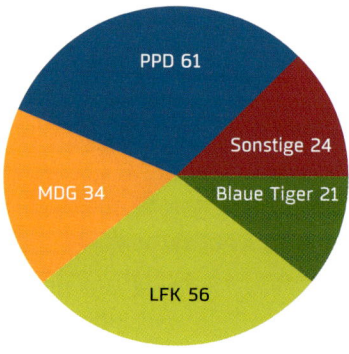

**BEISPIEL:** Bisher haben 61 Personen die PPD, 34 die MDG, 56 die LFK und 21 die Blauen Tiger gewählt.

## Relative Häufigkeit

Die tatsächlichen Werte als solche sagen noch nicht viel aus, sie geben lediglich eine Rangfolge an. Setzt man nun aber die absoluten Häufigkeiten in Beziehung zur Anzahl der Versuchswiederholungen, also der Anzahl der bisher befragten Personen, erhält man die

$$\text{relative Häufigeit} = \frac{\text{absolute Häufigkeit}}{\text{Anzahl der Versuchswiederholungen}}$$

**BEISPIEL:** Befragt wurden 61 + 34 + 56 + 21 + 24 = 196 Wähler; Relative Häufigkeiten:

| PPD | MDG | LFK | Blaue Tiger | Sonstige |
|---|---|---|---|---|
| $\frac{61}{169}$ | $\frac{34}{169}$ | $\frac{56}{169}$ | $\frac{21}{169}$ | $\frac{24}{169}$ |
| ≈ 31,12 % | ≈ 17,35 % | ≈ 28,57 % | ≈ 10,71 % | ≈ 12,25 % |

Die relative Häufigkeit kann man nun als Schätzwert für die Wahrscheinlichkeiten des Zufallsexperiments heranziehen.

**BEISPIEL:**  Ein zufällig ausgewählter Wähler wird mit ca. 31,12 %iger Wahrscheinlichkeit die PPD wählen, mit 17,35 %iger Wahrscheinlichkeit die MDG usw.

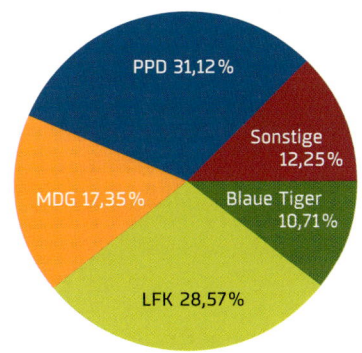

## Relative Häufigkeit und Wahrscheinlichkeit

Je mehr Versuchswiederholungen es gibt, je mehr Wähler im Beispiel also befragt werden, desto besser gibt die relative Häufigkeit die **Wahrscheinlichkeit** wieder – weil die befragte Gruppe immer besser die Allgemeinheit repräsentiert. Auf diese Weise werden übrigens auch Prognosen erstellt, die im Laufe eines Wahltages veröffentlicht werden und sich bis zum Wahlergebnis immer wieder verändern und dem tatsächlichen Ergebnis annähern, weil im Laufe des Wahltages immer mehr Stimmen erfasst werden.

Allerdings gilt es bei jedem Zufallsexperiment zu bedenken, dass **für jede Versuchswiederholung die Wahrscheinlichkeiten für die möglichen Ergebnisse von Neuem gelten.** Das heißt: Haben 5 Leute hintereinander die Blauen Tiger gewählt, bedeutet das nicht zwangsläufig, dass der nächste nun unbedingt die PPD wählen muss. Oder auf einen Laplace-Versuch (s. S. 128) übertragen: Bei einem Münzwurf ist die Wahrscheinlichkeit für Zahl oder Kopf jeweils 50 %. Wenn bei 5-maligem Münzwurf immer Zahl geworfen wurde, bedeutet das jedoch nicht, dass die nächsten 5 Würfe zwingend Kopf ergeben – dann wäre die Wahrscheinlichkeit für Kopf für diese zweiten 5 Würfe nämlich 100 %, sie beträgt aber weiterhin 50 %. Dass im Mittel die Hälfte aller Würfe Zahl und die andere Hälfte Kopf ergeben, gilt streng genommen erst bei unendlich vielen Würfen.

---

**PATZER VERMEIDEN!**  *Die Berechnung der relativen Häufigkeit ist an sich eine einfache Prozentrechnung. Man darf nur nicht die absolute und die relative Häufigkeit verwechseln. Die Begriffe geben eindeutige Hinweise: „absolut" als Synonym für „tatsächliche (Werte)" und „relativ" als Synonym für „in Beziehung zu (einer Gesamtanzahl)". Ob man die relativen Häufigkeiten richtig berechnet hat, kann man prüfen, indem man alle Prozentsätze addiert. Der Gesamtwert muss 100 % ergeben.*

# Grafische Darstellung von Wahrscheinlichkeiten

**WOZU EIGENTLICH?** *Die Häufigkeiten oder Wahrscheinlichkeiten von Ergebnissen aus einer Liste abzulesen, ist natürlich möglich — einen schnelleren Vergleich erhält man aber durch eine Grafik, die die Werte in irgendeiner Form veranschaulicht. So kann man sofort größte und kleinste Werte auf einen Blick erkennen oder Entwicklungen feststellen.*

### Liniendiagramm

Das einfachste Diagramm ist wohl das Liniendiagramm. Innerhalb eines (Zeit-)Abschnittes lassen sich mit seiner Hilfe **Entwicklungen** und Unterschiede einer Größe erkennen — wie bspw. die Entwicklung der Temperatur. Für bestimmte (Zeit-)Angaben werden zugeordnete Werte mit Punkten markiert und diese dann zu einer Linie (einem Graphen, s. S. 76) verbunden.

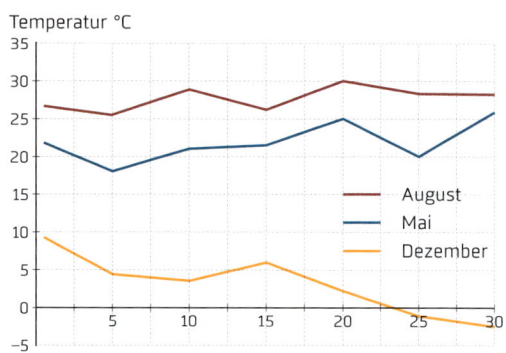

Für einen leichteren Vergleich lassen sich auch mehrere Linien in ein einzelnes Diagramm eintragen.

### Streudiagramm

Lassen sich einer Angabe **mehrere Werte** zuordnen — in der Abbildung werden bspw. Grundstücke durch Längen und Breiten charakterisiert —, wird die Darstellung mit einem Liniendiagramm schwierig. In diesem Fall eignet sich ein Diagramm, in das lediglich die Punkte eingetragen werden, eine Verbindung derselben fällt weg. Stattdessen bilden sich ggf. Punktwolken, also Bereiche, in denen

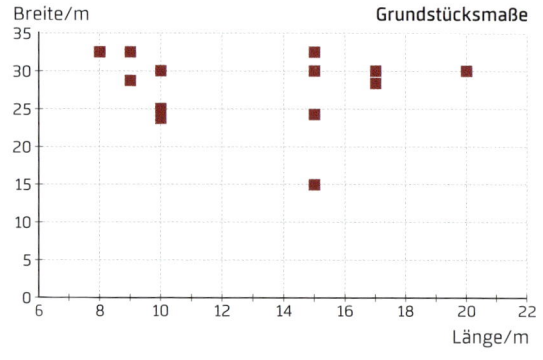

sich Punkte häufen. An einer solchen Punktwolke lässt sich ablesen, in welchen Bereichen die meisten Werte liegen — in der Abbildung gibt es besonders viele Grundstücke mit Längen zwischen 8 m und 10 m und Breiten zwischen 25 m und 32 m.

## Strichdiagramm

Interessiert nicht die Entwicklung einer Größe, sondern die **Häufigkeiten,** mit denen bestimmte Werte auftreten, kann man sie im Strichdiagramm darstellen. Hierbei gibt die y-Achse die absoluten oder relativen Häufigkeiten an (s. S.130).
Die Höhe eines Striches entspricht dabei dem dargestellten Wert. Die Abbildung stellt dar, an wie vielen Tagen die Mitglieder einer Fahrgemeinschaft jeweils selbst am Steuer saßen, es handelt sich um absolute Häufigkeiten.

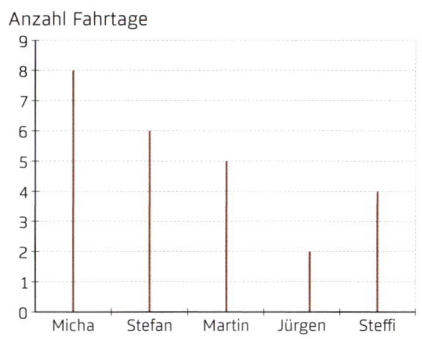

## Säulen- und Balkendiagramm

Eine andere Möglichkeit, **Häufigkeiten** darzustellen, sind Säulen- oder Balkendiagramme. Das Säulendiagramm ist vom Aufbau her dem Strichdiagramm ähnlich, nur dass statt der Striche dickere „Säulen" gezeichnet werden.
Um Missinterpretationen zu verhindern, sollten die Säulen jedoch in der Breite nicht variieren, weil sonst der Eindruck entsteht, dass einzelne Säulen mehr ins Gewicht fallen. Lediglich die Höhe der Säulen gibt Auskunft über die Werte.
Eine Sortierung nach Höhe der Säulen ist in manchen Fällen denkbar, jedoch nicht zwingend notwendig und manchmal auch nicht möglich.
Ein Balkendiagramm wird genauso erstellt und gelesen wie das Säulendiagramm, nur in waagerechter Anordnung.
Wie im Beispiel zu erkennen ist, ist durch geschickten Farbeinsatz auch eine Trennung in verschiedene Gruppen denkbar.

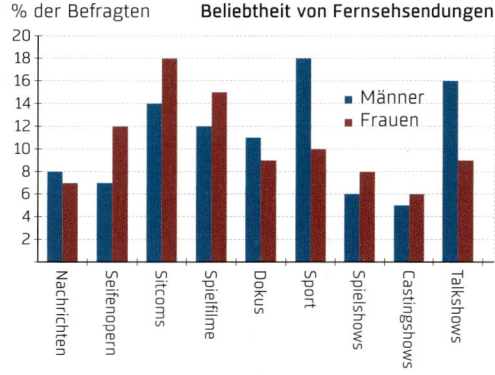

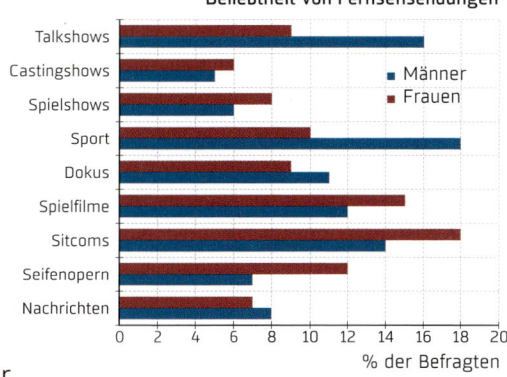

## Histogramme

Bei einem Histogramm werden die ermittelten Werte vor der Eintragung in Gruppen (auch **Klassen** genannt) zusammengefasst, bevor sie als Säulen dargestellt werden. Der Unterschied zum Säulendiagramm besteht darin, dass die Säulen bei einem Histogramm auch unterschiedlich breit sein können — nämlich dann, wenn die Klassen unter-

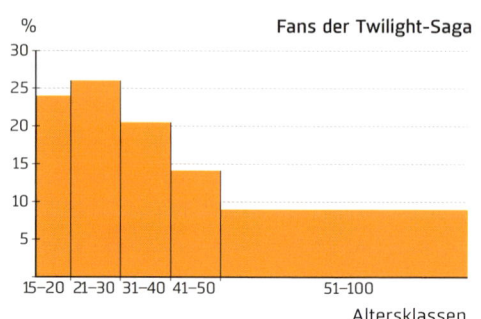

schiedlich breit sind. Die **Fläche der Säulen** gibt entweder die absolute Anzahl Werte an, die zu einer Klasse gehören, oder den Prozentsatz der Werte einer Klasse (relative Häufigkeit). Sind die Klassen gleich breit, ist die Fläche zur Höhe proportional und die Höhe der Säulen ist ein Maß für die Häufigkeit.

Bei unterschiedlichen Klassenbreiten muss diese bei der Interpretation berücksichtigt werden: Da sich die 9 % Twilight-Fans der ältesten Zuschauer auf eine viermal so breite Klasse verteilen, sinkt deren Gewicht in der Gesamtzuschauermenge noch zusätzlich, während die 24 % der jüngsten Fans sich auf eine nur halb so breite Klasse verteilen und entsprechend mehr Gewicht haben.

## Streifendiagramm

Mit einem Streifendiagramm werden **Größenverhältnisse** oder **Anteile** verdeutlicht. Deshalb muss beim Streifendiagramm die Ergebnismenge (s. S. 128) 100 % der Ergebnisse wiedergeben. Dementsprechend stellt auch die Gesamtgröße des Streifens 100 % dar.

Bei der Anfertigung des Streifendiagramms berechnet man deshalb zuerst die Breiten der Streifenabschnitte. Am besten wählt man für den Gesamtstreifen eine gut zu dividierende Gesamtbreite (10 cm, 20 cm etc.). Ein darzustellender

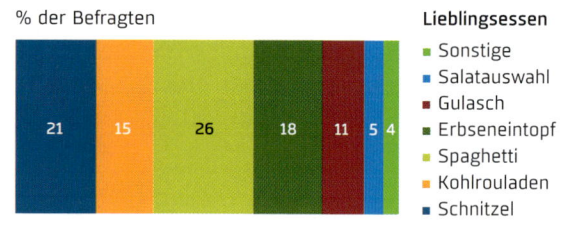

Wert von z. B. 40 % entspricht dann einer Abschnittsbreite von 40 % der Gesamtbreite. Zur besseren Unterscheidbarkeit können die Streifenabschnitte in verschiedenen Farben angelegt werden. Streifendiagramme können sowohl senkrecht als auch waagerecht angefertigt werden.

## Kreisdiagramm

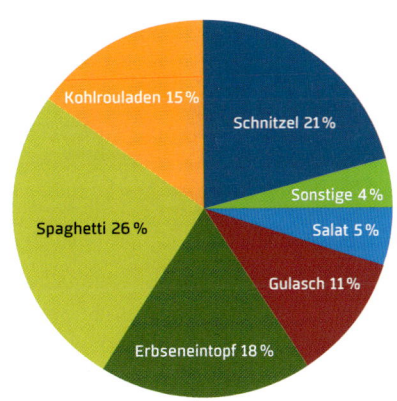

Eine Alternative zu Streifendiagrammen sind Kreisdiagramme. Auch sie stellen **Größenverhältnisse** oder **Anteile** grafisch dar und die Gesamtmenge von **100 %** ist Basis der Grafik. 100 % entsprechen 360° („einmal ganz um den Mittelpunkt herum"). Die Datenwerte müssen in **Kreissegmente** umgerechnet werden (analog zu den Streifenabschnitten beim Streifendiagramm). Die Größe eines Kreissegmentes berechnet man über den Dreisatz (s. S. 48).

**BEISPIEL:**    Wert für ein Kreissegment soll sein: 21 %: 100 % = 360°

$$1 \% = 3,6°$$
$$21 \% = 75,6°$$

| Essen | Schnitzel | Kohlroul. | Spaghetti | Erbsen | Gulasch | Salat | Sonst. |
|---|---|---|---|---|---|---|---|
| Prozent | 21 % | 15 % | 26 % | 18 % | 11 % | 5 % | 4 % |
| Winkel | 75,6° | 54° | 93,6° | 64,8° | 39,6° | 18° | 14,4° |

Winkelsumme: 75,6° + 54° + 93,6° + 64,8° + 39,6° + 18° + 14,4° = 360°

## Boxplots

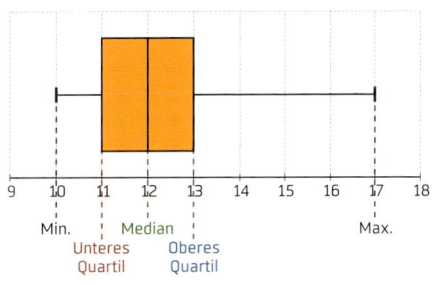

Zur grafischen Darstellung der Streuung eignet sich ein **Boxplot.** Dazu werden die Werte auf einer Zahlengeraden, eingetragen und Maximum, Minimum und die Quartilen (s. S. 125) markiert. Zeichnet man zwischen dem oberen und unteren Quartil ein Rechteck, befinden sich ca. 50 % der mittleren Daten innerhalb des Boxplots und jeweils ca. 25 % an den Rändern. Je kleiner der Boxplot ist, desto mehr konzentrieren sich die mittleren Werte um den Median. Die Lage des Medians innerhalb der Box zeigt an, auf welcher Seite des Medians mehr mittlere Werte liegen.

**PATZER VERMEIDEN!**    *Diagramme zu lesen ist eine Frage der Übung. Bei der Anfertigung von Streifen- und Kreisdiagramm müssen die Abschnitte vorab korrekt berechnet werden. Zeichnet man zuerst den vollständigen Streifen und trägt dann die Abschnitte ein, erkennt man schnell, ob man sich verrechnet hat.*

# Mehrstufige Zufallsexperimente

**WOZU EIGENTLICH?** *Wann immer mit zwei Würfeln gewürfelt wird – gleichgültig, ob gleichzeitig mit zweien oder zweimal hintereinander mit einem – hat man es mit einem zweistufigen Zufallsexperiment zu tun. Zieht man aus einem Sack hintereinander 3 Socken, ist dies ein dreistufiges Experiment. Um die Wahrscheinlichkeiten für mehrstufige Versuche zu berechnen, gibt es Regeln.*

## Wahrscheinlichkeitsverteilung

Unter einer Wahrscheinlichkeitsverteilung versteht man die Aufteilung der Gesamtwahrscheinlichkeit von 100 % (also die Wahrscheinlichkeit dafür, dass überhaupt irgendein Ergebnis aus der Ergebnismenge eintritt, s. S. 128) auf die Ergebnisse. Beim Werfen eines Würfels treten alle sechs möglichen Ergebnisse mit derselben Wahrscheinlichkeit von $P = \frac{1}{6}$ ein.

## Baumdiagramm

Um die Ergebnisse eines mehrstufigen Zufallsexperiments darzustellen und zu berechnen, kann man **Baumdiagramme** benutzen. Diese ermöglichen außerdem eine Kontrolle, ob man richtig vorgegangen ist und die Einzelwahrscheinlichkeiten richtig erfasst hat.
Um ein Baumdiagramm zu zeichnen, zieht man vom Startpunkt ausgehend so viele Äste, wie es mögliche Ergebnisse gibt, und notiert an den Ästen die jeweilige Wahrscheinlichkeit.

**BEISPIEL:** Bei einem Kartenspiel gewinnt, wer aus den 32 Blatt zweimal hintereinander eine rote Karte zieht. Die gezogene Karte wird nach jedem Zug in das Kartenspiel zurückgesteckt, bevor erneut gezogen wird. (R = rot; S = schwarz).

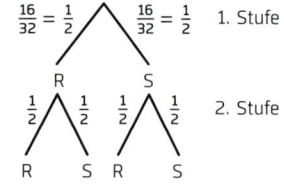

Die zweite Stufe des Experimentes setzt nun an den Ergebnissen der ersten Stufe an und wird analog zur ersten erstellt: für jedes mögliche Ergebnis einen Ast zeichnen und daran die entsprechenden Wahrscheinlichkeiten notieren.

Um nun anhand des Baumdiagramms die Wahrscheinlichkeit eines Gesamtergebnisses zu berechnen, gelten die folgenden Regeln:

### 1. Pfadregel – Produktregel (Berechnung eines einzelnen Pfades)

Die **Wahrscheinlichkeit eines mehrstufigen Ergebnisses** ist das **Produkt** der Einzelwahrscheinlichkeiten der einstufigen Ergebnisse entlang des zugehörigen Pfades.

**BEISPIEL:** Wahrscheinlichkeit für das Ereignis „Erst eine rote Karte ziehen, dann eine schwarze".
Man geht vom Startpunkt aus erst zu R, dann zu S. Die Einzelwahrscheinlichkeiten, die einem auf dem Weg begegnen, multipliziert man und erhält so die Gesamtwahrscheinlichkeit für das zweistufige Ergebnis (R, S).

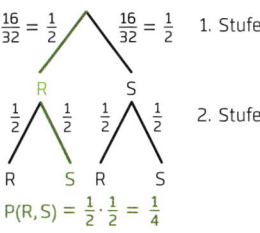

$\frac{16}{32} = \frac{1}{2}$ $\frac{16}{32} = \frac{1}{2}$ 1. Stufe

R S

$\frac{1}{2}$ $\frac{1}{2}$ $\frac{1}{2}$ $\frac{1}{2}$ 2. Stufe

R S R S

$P(R,S) = \frac{1}{2} \cdot \frac{1}{2} = \frac{1}{4}$

### 2. Pfadregel – Summenregel (Berechnung mehrerer Pfade zu gewünschten Ergebnissen)

Die **Wahrscheinlichkeit eines Ereignisses** ist die **Summe** aller Pfadwahrscheinlichkeiten der zugehörigen Ergebnisse.

**BEISPIEL:** Wahrscheinlichkeit für das Ereignis „bei zweimaligem Ziehen eine rote und eine schwarze Karte in beliebiger Reihenfolge ziehen".
Man sucht sich alle dazu passenden Pfade (S, R) und (R, S) und addiert die Wahrscheinlichkeiten.

$\frac{16}{32} = \frac{1}{2}$ $\frac{16}{32} = \frac{1}{2}$ 1. Stufe

R S

$\frac{1}{2}$ $\frac{1}{2}$ $\frac{1}{2}$ $\frac{1}{2}$ 2. Stufe

R S R S

$P(R,S) = \frac{1}{2} \cdot \frac{1}{2} = \frac{1}{4}$

$P(S,R) = \frac{1}{2} \cdot \frac{1}{2} = \frac{1}{4}$

$P(S,R) + P(R,S) = \frac{1}{4} + \frac{1}{4} = \frac{1}{2}$

### Verzweigungsregel

Die **Summe aller Wahrscheinlichkeiten** an den Ästen, die von einem Verzweigungspunkt ausgehen, beträgt **1.**
Von jedem Verzweigungspunkt ausgehend bildet das Baumdiagramm ein Zufallsexperiment ab, dessen Ergebnismenge eine Wahrscheinlichkeit von 100 % aufweist – die Wahrscheinlichkeit dafür, dass eines der möglichen Ergebnisse eintritt, ist 100 %. Zählt man alle Wahrscheinlichkeiten zusammen, die an den Ästen hin zu den nächsten Verzweigungspunkten stehen, muss daher 100 % oder 1 herauskommen. Diese Regel kann man gut zur Kontrolle nutzen.

### Vereinfachte Baumdiagramme

Bei Zufallsexperimenten, die sehr viele mögliche Ergebnisse haben oder aus mehreren Stufen bestehen, kann ein Baumdiagramm schnell unübersichtlich werden. In solchen Fällen kann es sinnvoll sein, das Baumdiagramm auf das Ereignis zu beschränken, das für die aktuelle Rechnung wichtig ist, und alle anderen Ergebnisse als Gegenereignis aufzufassen (s. S. 129).

**BEISPIEL:** Erst eine gerade Zahl würfeln, dann eine 3.

$P(E) = \frac{1}{2} \cdot \frac{1}{6} = \frac{1}{12}$

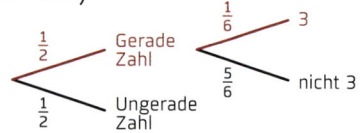

### Baumdiagramm beim „Ziehen ohne Zurücklegen"

Im obigen Beispiel wurde vor dem nächsten Ziehen die gezogene Karte in das Kartenspiel zurückgesteckt (**Ziehen mit Zurücklegen**), sodass auch beim nächsten Zug 32 Karten im Stapel lagen. Beim **Ziehen ohne Zurücklegen** muss darauf geachtet werden, dass sich die Größe der Grundgesamtheit und damit die Wahrscheinlichkeitsverteilung ändert. Dies wird natürlich auch im Baumdiagramm berücksichtigt.

**BEISPIEL:** In einem Korb liegen 13 Socken: 3 rote (R), 6 blaue (B) und 4 grüne (G). Felix nimmt blind zwei Socken heraus. Wie groß ist die Wahrscheinlichkeit, dass beide Socken die gleiche Farbe haben?

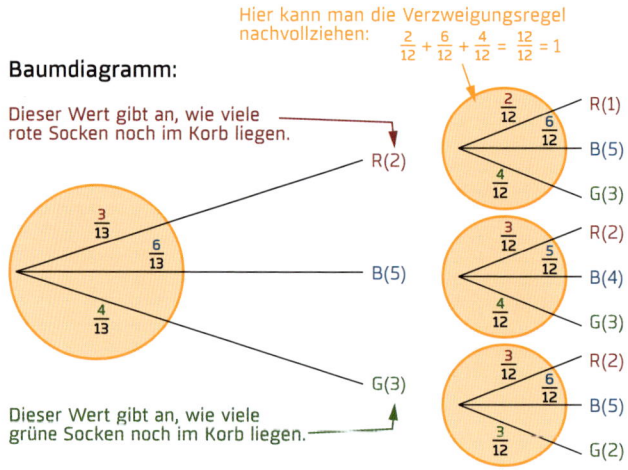

Zum Ereignis „zwei Socken in derselben Farbe" gehören die Pfade (rot, rot), (blau, blau) und (grün, grün).

In der **1. Stufe** sind die Wahrscheinlichkeiten für eine Socke in
rot: $\frac{3}{13}$; blau: $\frac{6}{13}$; grün: $\frac{4}{13}$

Nach dem 1. Zug sind insgesamt 12 Socken vorhanden, davon sind:

2 rote, wenn im 1. Zug eine rote entnommen wurde

⇒ In der **2. Stufe** ist die Wahrscheinlichkeit für eine Socke
in rot dann: $P(R) = \frac{2}{12}$.

5 blaue, wenn im 1. Zug eine blaue entnommen wurde

⇒ In der **2. Stufe** ist dann $P(B) = \frac{5}{12}$.

3 grüne, wenn im 1. Zug eine grüne entnommen wurde

⇒ In der **2. Stufe** ist dann $P(G) = \frac{3}{12}$

**1. Pfadregel:**   Wahrscheinlichkeit für 2 rote Socken:
$$P(R, R) = \frac{3}{13} \cdot \frac{2}{12} \approx 3{,}8\,\%$$

Wahrscheinlichkeit für 2 blaue Socken:
$$P(B, B) = \frac{6}{13} \cdot \frac{5}{12} \approx 19{,}2\,\%$$

Wahrscheinlichkeit für 2 grüne Socken:
$$P(G, G) = \frac{4}{13} \cdot \frac{3}{12} \approx 7{,}7\,\%$$

**2. Pfadregel:**   Wahrscheinlichkeit für 2 Socken derselben Farbe:
$$P(\text{gleiche Farbe}) = P(R, R) + P(B, B) + P(G, G) \approx 30{,}7\,\%$$

---

**PATZER VERMEIDEN!**   *Erhält man Wahrscheinlichkeitswerte, die der Logik widersprechen, sollte man Folgendes prüfen:*

■ *Ergibt die Summe der Wahrscheinlichkeiten innerhalb einer Verzweigung 1 bzw. 100 %? Falls nicht, wurden Werte oder Ereignisse vergessen oder die Wahrscheinlichkeit falsch verteilt.*

■ *Wurde die richtige Pfadregel angewendet? Entlang der Pfade nur multiplizieren (1. Pfadregel), quer zu den Pfaden nur addieren (2. Pfadregel).*

■ *Wurden die Wahrscheinlichkeiten korrekt addiert oder multipliziert?*

■ *Wurden Zweige übersehen, die noch zum Ereignis gehören? (Enthält das Ereignis Wörter wie „erst ... dann"; wird eine feste Reihenfolge verlangt. Ist irgendwo von „mindestens" oder „höchstens" die Rede? usw.)*

# Das Urnenmodell

*Das Ziehen von Kugeln aus einer Urne und das Berechnen der Wahrscheinlichkeiten hierzu ist eine typische stochastische Aufgabe. Man kann daher andere Zufallsversuche in ein Urnenmodell „übersetzen", d.h., man stellt sich Zufallsexperimente als Urnenversuche vor und erhält womöglich einen vereinfachten Zugang zur eigentlichen Aufgabe.*

### Aufbau eines Urnenmodells

Die Urne ist ein fiktives Gefäß, das eine bestimmte Anzahl Kugeln mit bestimmten Eigenschaften enthält, z.B. sind die Kugeln farbig oder nummeriert usw. Man hat also ein Modell für eine Menge an Dingen, die man nicht sieht.

BEISPIEL:    In der Urne sind 10 Kugeln, von denen 2 blau und
8 grün sind. Wie groß ist die Wahrscheinlichkeit
dafür, dass eine blaue Kugel gezogen wird?

Dies könnte als Modell dienen für Aufgaben wie:

a) In einem Raum befinden sich 2 Männer und 8 Frauen. Wie groß ist die Wahrscheinlichkeit, dass zuerst ein Mann aus dem Raum kommt?

b) Eine Verkehrszählung hat ergeben, dass auf einer bestimmten Straße 20% Zweiräder und 80% Pkw unterwegs sind. Wie groß ist die Wahrscheinlichkeit, dass das nächste vorbeikommende Fahrzeug ein Zweirad ist?

Der Inhalt einer Urne ist dabei nicht auf nur zwei unterschiedliche Eigenschaften beschränkt. Je nach Aufgabe wird der Inhalt der Urne gedanklich angepasst.

### Wahrscheinlichkeitsverteilung

Eine Wahrscheinlichkeitsverteilung ist die Aufteilung der Gesamtwahrscheinlichkeit von 100% für alle möglichen Ergebnisse auf die einzelnen Ergebnisse.

BEISPIEL:    Da in der Urne insgesamt 10 Kugeln sind, ist die
Erfolgswahrscheinlichkeit, eine blaue Kugel zu ziehen:
P(blaue Kugel) = $\frac{2}{10}$ = 0,2 = 20%

und die Misserfolgswahrscheinlichkeit, eine grüne Kugel zu ziehen:
Q(grüne Kugel) = $\frac{8}{10}$ = 80%

**Ziehen mit und ohne Zurücklegen**

Werden aus einer Urne mehrere Ziehungen durchgeführt, kann man dies auf zwei verschiedene Arten tun:

**1. Ziehen mit Zurücklegen:**

Nach einer Ziehung wird die Kugel **zurückgelegt,** bevor erneut gezogen wird. In diesem Fall bleibt die Erfolgswahrscheinlichkeit für ein Ereignis für alle Ziehungen gleich, da sich die Anzahl der Gesamtkugeln und die Zahl der „Erfolgskugeln" nicht verändert.

**2. Ziehen ohne Zurücklegen:**

Nach jeder Ziehung wird die gezogene Kugel **einbehalten,** d.h., Gesamtzahl von Kugeln und Wahrscheinlichkeiten ändern sich. Dies muss auch bei der Anfertigung eines Baumdiagramms (s.S.136) berücksichtigt werden, bevor man die Gesamtwahrscheinlichkeit des Ereignisses berechnen kann.

**BEISPIEL:**  Wie wahrscheinlich ist es, dass jedes Mal eine blaue Kugel gezogen wird?

|  | Ziehen mit Zurücklegen | Ziehen ohne Zurücklegen | |
|---|---|---|---|
| **1. Ziehung** | $P(\text{blau}) = \frac{2}{10} = 20\%$ | $P(\text{blau}) = \frac{2}{10} = 20\%$ | |
| **2. Ziehung** | $P(\text{blau}) = \frac{2}{10} = 20\%$, da nach dem Zurücklegen der gezogenen Kugel wieder 2 blaue und 10 Kugeln insgesamt vorhanden sind. | Zuerst wurde blau gezogen: $P(\text{blau}) = \frac{1}{9} \approx 11\%$, da noch 1 blaue Kugel und 9 Kugeln insgesamt vorhanden sind. | Zuerst wurde grün gezogen: $P(\text{blau}) = \frac{2}{9} \approx 22\%$, da noch 2 blaue und 9 Kugeln insgesamt vorhanden sind. |

**PATZER VERMEIDEN!**   *Bei jedem mehrstufigen Zufallsexperiment muss man sich verdeutlichen, ob es sich um ein Ziehen mit oder ohne Zurücklegen handelt, d.h., der Text der Aufgabenstellung muss dementsprechend verstanden und ausgelegt werden. Beim Ziehen ohne Zurücklegen ändert sich grundsätzlich die Wahrscheinlichkeit, mit der man weiterrechnen muss.*

# Bernoulli-Versuch und Bernoulli-Kette

**WOZU EIGENTLICH?**   *Bernoulli-Versuche sind spezielle Zufallsexperimente, die nur zwei möglichen Ausgänge haben, also Erfolg oder Misserfolg. Dieser Form von Zufallsexperimenten begegnet man sehr häufig; zudem lassen sich viele andere Zufallsexperimente auf die Form eines Bernoulli-Experimentes reduzieren, indem man nicht alle möglichen Ergebnisse betrachtet, sondern nur Erfolg und Misserfolg. Hat man den Aufbau von Bernoulli-Versuchen und Bernoulli-Ketten verstanden, lassen sich daher einige Zufallsexperimente vereinfacht betrachten.*

### Bernoulli-Versuch

Ein einstufiges Zufallsexperiment, das genau **zwei** Ausgänge — **Erfolg und Misserfolg** — hat, nennt man Bernoulli-Versuch. Bei nur zwei Ausgängen kommen auch nur zwei Wahrscheinlichkeiten zum Tragen: die Erfolgswahrscheinlichkeit $P(E)$ für das gewünschte Ergebnis und die Misserfolgswahrscheinlichkeit $P(\overline{E})$ für das unerwünschte Ergebnis.

Wenn es keine weiteren Ergebnisse gibt, müssen Erfolgs- und Misserfolgswahrscheinlichkeit in der Summe 1 ergeben und es gilt:

**Erfolgswahrscheinlichkeit:** $P(E)$
**Misserfolgswahrscheinlichkeit:** $P(\overline{E}) = 1 - P(E)$.

Man kann oft auch Versuche mit mehr als zwei Ausgängen auf solche mit nur zwei Ausgängen zurückführen. Will man bspw. eine blaue Kugel aus einer Urne ziehen, die 3 gelbe, 3 rote, 2 grüne und 2 blaue Kugeln enthält, ist der Erfolg wiederum das Ziehen einer blauen Kugel. Als Misserfolg setzt man nun jedoch statt des Ziehens einer grünen Kugel das Ziehen einer nicht blauen Kugel — damit hat man alle anderen Farben als Misserfolg erfasst und hat nur die Ausgänge Erfolg: blau und Misserfolg: nicht blau.

**BEISPIEL:**   Urne mit 3 gelben, 3 roten, 2 grünen und 2 blauen Kugeln
Erfolg E: blaue Kugel ziehen
Misserfolg $\overline{E}$: nicht blaue Kugel ziehen
Wahrscheinlichkeiten:
$P(E) = \frac{2}{10} = 0{,}2 = 20\,\%$
$P(\overline{E}) = 1 - P(E) = 1 - 0{,}2 = 0{,}8 = 80\,\%$

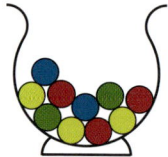

## Bernoulli-Kette

Wird ein Bernoulli-Versuch n-mal wiederholt, ohne dass sich die Wahrscheinlichkeitsverteilung für die einzelnen Wiederholungen (s. S. 140) verändert, spricht man von einer **n-stufigen Bernoulli-Kette** oder einem Bernoulli-Prozess. Das bedeutet aber auch, dass es sich immer nur um Versuche mit Zurücklegen (s. S. 141) handelt, da sich sonst die Versuchsanordnung und damit verbunden die Wahrscheinlichkeiten ändern würden.

Um die Anzahl der unterschiedlichen Erfolgsmöglichkeiten und die Wahrscheinlichkeiten zu berechnen, benötigt man bei Bernoulli-Ketten ein Baumdiagramm (s. S. 136) oder — bei vielen Wiederholungen, wenn ein Baumdiagramm zu groß werden würde — die Binomialkoeffizienten (s. S. 144)

**BEISPIELE:**

| Bernoulli-Kette | Keine Bernoulli-Kette |
|---|---|
| 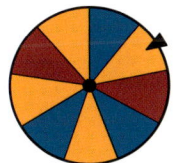 |  |
| Wie groß ist die Wahrscheinlichkeit, bei 5-maligem Drehen genau einmal rot zu erreichen? | Wie groß ist die Wahrscheinlichkeit, beim Ziehen von Karten aus einem 32er-Kartenspiel mindestens einen Buben zu ziehen? |
| Hierbei handelt es sich um eine Bernoulli-Kette, da die erreichten Felder nicht weggenommen werden und es nur zwei Ausgänge gibt: „rot" oder „nicht rot". D. h., Ergebnismenge und Wahrscheinlichkeitsverteilung bleiben bei jeder der 5 Drehungen gleich. | Dieses Zufallsexperiment stellt keine Bernoulli-Kette dar. Zwar gibt es nur zwei mögliche Ausgänge, nämlich Bube oder nicht Bube, aber durch das erste Ziehen verändern sich Gesamtkartenmenge und Erfolgs- sowie Misserfolgswahrscheinlichkeit, je nachdem, welche Karte als Erste gezogen wurde. |

**PATZER VERMEIDEN!** *Um gezielt und vor allem korrekt weiterrechnen zu können, muss entschieden werden, ob es sich um ein Ziehen mit oder ohne Zurücklegen handelt und ob sich damit die Versuchsanordnung verändert.*

# Binomialkoeffizient und Binomialverteilung

*Um bei einem Zufallsexperiment mit Zurücklegen (s. S. 141) zu berechnen, wie groß die Wahrscheinlichkeit ist, bei einer bestimmten Anzahl Stufen eine bestimmte Anzahl Erfolge zu erzielen, kann ein Baumdiagramm schnell sehr aufwendig werden – vor allem bei mehr als zwei Stufen. Mit den Binomialkoeffizienten und der Binomialverteilung gibt es einen einfacheren Weg.*

### Fakultät!

Um Binomialkoeffizienten berechnen zu können, muss man wissen, was sich hinter dem Begriff „Fakultät" verbirgt. Gekennzeichnet wird die Fakultät mit einem einfachen „!" (Ausrufezeichen) und bedeutet nichts anderes, als dass die Zahl vor dem Ausrufezeichen mit jeder ganzen Zahl zwischen 1 und ihr selbst multipliziert wird:
$n! = n \cdot (n-1) \cdot (n-2) \cdot \ldots \cdot 2 \cdot 1$

**BEISPIELE:**  $5! = 5 \cdot 4 \cdot 3 \cdot 2 \cdot 1 = 120$     (gelesen: „5 Fakultät ist gleich 120")
$6! = 6 \cdot 5 \cdot 4 \cdot 3 \cdot 2 \cdot 1 = 720$
$3! = 3 \cdot 2 \cdot 1 = 6$

Vorsicht: „0!" ist definiert als 1 → **0! = 1**

### Berechnung der Binomialkoeffizienten

Der Binomialkoeffizient $\binom{n}{k}$ (gelesen: „n über k") gibt an, wie viele Möglichkeiten es gibt, aus einer Menge von n verschiedenen Objekten k Objekte zu ziehen – ohne Zurücklegen und ohne dass die Reihenfolge der gezogenen Objekte eine Rolle spielt.
Berechnet wird der Binomialkoeffizient mit der Formel:
$\binom{n}{k} = \dfrac{n!}{k! \cdot (n-k)!}$

**BEISPIEL:**  Aus 30 Urlaubsfotos sollen zufällig 5 Fotos zum Aufhängen gezogen werden. Die Reihenfolge spielt dabei keine Rolle, es geht nur um die Anzahl der Kombinationsmöglichkeiten. Wie viele Kombinationsmöglichkeiten von 5 Fotos aus 30 gibt es?

n = 30 Fotos

k = 5 zufällig gezogene Fotos

$$\binom{30}{5} = \frac{30!}{5! \cdot (30 - 5)!} = \frac{30!}{5! \cdot 25!} = \frac{30 \cdot 29 \cdot 28 \cdot ... \cdot 1}{5 \cdot 4 \cdot 3 \cdot 2 \cdot 1 \cdot 25 \cdot 24 \cdot ... \cdot 1} = 142\,506$$

Es gibt 142 506 verschiedene (Kombinations-)Möglichkeiten, zufällig 5 Bilder aus 30 Fotos zu ziehen.

**Binomialkoeffizienten bei der Bernoulli-Kette**

Bei dem oben berechneten Beispiel handelt es sich um ein Ziehen ohne Zurücklegen (man kann nicht 5-mal dasselbe Bild ziehen). Bei einer Bernoulli-Kette ist die Wahrscheinlichkeit für Erfolg bzw. Misserfolg bei jeder Versuchsdurchführung dieselbe, insofern handelt es sich um Ziehen mit Zurücklegen. Aber auch in der Bernoulli-Kette (s. S. 143) findet der Binomialkoeffizient Anwendung — hier gibt der Binomialkoeffizient die Anzahl Möglichkeiten an, bei n Versuchsdurchführungen genau k-mal einen Erfolg zu verbuchen — also die Anzahl der Pfade, die zum Erfolg führen.

Über den Binomialkoeffizienten errechnet man die Zahl aller Möglichkeiten, ohne sie einzeln auflisten zu müssen.

BEISPIEL: An einem Schießstand bezahlt jemand für 5 Schüsse. Wie viele Möglichkeiten gibt es, dass er bei diesen 5 Schüssen genau 4-mal trifft?

Es gibt folgende Möglichkeiten, bei 5 Schüssen 4-mal zu treffen:
1. Treffer, Treffer, Treffer, Treffer, kein Treffer
2. Treffer, Treffer, Treffer, kein Treffer, Treffer
3. Treffer, Treffer, kein Treffer, Treffer, Treffer
4. Treffer, kein Treffer, Treffer, Treffer, Treffer
5. kein Treffer, Treffer, Treffer, Treffer, Treffer

Mit dem Binomialkoeffizienten bestimmt man die Anzahl der Möglichkeiten schneller als durch das Einzelauflisten:

n = 5 (Schüsse); k = 4 (Treffer)

$$\binom{5}{4} = \frac{5!}{4! \cdot (5 - 4)!} = \frac{5!}{4! \cdot 1!} = \frac{5 \cdot 4 \cdot 3 \cdot 2 \cdot 1}{4 \cdot 3 \cdot 2 \cdot 1 \cdot 1} = \frac{120}{24} = 5 \text{ (Möglichkeiten)}$$

Im Beispiel ist das Ergebnis noch überschaubar und lässt sich herleiten. Bei mehr Stufen (Schüssen) oder einer anderen Anzahl von Erfolgen (Treffern) würde es schwierig werden.

## Das pascalsche Dreieck

Das pascalsche Dreieck dient der Herleitung kleiner Binomialkoeffizienten. Die Anfertigung ist recht einfach (wenn auch für größere Koeffizienten zunehmend aufwendiger).

In jeder Reihe stehen Binomialkoeffizienten: Deren obere Zahl gibt an, in der wievielten Reihe man sich befindet (angefangen bei der 0-ten Reihe), die untere Zahl gibt die Position innerhalb der Reihe an (angefangen links mit 0).

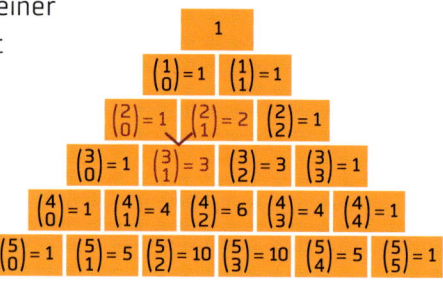

Beispiel: $\binom{3}{1} = 1 + 2 = 3$

Außen stehen als Ergebnisse der Binomialkoeffizienten immer Einsen. Jeder andere Koeffizient lässt sich berechnen, indem man die beiden schräg über ihm stehenden Koeffizienten addiert.

Das pascalsche Dreieck lässt sich beliebig fortführen, wobei sich irgendwann die Frage stellt, ob man nicht doch lieber mit der Formel $\binom{n}{k} = \frac{n!}{k! \cdot (n-k)!}$ rechnet.

## Die Binomialverteilung

Bisher ging es in diesem Kapitel nur um die Anzahl der Möglichkeiten bei einem Zufallsexperiment. Nun interessieren aber die Wahrscheinlichkeiten für diese Möglichkeiten – für deren Berechnung benötigt man die Binomialverteilung.

Anzahl der Möglichkeiten für k Erfolge bei n Wiederholungen

p: Wahrscheinlichkeit für Erfolg in einer einzelnen Versuchsdurchführung

$$B(k; n; p) = P(X = k) = \binom{n}{k} \cdot p^k \cdot (1-p)^{n-k}$$

k: Anzahl der Erfolge bei n Wiederholungen

Wahrscheinlichkeit für einen Pfad mit k Erfolgen

$B(k; n; p) = P(X = k)$: Wahrscheinlichkeit für k Erfolge in einer n-stufigen Bernoulli-Kette

In einer Bernoulli-Kette mit n Versuchswiederholungen und der Erfolgswahrscheinlichkeit p beträgt die Wahrscheinlichkeit für k-mal Erfolg:

$$P(X = k) = \binom{n}{k} \cdot p^k (1-p)^{n-k}$$

p ist die Erfolgswahrscheinlichkeit für eine Versuchsdurchführung; $1 - p = q$ ist die Misserfolgswahrscheinlichkeit für eine Versuchsdurchführung. Statt $P(X = k)$ schreibt man auch kurz: **B(k; n; p).**

Diese Formel gilt allerdings nur, wenn **genau k Erfolge** erzielt werden sollen.
Für eine Höchst- oder Mindestanzahl an Erfolgen muss jedes P für jedes k einzeln berechnet und dann addiert werden. Die Wahrscheinlichkeit P für „höchstens 3 Erfolge" ergibt sich bspw. zu:

$P(X \leq 3) = P(X = 0) + P(X = 1) + P(X = 2) + P(X = 3)$

und die Binomialverteilung muss für alle vier k-Werte berechnet werden.

**BEISPIELE:**   **a)** Der Schütze am Schießstand soll bei 5 Schüssen **genau** 4-mal treffen. Er ist ein erfahrener Schütze, der bisher eine Trefferhäufigkeit von 94 % aufweisen konnte.

$n = 5; k = 4; p = 0{,}94$

$P(X = k) = \binom{n}{k} \cdot p^k(1-p)^{n-k} = \binom{5}{4} \cdot 0{,}94^4(1-0{,}94)^{5-4} \approx 0{,}2342$

Mit einer Wahrscheinlichkeit von 23,42 % trifft er genau 4-mal.

**b)** Da er ein sehr guter Schütze ist, schafft er es sogar, **mindestens** 4-mal zu treffen; also 4-mal oder 5-mal.

$P(X \geq 4) = P(X = 4) + P(X = 5)$

$= 0{,}2342 + \binom{5}{5} \cdot 0{,}94^5(1 - 0{,}94)^{5-5} \approx 0{,}9681$

Mit einer Wahrscheinlichkeit von ca. 97 % trifft er mindestens 4-mal.

Bei der Entscheidung, ob man die Wahrscheinlichkeiten über die Binomialverteilung oder ein Baumdiagramm ermittelt, hilft dieses Schema:

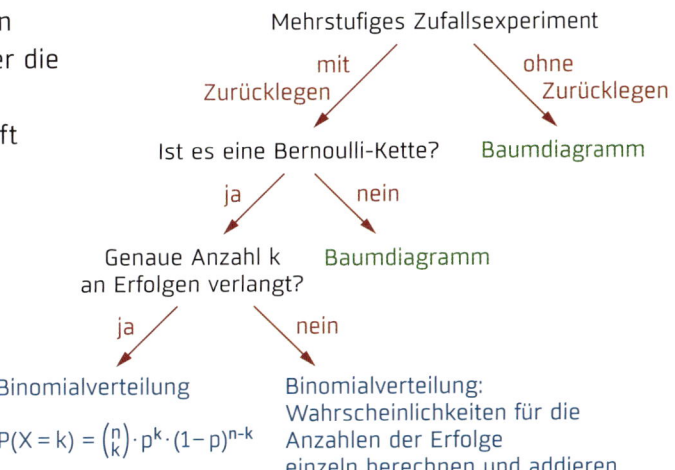

---

**PATZER VERMEIDEN!**   *Die größten Probleme bereitet nicht das Rechnen, wenn man erst einmal verinnerlicht hat, welcher Wert wo eingesetzt werden muss, und auch das Ausrechnen übernimmt in der Regel der Taschenrechner. Vielmehr ist es manchmal schwierig, zu erkennen, um welche Art Zufallsexperiment es sich handelt.*

# Bedingte Wahrscheinlichkeit

**WOZU EIGENTLICH?** *Bei einigen Zufallsexperimenten hängt ein Ereignis von einem zweiten Ereignis ab, das vorher eingetreten sein muss. Man kann also nicht ohne Weiteres eine Wahrscheinlichkeit für das Ereignis berechnen, ohne zu berücksichtigen, welcher Vorgang die Werte vorher beeinflusst hat. In solchen Fällen berechnet man die bedingte Wahrscheinlichkeit.*

### Vierfeldertafel

Aufgabenstellungen zur bedingten Wahrscheinlichkeit stecken voller unterschiedlicher Angaben, die zuerst sortiert werden müssen. Am einfachsten geschieht das mit einer Vierfeldertafel. Dazu legt man eine Tabelle an, in der man die Häufigkeiten von Ereignissen (E) und deren Gegenereignissen ($\overline{E}$) einträgt:

|  | B | $\overline{B}$ | Summe |
|---|---|---|---|
| M |  |  |  |
| $\overline{M}$ |  |  |  |
| Summe |  |  |  |

Die Vorgehensweise wird am besten anhand eines **Beispiels** deutlich:
Ein Hotel hat 86 Zimmer. 32 davon haben Meerblick. Auf diese entfallen 18 der insgesamt 25 Zimmer mit Badewanne.
Es sollen die Wahrscheinlichkeiten für folgende Fälle berechnet werden:
**a)** ein Zimmer mit Badewanne (B) und Meerblick (M) zu bekommen, wenn man blind ein Zimmer bucht → **P(B, M).**
**b)** ein Zimmer mit Badewanne (B) zu bekommen, wenn man ein Zimmer mit Meerblick (M) gebucht hat → **P$_M$(B)** = bedingte Wahrscheinlichkeit für B unter der Bedingung, dass M bereits eingetreten ist.
**c)** ein Zimmer mit Meerblick (M) zu bekommen, wenn man ein Zimmer mit Badewanne (B) gebucht hat → **P$_B$(M)** = bedingte Wahrscheinlichkeit für M unter der Bedingung, dass B bereits eingetreten ist.

Man trägt in die Tabelle zunächst die Werte ein, die man aus der Aufgabenstellung kennt. Dann füllt man die leeren Felder, indem man die Eintragungen mithilfe der bekannten Werte errechnet. So gibt es 25 Zimmer mit Badewanne, 18 davon mit Meerblick → 7 Zimmer haben zwar eine Badewanne, aber keinen Meerblick.

M  = Zimmer mit Meerblick
$\overline{M}$  = Zimmer ohne Meerblick
B  = Zimmer mit Badewanne
$\overline{B}$  = Zimmer ohne Badewanne
MB = beide Bedingungen treffen zu
$\overline{MB}$ = keine der Bedingungen trifft zu

|  | B | $\overline{B}$ | Summe |
|---|---|---|---|
| M | 18 |  | 32 |
| $\overline{M}$ | 25 − 18 = 7 |  |  |
| Summe | 25 |  | 86 |

Die Tabelle füllt sich so nach und nach, bis alle Werte vorhanden sind, die man zum Berechnen der bedingten Wahrscheinlichkeit benötigt.

|  | B | $\overline{B}$ | Summe |
|---|---|---|---|
| M | 18 | 14 | 32 |
| $\overline{M}$ | 7 | 47 | 51 |
| Summe | 25 | 61 | 86 |

**a)** Wahrscheinlichkeit für ein Zimmer mit Badewanne und Meerblick:
Beide Bedingungen erfüllen 18 Zimmer (Kästchen MB) → Anzahl gewünschter Ereignisse = 18; Anzahl möglicher Ereignisse = 86 (alle Zimmer):
$P(M,B) = \frac{18}{86} \approx 20{,}93\%$

**b)** Bedingte Wahrscheinlichkeit für ein Zimmer mit Badewanne, unter der Bedingung, dass es Meerblick hat:
Beide Bedingungen erfüllen wieder 18 Zimmer (Kästchen MB), aber diesmal ist bereits vorgegeben, dass das Zimmer Meerblick hat → Anzahl möglicher Ereignisse = 32 (Anzahl Zimmer mit Meerblick; Summe Zeile M):
$P_M(B) = \frac{18}{32} \approx 56{,}25\%$

**c)** Bedingte Wahrscheinlichkeit für ein Zimmer mit Meerblick, unter der Bedingung, dass es eine Badewanne hat:
Anzahl der Zimmer mit Wanne und Meerblick = 18 (Kästchen MB), bezogen auf die Gesamtzahl der Zimmer mit Wanne = 25 (Summe Spalte B):
$P_B(M) = \frac{18}{25} \approx 72\%$

**PATZER VERMEIDEN!**  *Beim Ermitteln der bedingten Wahrscheinlichkeiten muss man unbedingt die Reihenfolge der aufgeführten Ereignisse beachten — welches Ereignis ist die Bedingung?*
*Die letzte Tabellenzelle (unten rechts) bietet eine Kontrollmöglichkeit — dieser Wert muss die Summe aus Spalten- und Zeilensummen sein.*

# Erwartungswert

**WOZU EIGENTLICH?** *Mit dem Erwartungswert lassen sich (u. a.) durchschnittliche Gewinne berechnen. Insbesondere im Glücksspiel, das in der Stochastik gerne näher betrachtet wird, spielen solche Berechnungen eine wichtige Rolle — anhand des zu erwartenden durchschnittlichen Gewinns kann man abschätzen, ob es sich überhaupt lohnt, an dem Spiel teilzunehmen.*

### Erwartete Gewinne

Gewinnt man bei 2 gewürfelten Sechsen 2 € und in allen anderen Fällen nichts, wird man **im Durchschnitt** pro Wurf weniger als 2 € gewinnen. Um den zu erwartenden durchschnittlichen Gewinn zu berechnen, nutzt man den Erwartungswert. Will man diesen berechnen, braucht man neben **Angaben zur Wahrscheinlichkeit** oder Häufigkeit bestimmter Ereignisse auch **Gewinnangaben,** da man nur so beurteilen kann, ob ein Spiel fair ist oder nicht.

**BEISPIEL:** Beim abgebildeten Spielautomaten beträgt der Einsatz 1 €. Man erhält

**a)** 7 €, wenn im roten Rahmen zwei Herzen stehen bleiben,

**b)** 2 €, wenn zwei andere gleiche Symbole erscheinen,

**c)** nichts in allen anderen Fällen.

**Erfolgswahrscheinlichkeiten** bei insgesamt 25 Kombinationsmöglichkeiten der Symbole:

**a)** Es gibt 1 Möglichkeit für „2-mal Herz":

P(Herz, Herz) = $\frac{1}{25}$

= Wahrscheinlichkeit für 6 € Gewinn, da 1 € eingezahlt werden muss und 7 € ausgezahlt werden.

**b)** Es gibt 4 Möglichkeiten für 2 gleiche Symbole (außer Herz):

P(2 gleiche (außer Herz)) = $\frac{4}{25}$

= Wahrscheinlichkeit für 1 € Gewinn, da 1 € eingezahlt werden muss und 2 € ausgezahlt werden.

**c)** Es bleiben 20 Kombinationen, bei denen man nichts gewinnt:

P(kein Gewinn) = $\frac{20}{25}$

= Wahrscheinlichkeit für 1 € Verlust, da 1 € eingezahlt wird und 0 € ausgezahlt werden.

## Berechnung des Erwartungswertes

Um den durchschnittlichen Gewinn, den **Erwartungswert E(X),** zu errechnen, werden für jedes mögliche Ergebnis die zu erwartenden Gewinne $x_i$ mit den zugehörigen Wahrscheinlichkeiten $P(X = x_i)$ multipliziert und die Produkte addiert:
$$E(X) = x_1 \cdot P(X = x_1) + x_2 \cdot P(X = x_2) + x_3 \cdot P(X = x_3) + \ldots + \cdot x_n \cdot P(X = x_n)$$

**BEISPIEL:**

| Aufgabe | Ereignis | Gewinne | Wahrscheinlichkeiten |
|---------|----------|---------|----------------------|
| a) | 2 Herzen | 6 € | $P(6\,€) = \frac{1}{25}$ |
| b) | 2 andere gleiche Symbole | 1 € | $P(1\,€) = \frac{4}{25}$ |
| c) | alle anderen Kombinationen | −1 € | $P(-1\,€) = \frac{20}{25}$ |

Der Erwartungswert ist dann:
$$E(X) = 6\,€ \cdot \tfrac{1}{25} + 1\,€ \cdot \tfrac{4}{25} + (-1\,€) \cdot \tfrac{20}{25} = -\tfrac{10}{25} = -0,4\,€$$
Im Mittel verliert man bei diesem Glücksspiel 40 ct pro Spiel.

## Interpretation der Ergebnisse

E(X) = 0 bedeutet: Das Spiel ist fair.
E(X) > 0 bedeutet: Der Spieler wird im Durchschnitt mehr gewinnen, als er einsetzt.
E(X) < 0 bedeutet: Der Spieler wird im Durchschnitt mit Verlusten rechnen müssen.

**BEISPIEL:** E(X) = 0,4 < 0 bedeutet, dass man bei diesem Glücksspiel im Durchschnitt mehr verliert, als man einsetzen muss.

**PATZER VERMEIDEN!** *Wichtig ist, dass beim Berechnen des Erwartungswertes a) alle möglichen Ergebnisse bedacht werden und b) auch die Ergebnisse aufgeführt werden, die keinen Gewinn versprechen. Vor dem Bestimmen der Wahrscheinlichkeiten muss man also die gesamte Ergebnismenge durchgehen.*
*Bei Glücksspielen, die einen Einsatz erfordern − unabhängig davon, ob man gewinnt oder verliert −, muss dieser Einsatz vom Gewinn subtrahiert werden, bevor er in den Erwartungswert einfließt.*

# 4

# GEOMETRIE UND TRIGONOMETRIE

# Grundbegriffe der Geometrie

**WOZU EIGENTLICH?** *Geometrie begegnet uns sehr häufig im Alltag. In der Schule versteht man darunter meist alles, was mit Längen, Flächen, Körpern etc. zu tun hat, also grob gesagt, alles, was sich durch Messung mit Längenmaßen bestimmen und errechnen lässt. Außerdem lässt sich mithilfe der Geometrie die Lage von Punkten und Objekten im Raum bestimmen.*

## Grundbegriffe der Geometrie

Das kleinste geometrische Objekt ist der **Punkt.** Ein Punkt kann sowohl ein Ausgangspunkt für eine Erweiterung zu einer anderen geometrischen Figur (zu einer Geraden, einer Strecke, einer Ebene etc.) sein als auch ein Punkt im Koordinatensystem (s. S. 156).

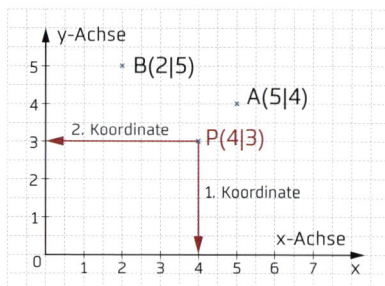

Verbindet man zwei Punkte (z. B. P und Q) miteinander, entsteht eine **Strecke PQ,** die diese beiden Punkte als Anfangs- und Endpunkt hat — so, als würde man von Los Angeles nach Quebec fliegen.

Beginnt man bei einem Punkt und zieht eine Linie durch den zweiten Punkt und über diesen hinaus — besitzt diese Linie also nur einen festen Ausgangspunkt, aber keinen festen Endpunkt — spricht man von einer **Halbgeraden.** Das heißt, man startet in Los Angeles, fliegt aber in gerader Linie über Quebec hinaus. Da die Linie an einem Ende keinen festen Endpunkt hat, ist sie unendlich lang.

Eine Linie, die durch zwei Punkte gezogen wird und an beiden Enden über die Punkte hinausgeht — also weder Anfangs- noch Endpunkt besitzt — nennt man **Gerade.** Diese ist ebenfalls mathematisch gesehen unendlich lang, weil sie weder Anfangs- noch Endpunkt hat. In diesem Fall hätte man Los Angeles und Quebec in einer Linie überflogen.

Halbgeraden und Geraden werden meist mit Kleinbuchstaben bezeichnet, z. B. g, h usw.

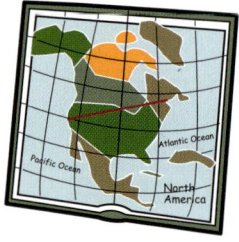 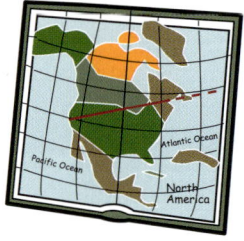 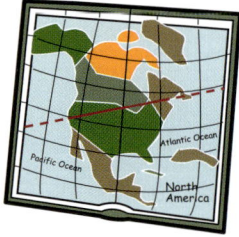

Zeichnet man zwei Geraden, können diese sich entweder in genau einem Punkt S **schneiden** oder so verlaufen, dass sie sich nie berühren (auch dann nicht, wenn man sie fortführen würde). Geraden, die sich nie berühren, sind **parallel** zueinander: **g||h.** Zwei Geraden können auch exakt aufeinanderliegen – sich also in jedem Punkt berühren –, dann sind sie **identisch.**

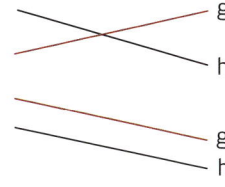

### Parallelen zeichnen mithilfe des Geodreiecks:

Dazu legt man eine der waagrechten Hilfslinien des Geodreiecks auf die zuerst gezeichnete Gerade und zieht eine neue Gerade entlang der Grundseite des Geodreiecks. Soll die Parallele durch einen vorgegebenen Punkt P gehen, verschiebt man das Geodreick parallel, bis seine Grundseite durch den Punkt P verläuft.

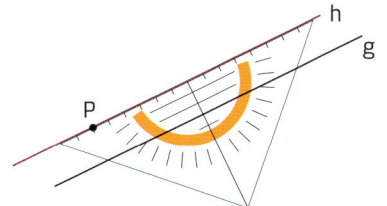

Schneiden sich zwei Geraden in einem Punkt, entstehen dort **Winkel** (s. S. 170). In dem Sonderfall, dass sich die beiden Geraden senkrecht – man sagt auch: **orthogonal** – kreuzen (g ⊥ h), entstehen rechte Winkel, d.h., die Winkelgröße beträgt 90°.

### Senkrechte zeichnen mithilfe des Geodreiecks:

Dazu wird die senkrechte Mittellinie des Geodreicks auf die vorhandene Gerade gelegt und das Geodreieck verschoben, bis die Grundseite den Punkt P berührt. Eine nun an der Grundseite gezogene Gerade ergibt die Senkrechte.

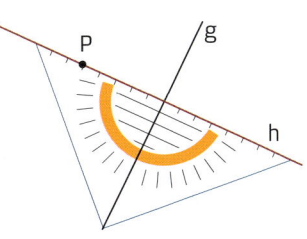

Senkrechte benötigt man z. B., um den Abstand zwischen einem Punkt und einer Geraden oder zwischen zwei Parallelen zu bestimmen.
Eine Senkrechte zur Abstandsbestimmung nennt man **Lot** (zur Geraden).

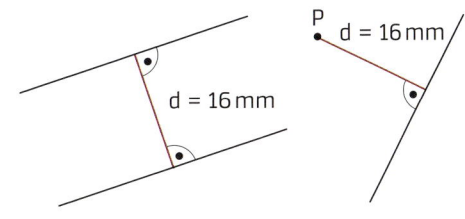

**PATZER VERMEIDEN!**   *Bei geometrischen Konstruktionen kommt es schnell zu Ungenauigkeiten. Deshalb darf man beim Verschieben des Geodreiecks (z. B. entlang einer Geraden) die Hilfslinien nicht aus den Augen lassen. Liegen Parallelen in einem Abstand zueinander, der nicht dem Abstand der Hilfslinien auf dem Geodreieck entspricht, ist gutes Augenmaß erforderlich, um anhand der Hilfslinien abzuschätzen, wann Geraden parallel sind.*

# Das Koordinatensystem

**WOZU EIGENTLICH?** *Koordinatensysteme ermöglichen genaue Ortsangaben und Lagebezeichnungen für Punkte und Objekte. Auch im Alltag haben wir es oft mit Koordinatensystemen zu tun, wie bei Stadtplänen oder Wanderkarten oder bei einem Schachbrett (z.B. steht der schwarze König in der Ausgangsstellung auf den Koordinaten E8). In der Mathematik benötigt man Koordinatensysteme außerdem zum Zeichnen von Graphen (s. S. 77, 93).*

### Aufbau des Koordinatensystems

Eigentlich besteht das **kartesische Koordinatensystem,** das in der Mathematik verwendet wird, aus vier Quadranten. Dies sind die vier Bereiche, die durch die beiden aufeinander senkrecht stehenden Geraden, die **Koordinatenachsen,** entstehen. Die Bezeichnungen der Quadranten ergeben sich, wenn man rechts oben beginnt und dann gegen den Uhrzeigersinn von 1 bis 4 durchzählt.

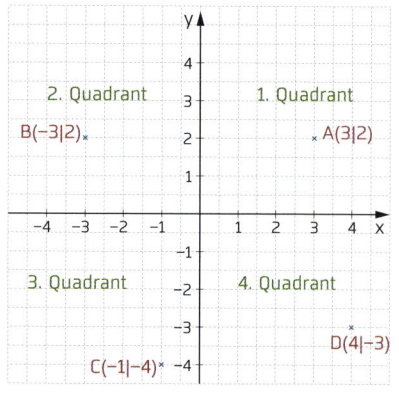

Die beiden Achsen des Koordinatensystems sind die **x-Achse (waagerecht)** und die **y-Achse (senkrecht).** Die Achsen kreuzen sich im **Achsenursprung** (oder kurz: Ursprung), dem Punkt (0|0). Außerdem handelt es sich bei den Achsen um Geraden (s. S. 154), d.h., sie sind unendlich lang und damit jeweils in beide Richtungen beliebig verlängerbar.

Um Punkte in ein Koordinatensystem einzutragen, benötigt man deren **Koordinaten,** die in der Schule meist aus einem **x-Wert** und einem **y-Wert** bestehen. Der x-Wert gibt an, in welche Richtung und wie weit man auf der waagerechten x-Achse entlanglaufen muss; und der y-Wert, in welche Richtung und wie weit man sich von dort aus parallel zur y-Achse bewegen muss, um den angegebenen Punkt zu ermitteln.

Für den Punkt A(3|2) in der Abbildung hieße das, dass man — ausgehend vom Ursprung — 3 Einheiten nach rechts (weil 3 eine positive Zahl ist) und dann 2 Einheiten nach oben (weil 2 eine positive Zahl ist) gehen muss. Um C (−1|−4) einzuzeichnen, bewegt man sich 1 Einheit nach links (weil −1 eine negative Zahl ist) und 4 Einheiten nach unten (ebenfalls weil −4 eine negative Zahl ist).

Die Einheiten sind im Prinzip frei wählbar, man kann bspw. festlegen, dass eine Einheit 5 cm betragen soll. In der Regel legt man sich aber auf 1 cm pro Einheit fest (das entspricht 2 Kästchen auf Karopapier).

Verbindet man mehrere Punkte miteinander, lassen sich auch **Flächen** im Koordinatensystem bestimmen, wie bei dem abgebildeten beliebigen Viereck (s. S. 186).

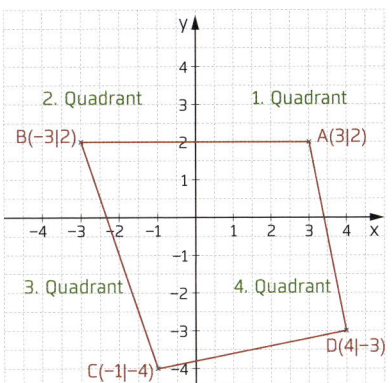

Bis hierher wurde mit dem kartesischen Koordinatensystem ein ebenes Koordinatensystem beschrieben, also eines, das man auf einer Ebene (wie einem Blatt Papier) zeichnen kann. Mit seiner Hilfe lassen sich Punkte, Geraden, Strecken und Halbgeraden sowie ebene Flächen darstellen.

Aber es reicht nicht mehr aus, wenn eine Fläche „im Raum" steht oder man einen Körper darstellen möchte. In solchen Fällen bedient man sich eines dreidimensionalen Koordinatensystems, das zusätzlich zu x- und y-Achse noch eine z-Achse enthält, die die Höhe einer Figur darstellt.

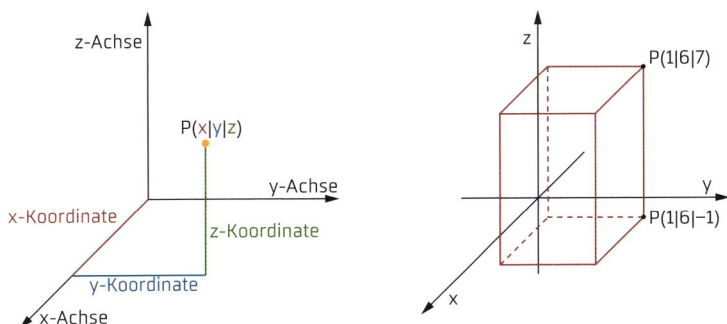

---

**PATZER VERMEIDEN!**  *Beim Einzeichnen in ein Koordinatensystem kann es leicht vorkommen, dass x- und y-Werte vertauscht werden. Hier hilft nur die Routine – üben, bis die „Laufrichtungen" beim Einzeichnen automatisch ohne Nachdenken gezeichnet werden: erst waagerecht, dann senkrecht. Zusätzlich muss man auf negative Vorzeichen achten, da diese die Laufrichtung in ihr Gegenteil verkehren.*

# Verschiebungen, Drehungen und Spiegelungen

*In der Natur und im Alltag treffen wir häufig auf Figuren, die sich in gleicher oder ähnlicher Form wiederholen, z. B. Pflastersteine, Fischschuppen, Dachziegel, Mauerwerk etc. Durch Verschiebungen, Spiegelungen oder Drehungen lassen sich solche Muster leicht zeichnen und erfassen. Auch Körper, die parallele und gleich große Grundflächen haben (Zylinder, Quader, Würfel etc.) lassen sich durch Verschiebungen einfach darstellen.*

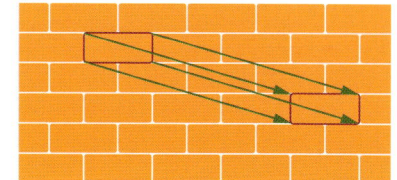

### Kongruente Abbildungen

Durch Verschiebungen, Drehungen und Spiegelungen entstehen **kongruente (deckungsgleiche) Bilder** der ursprünglichen Figur. Deshalb sind Verschiebung, Drehung und Spiegelung auch **kongruente Abbildungen** — sie bilden die Figur auf ein zur Figur kongruentes Bild ab. Das bedeutet: Alle Strecken und Winkel werden genau so abgebildet, wie sie vorher waren. Die Figur wird nicht verändert, lediglich ihre Position verändert sich. Die durch Verschiebung, Drehung oder Spiegelung neu entstandenen Bildpunkte werden zur Kennzeichnung mit einem Strich versehen: Der Bildpunkt zum Punkt A heißt also A'.
Wie die Abbildung zu geschehen hat, beschreibt die Abbildungsvorschrift.

### Verschiebungen

Eine Verschiebungsvorschrift kann durch einen **Verschiebungspfeil** dargestellt werden oder durch einen Text, der die Verschiebungsrichtung und die Länge beschreibt. Um einen Punkt P zu verschieben, wird ein Geodreieck mit der Null auf P gelegt, sodass die Grundseite parallel zum Verschiebungspfeil liegt, und die Länge des Pfeiles in Pfeilrichtung abgetragen.

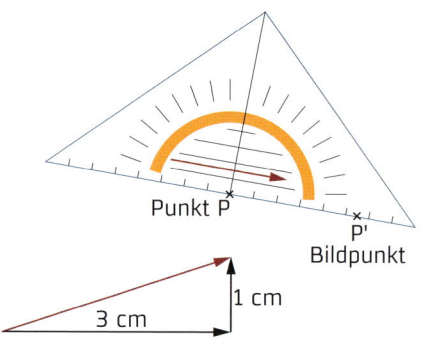

Ist die Verschiebung in Worten gegeben, werden die Schritte der Reihe nach ausgeführt: „Verschiebe den Punkt um 3 cm nach rechts und um 1 cm nach oben."
Es handelt sich also um mehrere nacheinander ausgeführte Verschiebungen.
Die Verschiebungsrichtung ergibt sich automatisch aus den Einzelschritten.

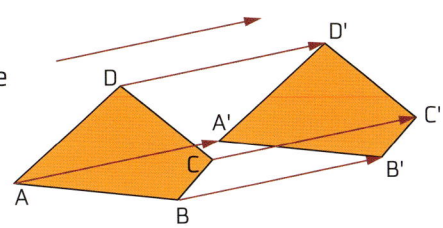

Neben Punkten lassen sich natürlich auch
Strecken (Geraden, Halbgeraden) und komplette
Figuren verschieben. Dabei orientiert man sich
an wichtigen Punkten, z.B. den Endpunkten
einer Strecke oder den Eckpunkten einer
Figur, verschiebt diese und verbindet die
Bildpunkte wieder, sodass sich das Bild der
ursprünglichen Figur ergibt.

So ließe sich auch ein Körper mit parallel liegenden kongruenten Grundflächen
konstruieren, indem man die Grundfläche so verschiebt, dass sich die Deckfläche ergibt – die Verschiebungspfeile wären dann gleichzeitig die Höhe des
Körpers (s. S. 202).

## Verschiebungssymmetrie

Figuren, die durch Verschiebung auf sich selbst
abgebildet werden können, nennt man **verschiebungssymmetrisch.** Verschiebungssymmetrische
**Ornamente** findet man z.B. in Deckenleisten,

Fliesen oder auch als Verzierung an Kleidung und Accessoires. Wichtig ist,
dass eine gleichmäßige Verschiebung erkennbar ist.

## Drehungen

Bei einer Drehung wird die Figur um ein **Drehzentrum Z** mit dem **Drehwinkel α**
gegen den Uhrzeigersinn gedreht.

Um einen Punkt (einer Figur) zu drehen, zeichnet man eine Gerade durch
diesen Punkt und das Drehzentrum. Nun wird der Drehwinkel an dieser Geraden
abgetragen und die Länge der Strecke ZP auf dieser neuen Gerade markiert. Dort
liegt der Bildpunkt P'.

Wird eine komplette Figur gedreht, wiederholt man dieses Vorgehen an jedem
Eckpunkt und verbindet am Ende die Bildpunkte.

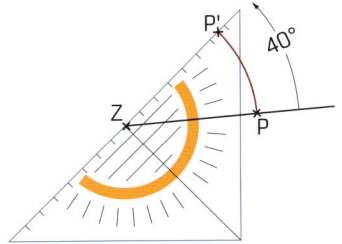

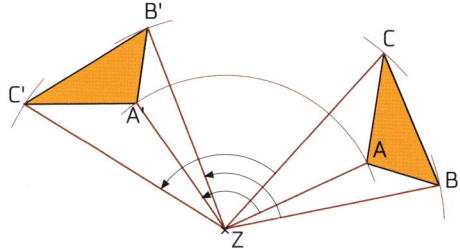

### Drehsymmetrie

Lässt sich eine Figur durch Drehung auf sich selbst abbilden, nennt man sie **drehsymmetrisch.** Drehsymmetrische Figuren haben außerdem die Eigenschaft, dass sie die Drehsymmetrie nicht nur bei einem Drehwinkel, sondern

auch bei dessen Vielfachen aufweisen. Ist eine Figur z. B. bei einem Drehwinkel von 40° drehsymmetrisch, gilt dies auch bei 80°, 120° usw.

### Punktspiegelungen

Eine **Punktspiegelung,** also eine Spiegelung einer Figur an einem Punkt Z, ist nichts anderes als eine **Drehung um 180°** um Z. Z ist damit das Drehzentrum bzw. Spiegelzentrum. Eine solche 180°-Drehung kann ohne umfangreiches Abtragen des Drehwinkels konstruiert werden, indem man das Geodreieck so mit der Null auf das Spiegelzentrum Z legt, dass die Grundseite des Geodreiecks durch den zu spiegelnden Punkt P geht. Der Abstand von Z zu P wird nun auf der anderen Seite der Null

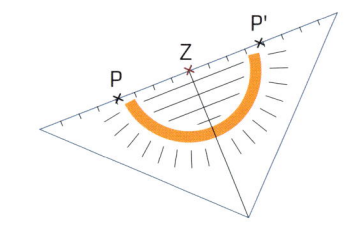

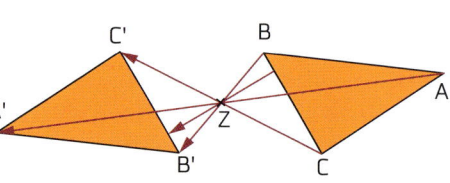

in gleicher Länge abgetragen. Wiederholt man dieses Vorgehen mit allen Eckpunkten einer Figur, entsteht ein „umgedrehtes" kongruentes Bild der ursprünglichen Figur.

Der Spiegelpunkt kann übrigens auch innerhalb der Figur liegen, was aber an der Vorgehensweise bei der Spiegelung nichts ändert.

### Punktsymmetrie

Figuren, die durch eine Punktspiegelung auf sich selbst abgebildet werden können, heißen **punktsymmetrisch.**

Die linke und die rechte Figur sind punktsymmetrisch, die mittlere nicht – sie wird nicht durch Drehung um 180° auf sich selbst überführt. In rot ist jeweils das Drehzentrum eingezeichnet.

## Achsenspiegelungen

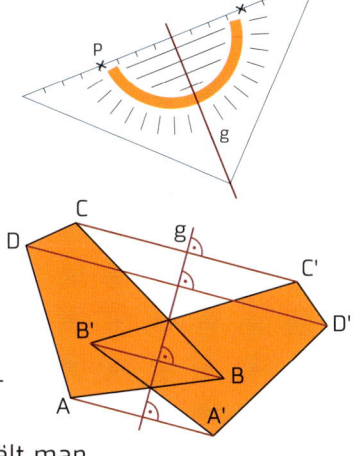

Um Punkte oder komplette Figuren an einer Achse zu spiegeln, nimmt man (gedanklich) das Lot (s. S. 155) vom Punkt bzw. dem zu spiegelnden Eckpunkt auf die Spiegelachse zu Hilfe, da nur dann an einer Achse gespiegelt werden kann, wenn der Abstand zu dieser Achse beachtet wird.

Das Geodreieck wird folglich so angelegt, dass seine senkrechte Mittellinie auf der Spiegelachse g liegt und seine Grundseite durch den Punkt P geht. Nun lässt sich der Abstand des Punktes von der Geraden abmessen und auf der anderen Seite der Null abtragen.

Geht man bei einer Figur mit allen Punkten so um, erhält man das achsengespiegelte Abbild der ursprünglichen Figur.

In der Abbildung liegt die Spiegelachse teilweise innerhalb der Figur, die Vorgehensweise ist jedoch Punkt für Punkt dieselbe.

## Achsensymmetrie

Werden Figuren durch eine Achsenspiegelung auf sich selbst abgebildet, nennt man diese Figuren **achsensymmetrisch.** Dabei können achsensymmetrische Figuren auch mehrere Spiegelachsen aufweisen — wie der abgebildete Stern.

---

**PATZER VERMEIDEN!**   *Der sichere und korrekte Umgang mit dem Geodreieck ist beim Zeichnen der Abbildungen das A und O. Es muss exakt gemessen und das Lot exakt konstruiert werden, weil sonst Abstände ungenau werden. Entstehen Bilder, die nicht zum Original kongruent sind, sollte geprüft werden, bei …*

***Verschiebungen:*** *Wurde das Geodreieck exakt angelegt und wurde mit einer parallelen Hilfslinie auf dem Geodreieck gearbeitet?*

***Drehungen:*** *Wurde das Geodreieck gegen den Uhrzeigersinn gedreht und für alle zu drehenden Punkte derselbe Winkel verwendet?*

***Punktspiegelungen:*** *Wurde genau gemessen; ist die Strecke ZP genauso lang wie die Strecke ZP'?*

***Achsenspiegelungen:*** *Wurde das Lot richtig konstruiert (Mittellinie des Geodreiecks auf die Spiegelachse)?*

# Maßstabsgetreu zeichnen

*Beim Anfertigen von Zeichnungen ist man häufig darauf angewiesen, Gegenstände sinnvoll zu verkleinern, damit sie auf ein Blatt passen, oder aber auch sie zu vergrößern, damit man Feinheiten besser erkennt. Damit die Größenverhältnisse der Einzelheiten erhalten bleiben, verwendet man Maßstäbe.*

### Einen Maßstab wählen

Zuerst wird ein geeigneter Maßstab gesucht. Dafür wählt man am besten das größte der Objekte aus, die man zeichnen möchte, und prüft, wie viel Platz man für die Zeichnung auf dem Papier hat. Ein DIN-A4-Blatt im Querformat ist beispielsweise ca. 30 cm breit und 21 cm hoch. Um die Frontansicht eines Hauses zu zeichnen, das 11 Meter breit und 10 Meter hoch ist, müssen diese Werte zum vorhandenen Platz in ein sinnvolles Verhältnis gesetzt werden:

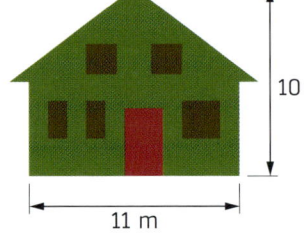

30 cm : 1100 cm
21 cm : 1000 cm

Um nun zeichnen zu können, legt man fest, wie viel Meter 1 cm auf dem Blatt darstellen soll. Dabei hilft der Dreisatz (s. S. 48):

$$:30 \left( \begin{array}{c} 30 \text{ cm} : 1100 \text{ cm} \\ 1 \text{ cm} : 36,67 \text{ cm} \end{array} \right) :30$$

Um das Zeichenblatt nicht zu „sprengen" und einen Rand zu haben, sollte man noch ein wenig abrunden, woraus sich 1 cm : 30 cm ergibt. Da dieser Maßstab auch für die Höhe des Hauses gelten muss, führt man dieselben Schritte auch für deren Werte aus und prüft, ob der vorher gewählte Maßstab unter dem jetzt errechneten Wert liegt, damit die Abbildung auch bzgl. der Höhe auf das Blatt passt.

$$:21 \left( \begin{array}{c} 21 \text{ cm} : 1000 \text{ cm} \\ 1 \text{ cm} : 47,62 \text{ cm} \end{array} \right) :21$$

Der jetzt errechnete Maßstab ergibt jedoch ein kleineres Verhältnis — mit dem zuerst berechneten Maßstab lässt sich das Haus nicht vollständig auf ein Din-A4-Blatt zeichnen; man muss den im zweiten Schritt berechneten verwenden und das Haus im Maßstab 1 : 47,62 — oder (weil besser zu rechnen) im Maßstab 1 : 50 darstellen.

## Maßstabsgetreues Zeichnen

Nun kann man mit der maßstabsgetreuen Zeichnung beginnen, indem man die am Original gemessenen Abstände mithilfe des Maßstabes verkleinert und mit diesen Maßstabswerten zeichnet.

Im Beispiel (Maßstab 1 : 50) sind 50 cm im Original 1 cm in der Zeichnung, 100 cm im Original sind 2 cm in der Zeichnung; das Haus hat in der Zeichnung die Maße 22 cm × 20 cm. Die einzelnen Werte lassen sich mit dem Dreisatz ermitteln.

Beim Vergrößern geht man ähnlich vor — mit dem Unterschied, dass im Maßstabsverhältnis die Originalgröße mit 1 notiert wird und die Größe im Bild mit dem entsprechenden Vergrößerungsfaktor, z. B. 2 : 1, was bedeutet, dass das Bild doppelt so groß ist wie das Original.

20 : 1

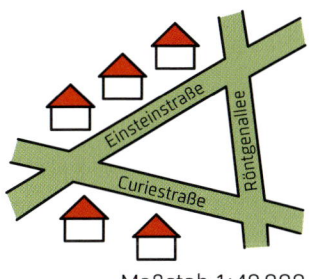

Maßstab 1:40 000

## Wenn der Maßstab bekannt ist

Ist ein Maßstab bereits vorausgesetzt und soll nun eine Originalfigur in diesem Maßstab vergrößert oder verkleinert werden, können die tatsächlichen Längen auch einfach mit dem Maßstab als Faktor k multipliziert werden, um die Länge zu erhalten, die gezeichnet werden muss.

**BEISPIELE:** **a)** Maßstab 1 cm : 30 cm oder $k = 1 : 30 = \frac{1}{30}$:

Ein Fenster des Hauses ist in Wirklichkeit 2,50 m breit

→ 250 cm $\cdot \frac{1}{30} \approx 8{,}3$ cm breit muss es in der Zeichnung sein.

**b)** Maßstab 2 cm : 1 cm oder $k = 2 : 1 = 2$:

Der Körper einer Ameise ist 1,4 cm lang → 1,4 cm $\cdot$ 2 = 2,8 cm lang muss er in der Zeichnung sein.

Dabei gilt:

- ist der Faktor **k > 1,** ist das Bild gegenüber dem Original **vergrößert,**
- ist der Faktor **k < 1,** ist das Bild gegenüber dem Original **verkleinert,**
- ist der Faktor **k = 1,** sind Bild und Original **kongruent** (deckungsgleich).

**PATZER VERMEIDEN!** *Einen Maßstab festzulegen fällt oft schwer, zumal sowohl mögliche Höhe als auch mögliche Breite der Skizze bedacht werden müssen. Anschließend geht es nur noch um exaktes Messen und eine einfache Multiplikation. Dabei muss einem bewusst sein, dass ein Verhältnis, das mit „:" dargestellt ist, auch als Bruch aufgefasst werden kann.*

# Zentrisches Strecken

*Zentrisches Strecken ermöglicht das Vergrößern oder Verkleinern von bereits gezeichneten Figuren, ohne dass eine Maßstabsangabe notwendig ist. Zentrische Streckungen helfen auch beim perspektivischen Zeichnen gleichmäßiger Körper.*

### Zentrische Streckung mit positivem Streckfaktor k > 0

Hat man eine Originalfigur, die um einen Faktor k zentrisch gestreckt (vergrößert oder verkleinert) werden soll, geht man von einem **Streckzentrum S** aus und verbindet zuerst die Eckpunkte der Figur mit dem Streckzentrum, also dem Punkt S. Nun misst man die Länge einer dieser Strecken und verlängert sie um das k-Fache. Am Endpunkt der so entstandenen neuen Strecke liegt der Bildpunkt. Streckzentrum S, Originalpunkt P und Bildpunkt P' liegen also auf einer gemeinsamen Strecke.

Es empfiehlt sich, jeden konstruierten Bildpunkt sofort zu beschriften, bevor man den nächsten ermittelt, um spätere Verwechslungen zu vermeiden.

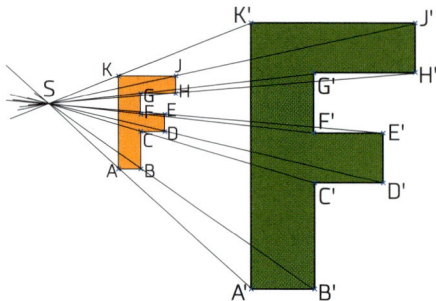

Um die gelbe Figur („F") um den Streckfaktor 3 zu vergrößern, werden die Strecken SA, SB, SC usw. auf das Dreifache verlängert, d.h. SA' = 3 · SA; SB' = 3 · SB usw.

Wie beim maßstabsgetreuen Zeichnen (s. S.162) gilt auch hier:
- ist der Faktor **k > 1,** ist das Bild gegenüber dem Original **vergrößert,**
- ist der Faktor **k < 1,** ist das Bild gegenüber dem Original **verkleinert,**
- ist der Faktor **k = 1,** sind Bild und Original **kongruent** (**deckungsgleich**).

**Zentrische Streckung mit negativem Streckfaktor k < 0**

Ist der Streckfaktor negativ, wird die Originalfigur auf die **gegenüberliegende Seite**
des Streckzentrums abgebildet. Es handelt
sich demnach um Punktspiegelung (s. S. 160)
und zentrische Streckung in einem. Auch

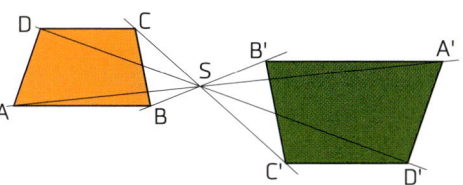

hier wird die Länge der Strecke zwischen Streckpunkt und Originalpunkt gemessen und mit k multipliziert — das Produkt wird nun aber wegen des negativen
Streckfaktors auf der anderen Seite des Streckzentrums abgetragen.
Streckzentrum S, Originalpunkt P und Bildpunkt P' liegen wieder auf einer gemeinsamen Strecke, nur dass diesmal P und P' Anfangs- und Endpunkt bilden.

Hierbei gilt:
- ist **|k| > 1,** ist das Bild gegenüber dem Original **vergrößert,**
- ist **|k| < 1,** ist das Bild gegenüber dem Original **verkleinert,**
- ist **|k| = 1,** sind Bild und Original **kongruent** (**deckungsgleich**).

(|k| = Betrag von k; „Betrag" einer Zahl, s. S. 13)

**Ähnlichkeit**

Ist |k| = 1, erhält man immer kongruente Figuren. Für andere Werte des Streck-
faktors k bleiben durch zentrisches Strecken zwar die Winkelgrößen und Längen-
verhältnisse automatisch erhalten, die Kantenlängen der Figuren verändern sich
aber. In einem solchen Fall — also bei gleichen Winkeln und Längenverhältnissen,
aber unterschiedlichen absoluten Längen — sagt man: Bild und Original sind
einander **ähnlich.**
Abbildungen, die ein Original auf ein ähnliches Bild abbilden wie die zentrische
Streckung, heißen **Ähnlichkeitsabbildungen.**
Auch beim maßstabsgetreuen Zeichnen erhält man ein (im mathematischen Sinn)
ähnliches Bild des Originals.

---

**PATZER VERMEIDEN!**    *Ergibt sich beim zentrischen Strecken einer Figur eine nicht
ähnliche Figur, kann das nur drei Gründe haben:*
- *Verrechnen beim Multiplizieren mit dem Streckfaktor k,*
- *falsche Verbindung der Bildpunkte,*
- *versehentliches Verschieben beim Verlängern der Strecken durch S.*

# Strahlensätze

**WOZU EIGENTLICH?** *Mithilfe der Strahlensätze lassen sich Entfernungen und Streckenlängen bestimmen, und zwar sowohl vertikal (Höhe) als auch horizontal (Länge oder Breite). Man umgeht so umständliche Messungen – die manchmal gar nicht möglich sind, weil die Abstände zu groß oder das Gelände zu ungünstig sind.*

### Die Grundsituation

Die **Strahlensätze** kann man immer dann anwenden, wenn man folgende Situation hat: Zwei Strahlen ($g_A$ und $g_B$ in der Abbildung) schneiden sich in einem Punkt S. Diese beiden Strahlen wiederum werden von zwei parallelen Geraden ($g_1$ und $g_2$ in der Abbildung) geschnitten.

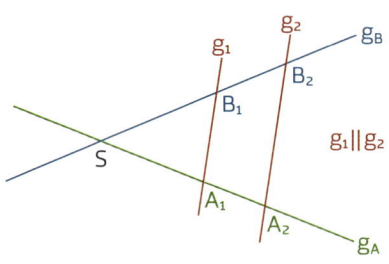

Dies ist die Ausgangssituation.
Die Strahlen werden also durch die Parallelen in kleinere Abschnitte unterteilt.
Für die Strahlenabschnitte bzw. deren Verhältnisse zueinander lassen sich Gesetz- und Regelmäßigkeiten aufstellen.

### 1. Strahlensatz

Hat man die oben beschriebene Situation, gilt für das Verhältnis der Abschnitte auf den Geraden $g_A$ und $g_B$:

$$\frac{\overline{SA_2}}{\overline{SA_1}} = \frac{\overline{SB_2}}{\overline{SB_1}} \quad \text{und} \quad \frac{\overline{A_1A_2}}{\overline{SA_1}} = \frac{\overline{B_1B_2}}{\overline{SB_1}}$$

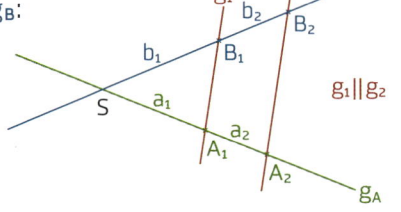

Anders ausgedrückt:

$$\frac{a_1 + a_2}{a_1} = \frac{b_1 + b_2}{b_1} \quad \text{und} \quad \frac{a_2}{a_1} = \frac{b_2}{b_1}$$

In Worten ausgedrückt lässt sich das Ganze leichter merken:

$$\frac{\text{gesamter Abschnitt}}{\text{Teilabschnitt}} \text{ von } g_A = \frac{\text{gesamter Abschnitt}}{\text{Teilabschnitt}} \text{ von } g_B$$

Bei der Anwendung der Strahlensätze darf man nur **einander entsprechende Abschnitte** verwenden: Nimmt man von der ersten Geraden den ersten Abschnitt, muss man auch von der zweiten Geraden den ersten Abschnitt verwenden.

## 2. Strahlensatz

Unter den oben genannten Voraussetzungen gilt für das Verhältnis der Abschnitte der Parallelen $g_1$ und $g_2$ zu den Abschnitten auf den Geraden $g_A$ und $g_B$:

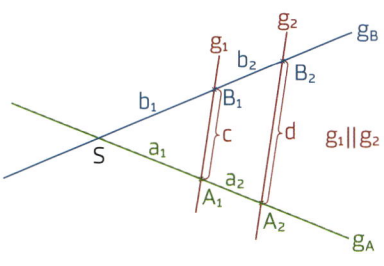

$$\frac{\overline{A_2B_2}}{\overline{A_1B_1}} = \frac{\overline{SA_2}}{\overline{SA_1}} \text{ und } \frac{\overline{A_2B_2}}{\overline{A_1B_1}} = \frac{\overline{SB_2}}{\overline{SB_1}}$$

Anders ausgedrückt:

$$\frac{d}{c} = \frac{a_1 + a_2}{a_1} \text{ und } \frac{d}{c} = \frac{b_1 + b_2}{b_1}$$

Auch das lässt sich in Worten leichter merken:

$$\frac{\text{Parallelenabschnitt von } g_2}{\text{Parallelenabschnitt von } g_1}$$

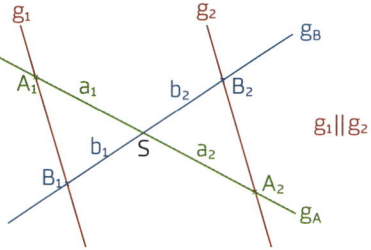

$$= \frac{\text{Strecke bis zur Parallelen } g_2}{\text{Strecke bis zur Parallelen } g_1} \text{ auf } g_A \text{ bzw. auf } g_B$$

Beide Strahlensätze gelten übrigens auch, wenn die Parallelen auf unterschiedlichen Seiten von S liegen.

## Umkehrsätze zum 1. Strahlensatz

Die Aussage „Wenn sich $g_a$ und $g_b$ schneiden und beide von zwei Parallelen $g_1$ und $g_2$ geschnitten werden, gilt der 1. Strahlensatz." lässt sich auch umkehren, und zwar auf 2 Arten:

**1. Umkehrsatz:** Wenn in einer Situation wie in der Abbildung oben der 1. Strahlensatz gilt, d.h., wenn also gilt:

$$\frac{a_1 + a_2}{a_1} = \frac{b_1 + b_2}{b_1} \text{ oder } \frac{a_2}{a_1} = \frac{b_2}{b_1}$$

und $g_a$ und $g_b$ einen gemeinsamen Schnittpunkt haben, dann sind zwei durchlaufende Geraden $g_1$ und $g_2$ automatisch parallel zueinander.

**2. Umkehrsatz:** Wenn der 1. Strahlensatz gilt, wenn also gilt:

$$\frac{a_1 + a_2}{a_1} = \frac{b_1 + b_2}{b_1} \text{ oder } \frac{a_2}{a_1} = \frac{b_2}{b_1}$$

und $g_1$ und $g_2$ parallel zueinander sind, dann haben $g_a$ und $g_b$ einen Schnittpunkt.

**Der 2. Strahlensatz lässt sich nicht umkehren!**

### Berechnungen mit den Strahlensätzen

**BEISPIELE:**   **a)** Unbekannte Höhe ermitteln
Ein 1,80 Meter großer Mann betrachtet einen Baum, welcher einen 8 Meter langen Schatten wirft. Der Schatten des Mannes ist 1,60 Meter lang. Allein mit diesen Angaben lässt sich die Höhe des Baumes berechnen:

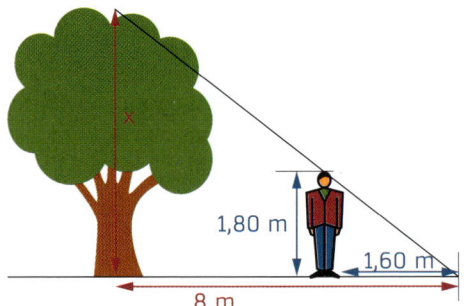

Zuerst ermittelt man zwei Geraden, die entweder von einem gemeinsamen Punkt S ausgehen oder sich in einem Punkt S schneiden. Im Beispiel bietet sich der Punkt an, in dem die beiden Schatten enden, denn dort treffen Schattenende und Sonnenstrahlen aufeinander – Schatten und Sonnenstrahl bilden also die beiden Strahlen.
Nun braucht man noch zwei Parallelen, die diese Geraden schneiden. Das sind der Baum und der Mann. Dann setzt man die Größen der Schatten und des Mannes in einen geeigneten Strahlensatz ein – in diesem Fall ist dies der 2. Strahlensatz, denn mit der Größe des Mannes ist ein Parallelenabschnitt bekannt. Zu berechnen ist der 2. Parallelenabschnitt, die Größe des Baumes:

$$\frac{1,6 \text{ m}}{1,8 \text{ m}} = \frac{8 \text{ m}}{x} \implies x = \frac{8 \text{ m} \cdot 1,8 \text{ m}}{1,6 \text{ m}} = 9 \text{ m}$$

Der Baum ist 9 Meter hoch.

**b)** Parallelität prüfen
Zu ermitteln ist, ob die beiden Geraden a und b parallel zueinander sind. Dies prüft man über den 1. Umkehrsatz – d.h., man prüft, ob der 1. Strahlensatz gilt:

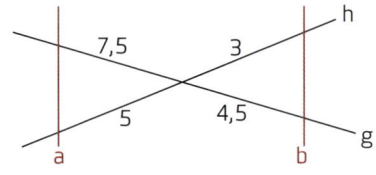

$$\frac{7,5}{4,5} = \frac{5}{3}$$

Dies ist erfüllt. Da außerdem g und h einander schneiden, müssen a und b parallel zueinander sein.

### Eine Strecke vervielfachen

Eine vorgegebene Strecke AB soll vervielfacht werden, sodass das n-Fache (Zweifache, Dreifache, Vierfache etc.) der Strecke entsteht.

**1.** Dazu verlängert man die Strecke zuerst beliebig.

**2.** Danach zeichnet man von A ausgehend eine beliebige Halbgerade und unterteilt diese in n gleich große Teilstrecken (die gewählte Länge einer solchen Teilstrecke ist beliebig, es müssen nur alle gleich lang sein).

**3.** Vom ersten Teilstrecken-Endpunkt ausgehend, zieht man dann eine Strecke bis B.

**4.** Legt man nun weitere dazu parallele Strecken an, die jeweils von einem Teilstrecken-Endpunkt ausgehen, hat man die Voraussetzungen für die Anwendung der Strahlensätze geschaffen. Denn nun enden die Parallelen jeweils bei einem Vielfachen von AB.

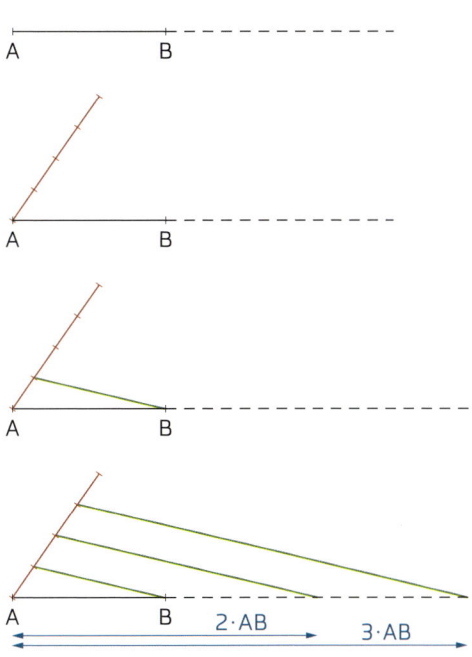

*Das größte Problem bei der Anwendung der Strahlensätze ist, überhaupt zu erkennen, dass sich die Verwendung dieser Regeln anbietet. Oft muss man sich mit (parallelen oder sich schneidenden) Hilfsgeraden behelfen, um erst einmal die Voraussetzungen für die Anwendung der Strahlensätze zu schaffen.*
*Bei der Anwendung vermeidet man Fehler, indem man darauf achtet, dass immer einander entsprechende Strecken „auf gleicher Höhe" der Brüche rechts und links vom Gleichheitszeichen stehen – also „Zähler-Zähler" oder „Nenner-Nenner".*
*Am besten sorgt man schon beim Aufstellen der Formel dafür, dass die gesuchte Strecke in einem der Zähler steht. So lässt sich die Formel einfacher umstellen.*

# Winkel, Winkelbeziehungen und Winkelgesetze

**WOZU EIGENTLICH?**   *Winkel bilden eine Grundlage für alles, was mit Geometrie zu tun hat. Ohne das Verständnis für Winkel und wie sie zusammenhängen und einander beeinflussen, kann Geometrie an sich nicht behandelt werden. Die Beziehungen zwischen Winkeln helfen in höheren Jahrgangsstufen unter anderem auch bei der Berechnung von Seitenlängen und bei Konstruktionen. Das Wissen über Winkel ist in jedem Handwerksbauberuf und Ingenieurwesen unumgänglich.*

### Winkel

Gebildet werden Winkel aus zwei aufeinandertreffenden Strahlen, die die **Schenkel** des Winkels bilden. Diese laufen im **Scheitelpunkt S** des Winkels zusammen. Winkel werden in der Regel mit **Buchstaben des griechischen Alphabets** ($\alpha$, $\beta$, $\gamma$, $\delta$ usw.) bezeichnet. Manchmal verwendet man als Bezeichnung auch eine Kombination aus der Bezeichnung eines Punktes auf dem ersten Schenkel, dem Scheitelpunkt und eines Punktes auf dem zweiten Schenkel ($\sphericalangle$ASB), **entgegen dem Uhrzeigersinn.**

Man unterscheidet zwischen:

**a) spitzen Winkeln,** die kleiner als 90° sind,

**b)** dem **rechten Winkel,** dessen Größe genau 90° beträgt,

**c) stumpfen Winkeln** mit einer Größe zwischen 90° und 180°,

**d)** dem **gestreckten Winkel,** der genau 180° beträgt,

**e) überstumpfen Winkeln** mit einer Größe zwischen 180° und 360°

**f)** und dem **Vollwinkel,** der eine volle Umdrehung darstellt, also 360° beträgt.

---
α

Nullwinkel ($\alpha = 0°$)

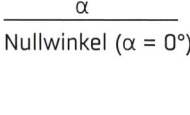

spitzer Winkel
($\beta < 90°$)

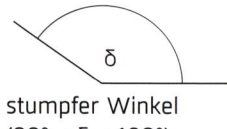

stumpfer Winkel
($90° < \delta < 180°$)

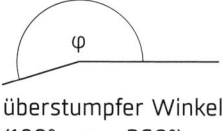

überstumpfer Winkel
($180° < \varphi < 360°$)

rechter Winkel
($\gamma = 90°$)

gestreckter Winkel
($\varepsilon = 90°$)

Vollwinkel
($\eta = 360°$)

## Winkel messen und zeichnen

Um einen Winkel zu **messen,** wird der Nullpunkt des Geodreiecks so auf den Scheitelpunkt gelegt, dass die Grundkante des Geodreiecks auf einem Schenkel liegt und der zweite Schenkel „durch das Geodreieck" verläuft. Nun lässt sich die Größe des Winkels auf der Skala des Geodreiecks **entgegen dem Uhrzeigersinn** ablesen.

Die Reihenfolge beim **Zeichnen** ist analog: Man markiert am Nullpunkt des Geodreiecks den Scheitelpunkt S und zieht den ersten Schenkel entlang der Grundkante. Nun bewegt man sich von diesem ersten Schenkel aus entgegen dem Uhrzeigersinn über die Skala auf dem Geodreieck, bis man auf die gewünschte Winkelgröße trifft, und markiert an dieser Stelle einen Punkt, durch den der zweite Schenkel laufen muss. Der zweite Schenkel kann jetzt problemlos vom Scheitelpunkt S durch diesen Punkt gezogen werden.

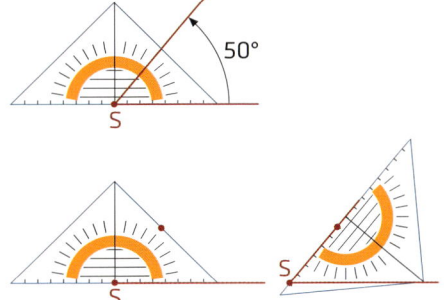

## Winkelbeziehungen

Eine gerade Linie kann als gestreckter Winkel (180°) aufgefasst werden, wenn man einen Scheitelpunkt einzeichnet. Daraus wird auch deutlich, dass zu jedem Winkel ein so genannter **Ergänzungswinkel** gehört, wobei die Summe beider Winkel 180° ergibt.

Ähnliches gilt für den rechten Winkel (90°): Zu jedem spitzen Winkel gehört ein **Komplementärwinkel,** und die Summe dieser beiden Winkel ergibt 90°.

Auf gleiche Weise lässt sich auch jeder Vollwinkel (360°) in mehrere kleinere Winkel zerlegen, die zusammengenommen diesen Vollwinkel, also eine volle Umdrehung ergeben.

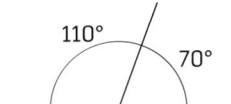 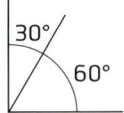 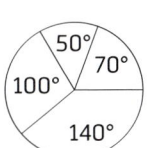

## Winkelsummen in geometrischen Figuren

Abhängig von der Anzahl der Ecken einer Fläche haben die Innenwinkel eines Vielecks eine bestimmte Winkelsumme.

In einem **Dreieck** beträgt die Summe der Größen aller Innenwinkel 180°, in einem Viereck 360°, in einem Fünfeck 540° usw.

Die **Winkelsumme der Innenwinkel** eines Vielecks berechnet sich folgendermaßen: $(n − 2) \cdot 180°$, wobei n die Anzahl der Ecken der Figur ist.

Das bedeutet aber auch, dass, wenn man die Größe eines Winkels verändert, sich automatisch mindestens ein weiterer Winkel innerhalb der Figur verändern muss, denn die Winkelsumme bleibt immer gleich.

spitzwinklig

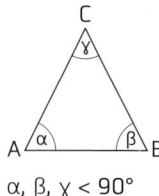

$\alpha, \beta, \gamma < 90°$

rechtwinklig

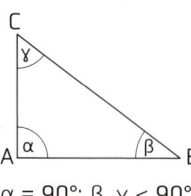

$\alpha = 90°; \beta, \gamma < 90°$

stumpfwinklig

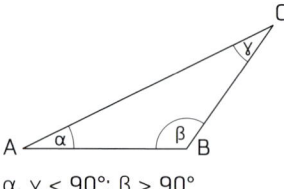

$\alpha, \gamma < 90°; \beta > 90°$

## Winkel aus anderen Winkelangaben berechnen

Das Wissen über Komplementär- und Ergänzungswinkel sowie Winkelsumme kann z. B. bei der Dreiecksberechnung nützlich sein. Verlängert man bspw. eine Seite eines Dreiecks, kann man mithilfe der Innenwinkel die Außenwinkel bestimmen. Die Ergänzungs- oder die Komplementärwinkel werden mit $\alpha'$, $\beta'$ usw. bezeichnet, um den Zusammenhang mit dem eigentlichen Winkel aufzuzeigen.

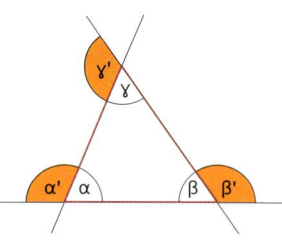

Ebenso kann man mithilfe der Winkelsumme von zwei Winkeln eines Dreiecks auf die Größe des dritten Winkels schließen — weil die Summe aller drei Winkel 180° ergeben muss. **$\alpha + \beta + \gamma = 180°$ (Winkelsumme im Dreieck)**

**BEISPIEL:** In einem Dreieck betragen die Winkel:
$\alpha = 70°$ und $\beta = 45°$.
Wie groß ist der Winkel $\gamma$?
Alle drei Winkel zusammen ergeben 180°;
also ist:
$\gamma = 180° − \alpha − \beta = 180° − 70° − 45° = 65°$
$\Rightarrow \gamma = 65°$

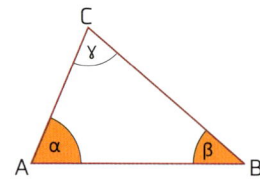

## Winkelgesetze

Schneiden sich zwei Geraden, ergeben sich vier
Winkel, die miteinander in Beziehung stehen.
Gegenüberliegende Winkel nennt man **Scheitel-
winkel,** nebeneinanderliegende Winkel heißen
**Nebenwinkel.**

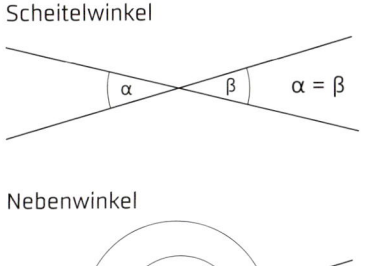

Scheitelwinkel

$\alpha = \beta$

Dabei gilt für diese Winkel:

- **Scheitelwinkel** sind **gleich groß.**
- **Nebenwinkel** ergeben zusammen **180°,** da sie
  auf einer Geraden liegen (Ergänzungswinkel,
  s. S. 171).

Nebenwinkel

$\alpha + \beta = 180°$

Kreuzen zwei parallele Geraden eine dritte Gerade, gelten zum einen dieselben
Regeln wie oben. Aufgrund der Parallelität der beiden Geraden ergeben sich jedoch
zum anderen weitere Gesetzmäßigkeiten: Die vier Winkel der einen Kreuzung sind
genauso groß wie die entsprechenden vier Winkel der zweiten Kreuzung.

Man erhält folgende Winkel:

- **Stufenwinkel** liegen auf einer Geraden und
  sind angeordnet wie Stufen einer Treppe, siehe
  z. B. $\alpha$ und $\beta$. Stufenwinkel sind **gleich groß.**

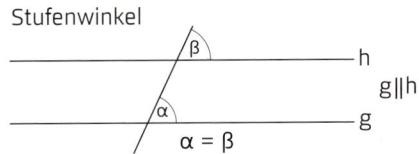

Stufenwinkel

$g \| h$

$\alpha = \beta$

- **Wechselwinkel** liegen sich an einer Geraden
  schräg gegenüber. Sie „wechseln" sozusagen
  die Seite der Gerade. Auch Wechselwinkel
  sind **gleich groß** (das ergibt sich aus der
  Kombination von Scheitelwinkel und Stufen-
  winkel). In der Abbildung sind $\alpha$ und $\beta$ sowie $\delta$
  und $\gamma$ jeweils Wechselwinkel.

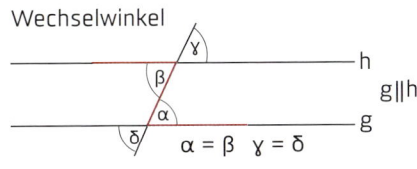

Wechselwinkel

$g \| h$

$\alpha = \beta \quad \gamma = \delta$

---

**PATZER VERMEIDEN!**   *Die korrekten Bezeichnungen werden schnell unüber-
sichtlich. Ist man aber mit dem Begriff „Scheitel" vertraut, lassen sich die anderen
Bezeichnungen und Winkelgesetze herleiten.
Probleme beim Zeichnen und Messen von Winkeln ergeben sich häufig daraus, dass
man sich wegen der beiden **Skalen auf dem Geodreieck** am falschen Wert orientiert.
Hierbei hilft es, sich zuerst zu fragen, welche Winkelart vorliegt (spitz oder stumpf).
Soll man z. B. einen 55°-Winkel zeichnen und weiß, dass dieser Winkel spitz ist, kann
man sich unmöglich für die „falsche" 55 auf dem Geodreieck entscheiden, weil der
Winkel sonst gezwungenermaßen stumpf werden würde.*

# Dreiecke

*Das Dreieck ist die einfachste geometrische Fläche, die aus Ecken und geraden Seiten besteht. Mit Dreiecken kann man alle beliebigen Figuren auslegen (und berechnen), die ebenfalls aus Ecken und geraden Seiten bestehen.*

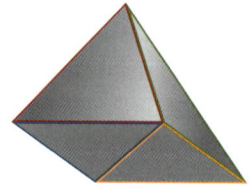

### Aufbau eines Dreiecks

Ein Dreieck besteht aus drei Seiten (Schenkeln) und drei Ecken, an denen eben diese Schenkel zusammenlaufen. In den Ecken befinden sich innerhalb des Dreiecks die drei Innenwinkel, deren Größen in der Summe 180° ergeben (s. S. 172).

Man unterscheidet zwischen
a) **spitzwinkligen Dreiecken,** bei denen alle drei Winkel spitz sind (s. S. 170);
b) **rechtwinkligen Dreiecken,** bei denen ein Winkel ein rechter ist (s. S. 170);
c) **stumpfwinkligen Dreiecken,** bei denen ein Winkel stumpf ist (s. S. 170).

Andere Dreiecksarten sind nicht möglich – was man auch daran erkennt, dass dann die Winkelsumme nicht 180° ergeben könnte.

spitzwinklig               rechtwinklig                    stumpfwinklig

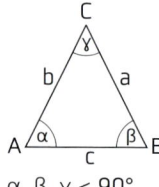

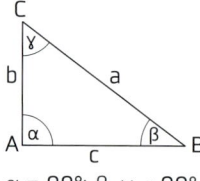

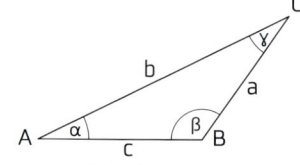

$\alpha, \beta, \gamma < 90°$          $\alpha = 90°; \beta, \gamma < 90°$          $\alpha, \gamma < 90°; \beta > 90°$

Bezeichnet werden Ecken und Winkel von Dreiecken grundsätzlich entgegen dem Uhrzeigersinn, und zwar die Seiten mit Kleinbuchstaben, die Ecken mit Großbuchstaben und die Winkel mit griechischen Buchstaben, wobei die Eckpunkte und Winkel den entsprechend bezeichneten Seiten gegenüberliegen: Die Seite a liegt also gegenüber der Ecke A und dem Winkel $\alpha$; die Seite b liegt gegenüber der Ecke B und dem Winkel $\beta$.

## Besondere Dreiecke

Neben den rechtwinkligen Dreiecken, denen man im Alltag häufig begegnet (z. B. weil die meisten Bauten im rechten Winkel zum Boden gebaut werden), gibt es zwei weitere auffällige Dreiecke, die besondere Eigenschaften aufweisen:

a) das **gleichschenklige Dreieck,** bei dem (mindestens) zwei Seiten gleich lang sind. Diese beiden gleich langen Seiten nennt man Schenkel, die dritte Seite heißt Basis. Eine Besonderheit dieses Dreiecks ist außerdem, dass die beiden Winkel, die nicht von den gleich langen Schenkeln umschlossen werden, gleich groß sind. Da diese Winkel an den Eckpunkten der Basis liegen, heißen sie Basiswinkel.

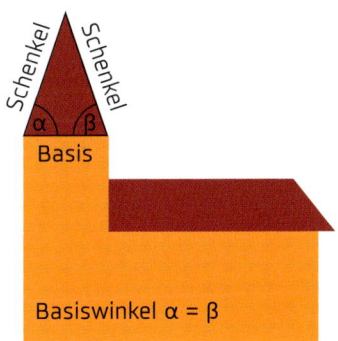

b) das **gleichseitige Dreieck,** bei dem alle drei Seiten gleich lang sind. Aus dieser Besonderheit ergibt sich automatisch, dass auch alle drei Innenwinkel gleich groß sind, nämlich 60° (da nur dann die Winkelsumme 180° ergeben kann). Weil ein gleichseitiges Dreieck auch alle Eigenschaften des gleichschenkligen Dreiecks aufweist, ist ein gleichseitiges Dreieck auch gleichzeitig ein besonderes gleichschenkliges Dreieck. Umgekehrt gilt dies nicht.

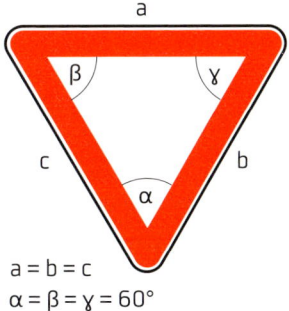

Die Unterscheidung von gleichschenkligen und gleichseitigen Dreiecken lässt sich aus der Bezeichnung herleiten. Gleichschenklig = zwei Schenkel sind gleich. Gleichseitig = drei Seiten sind gleich. Spricht man von Schenkeln, sind in der Regel nicht alle drei Seiten gemeint, da der Begriff nur sinnvoll ist, wenn ein Winkel eingeschlossen ist.

**PATZER VERMEIDEN!** *Die korrekte Bezeichnung der Seiten und Winkel ist grundlegend, um später die Berechnungen richtig ausführen zu können — weil sonst u. U. die falschen Winkel und Seiten für die Rechnung verwendet werden. Wichtig ist, dass man gegen den Uhrzeigersinn vorgeht und dass Seiten den zugehörigen Winkeln mit gleicher Bezeichnung gegenüberliegen (A und somit α gegenüber a, B und β gegenüber b, C und γ gegenüber c).*

# Besondere Linien (in Dreiecken)

**WOZU EIGENTLICH?**   *In jedem Dreieck (und in vielen anderen Vielecken) gibt es Linien, die besondere Eigenschaften aufweisen. Kennt man diese Linien und deren Eigenschaften, hilft einem dies, wenn man diese Figuren konstruieren möchte (s. S. 180) oder wenn man Seitenlängen, Winkel etc. berechnen möchte.*

### Höhe

Die Höhe zu einer Dreiecksseite ist das Lot (s. S. 155) vom gegenüberliegenden Eckpunkt zur betreffenden Seite – die Höhe trifft also im rechten Winkel auf die entsprechende Seite. Da ein Dreieck 3 Seiten hat, hat es auch 3 Höhen – zu jeder Seite eine.
Die drei Höhen eines Dreiecks schneiden sich in einem gemeinsamen Punkt, dem **Höhenschnittpunkt H.**

**a)** Bei **spitzwinkligen** Dreiecken liegen sowohl die Höhen als auch der Höhenschnittpunkt H innerhalb des Dreiecks.

**b)** Im **stumpfwinkligen** Dreieck liegen Höhen teilweise außerhalb des Dreiecks – und somit auch der Höhenschnittpunkt. Um die Höhen trotzdem konstruieren zu können, behilft man sich, indem man die Seiten des Dreiecks als Geraden auffasst und sie so weit verlängert, bis man ein Lot durch den gegenüberliegenden Eckpunkt fällen kann.

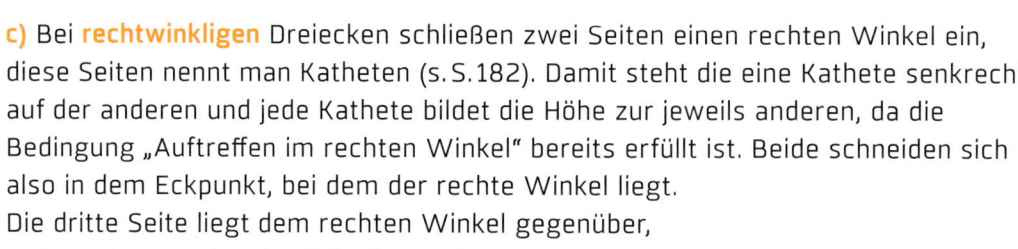

**c)** Bei **rechtwinkligen** Dreiecken schließen zwei Seiten einen rechten Winkel ein, diese Seiten nennt man Katheten (s. S. 182). Damit steht die eine Kathete senkrecht auf der anderen und jede Kathete bildet die Höhe zur jeweils anderen, da die Bedingung „Auftreffen im rechten Winkel" bereits erfüllt ist. Beide schneiden sich also in dem Eckpunkt, bei dem der rechte Winkel liegt.
Die dritte Seite liegt dem rechten Winkel gegenüber, sodass deren Höhe ebenfalls durch diesen Eckpunkt geht – der Eckpunkt mit dem rechten Winkel ist daher der Höhenschnittpunkt des rechtwinkligen Dreiecks (Punkt A in der Abbildung).

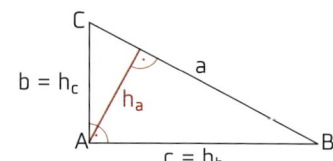

## Winkelhalbierende

Wie die Bezeichnung schon verrät, ist eine Winkelhalbierende eine Linie, die einen Winkel in zwei gleich große Teile zerlegt. Eine Winkelhalbierende ist eine Halbgerade (s. S.154) und beginnt im Scheitel S des betreffenden Winkels. Um Winkelhalbierende zu **konstruieren,** geht man so vor:

**a)** Man zieht mit dem Zirkel um den Scheitel S einen Kreis. Der Radius des Kreises kann beliebig gewählt werden, allerdings muss der Kreis die beiden Schenkel des Winkels schneiden.

**b)** Die Schnittpunkte P und Q dieses Kreises mit den beiden Schenkeln bilden nun die Mittelpunkte zweier neuer Kreise — ihr Radius ist beliebig, muss aber für beide Kreise gleich groß sein. Die beiden neuen Kreise sollen sich schneiden.

**c)** Zieht man nun eine Halbgerade von S startend durch diese beiden Schnittpunkte, erhält man die exakte Winkelhalbierende, ohne dass sich Mess- oder Rechenfehler einschleichen können.

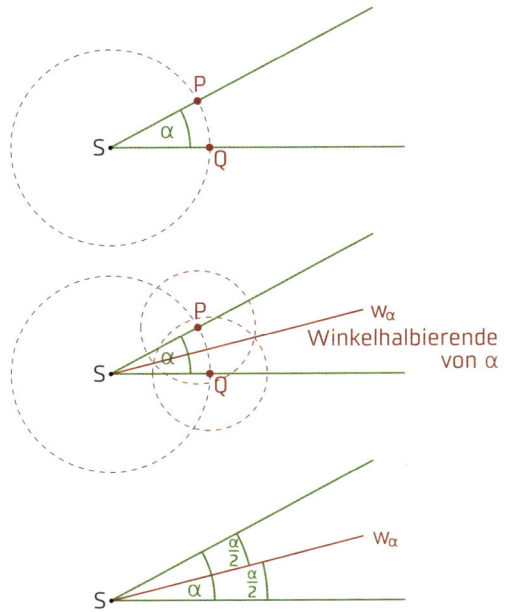

## Inkreis und Winkelhalbierende

Der Inkreis eines Dreiecks liegt innerhalb eines Dreiecks und berührt alle drei Seiten des Dreiecks — ohne diese zu schneiden und über sie hinauszuragen.

Konstruiert man zu allen drei Winkeln eines Dreiecks die Winkelhalbierende, kreuzen diese sich in einem gemeinsamen Punkt W innerhalb des Dreiecks. Dieser Punkt W ist der **Mittelpunkt des Inkreises** des Dreiecks. Ein Inkreis berührt alle drei Seiten des Dreiecks. Wie man in der Abbildung sieht, sind die Winkelhalbierenden nicht gleich dem Radius des Kreises.

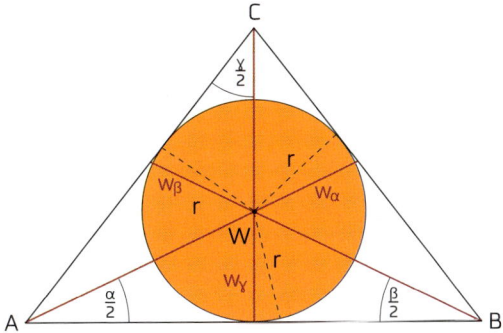

### Seitenhalbierende

Die Seitenhalbierende teilt die Seite – wie die Mittelsenkrechte auch – in zwei Hälften. Im Gegensatz zur Mittelsenkrechten bildet sie mit der Seite aber in der Regel keinen rechten Winkel. Die Seitenhalbierende ist eine Strecke, die vom Mittelpunkt der Seite zum gegenüberliegenden Eckpunkt des Dreiecks verläuft.

Auch die drei Seitenhalbierenden eines Dreiecks schneiden sich in einem gemeinsamen Punkt. Dieser Schnittpunkt ist der **Schwerpunkt S** des Dreiecks: Es handelt sich also um den Punkt, auf dem man das Dreieck im Gleichgewicht halten könnte, wenn man es ausschneiden würde.

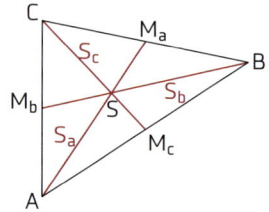

Der Schwerpunkt teilt die Seitenhalbierenden immer in einem feststehenden Verhältnis von 1 : 2. Das heißt: Die Länge der Strecke zwischen dem Schnittpunkt der Seitenhalbierenden mit der Dreieckseite und dem Schwerpunkt ist halb so lang wie die Strecke zwischen S und dem der Seite gegenüberliegenden Eckpunkt.

**BEISPIEL:**   $\overline{AS} = 2 \cdot \overline{SM_a}$

Die Seitenhalbierende teilt in aller Regel **nicht** den Winkel in zwei gleich große Teile, wie es die Winkelhalbierende tut.

### Mittelsenkrechte

Auch hier erkennt man aus der Bezeichnung, um welche Gerade es sich handelt: Eine Senkrechte, die durch die Mitte (einer Seite) verläuft. Die Mittelsenkrechte lässt sich ebenfalls mithilfe eines Zirkels konstruieren, womit man eine Vielzahl an Mess- und Rechenungenauigkeiten umgehen kann.

Zur **Konstruktion** zieht man zwei Kreise um die Eckpunkte derjenigen Seite, zu der die Mittelsenkrechte konstruiert werden soll. Die Kreise müssen denselben Radius haben, und dieser sollte etwas größer sein als die Hälfte der Seitenlänge, damit die beiden Kreise sich schneiden.

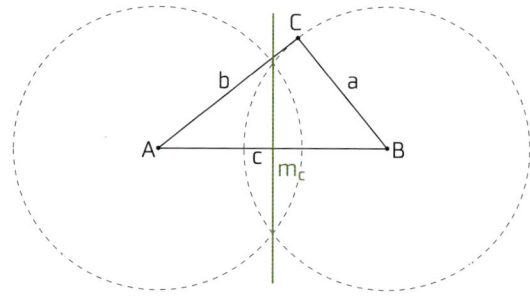

Zieht man nun eine Gerade durch die beiden Schnittpunkte der Kreise, erhält man die Mittelsenkrechte zu der entsprechenden Seite.

## Umkreis und Mittelsenkrechte

Der Umkreis eines Dreiecks geht durch alle drei Ecken, damit ist sein Mittelpunkt von allen drei Eckpunkten gleich weit entfernt.

Konstruiert man zu allen drei Seiten eines Dreiecks die Mittelsenkrechte, schneiden diese sich in einem gemeinsamen Punkt M, wobei M der **Mittelpunkt des Umkreises** des Dreiecks ist – der Schnittpunkt der Mittelsenkrechten ist somit ebenfalls von allen drei Ecken gleich weit entfernt, da der Abstand zwischen M und den Ecken jeweils dem Kreisradius entspricht.

Der Umkreismittelpunkt liegt
**a)** bei **spitzwinkligen** Dreiecken innerhalb des Dreiecks,
**b)** bei **rechtwinkligen** Dreiecken auf der längsten Seite (der Hypotenuse, s. S. 182),
**c)** bei **stumpfwinkligen** Dreiecken außerhalb des Dreiecks.

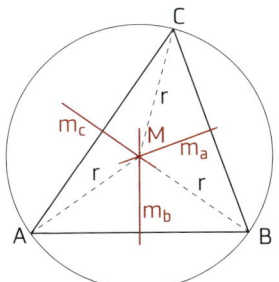 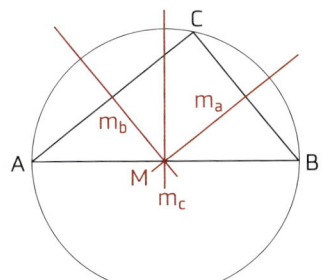 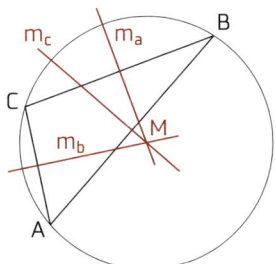

Sollte also bei der Konstruktion nicht gleich ein Schnittpunkt der Mittelsenkrechten entstehen, empfiehlt es sich, die Geraden zu verlängern.

**Umkreismittelpunkt, Schwerpunkt und Höhenschnittpunkt eines Dreiecks liegen auf einer Geraden.** Wenn in einer Aufgabe alle drei Punkte konstruiert werden sollen, lässt sich über diese Eigenschaft kontrollieren, ob man richtig konstruiert hat.

**PATZER VERMEIDEN!**    *Man darf beim Zeichnen nicht den Inkreisradius mit einem Abschnitt der Winkelhalbierenden verwechseln. Vor dem Kreisziehen sollte man daher mit angehobener Zirkelspitze testen, ob tatsächlich alle drei Seiten berühren (nicht geschnitten!) werden.*
*Drei Linien der gleichen Art schneiden sich immer in einem einzigen Punkt. Ergeben sich aus der Konstruktion dreier gleichartiger Linien zwei Schnittpunkte statt eines einzigen, sind Nachmessen und erneutes Konstruieren notwendig.*

# Dreieckskonstruktionen und Kongruenzsätze

*Dreieckskonstruktionen sind nicht nur im Mathematikunterricht wichtig, um komplexere, aus Dreiecken zusammengesetzte Figuren zu konstruieren, sondern spielen auch im Berufsleben eine wichtige Rolle, bspw. wenn in Handwerk oder Vermessungstechnik Abstände gemessen oder berechnet werden müssen.*

## Kongruenzsätze

Die Kongruenzsätze liefern einen Satz von Regeln, unter welchen Voraussetzungen man ein Dreieck konstruieren kann. Es gibt vier solcher Kongruenzsätze, die besagen, dass man ein eindeutiges Dreieck konstruieren kann, wenn drei relevante Angaben eines Dreiecks bekannt sind. Hat man also die entsprechenden drei Stücke des Dreiecks gegeben, sind alle mithilfe dieser Stücke konstruierten Dreiecke **kongruent** (deckungsgleich) und damit eindeutig vorgegeben.
Bei den Kongruenzsätzen nutzt man die einfachen Abkürzungen s für „Seite" und w für „Winkel". Die Reihenfolge der Buchstaben gibt dabei die Anordnung der gegebenen Größen an.

**1. Kongruenzsatz (sss):** Dreiecke sind kongruent zueinander, wenn sie in allen drei Seiten übereinstimmen.

BEISPIEL:   Gegeben: a, b, c
1. Zeichne c;
2. zeichne Kreis um A mit Radius b;
3. zeichne Kreis um B mit Radius a;
4. C ist Schnittpunkt der beiden Kreise.

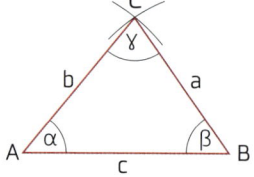

**2. Kongruenzsatz (sws):** Dreiecke sind kongruent zueinander, wenn zwei Seiten und der von ihnen eingeschlossene Winkel übereinstimmen.

BEISPIEL:   Gegeben c, β, a
1. Zeichne c;
2. trage β ab;
3. zeichne Kreis um B mit Radius a;
4. C ist Schnittpunkt von Kreis und freiem Schenkel von β.

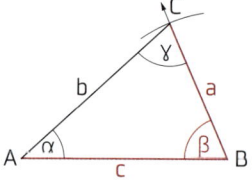

**3. a) Kongruenzsatz (wsw):** Dreiecke sind kongruent zueinander, wenn sie in einer Seite und den anliegenden zwei Winkeln übereinstimmen.

**BEISPIEL:** Gegeben: α, b, γ

1. Zeichne b;
2. trage α ab;
3. trage γ ab;
4. B ist Schnittpunkt der freien Schenkel von α und γ.

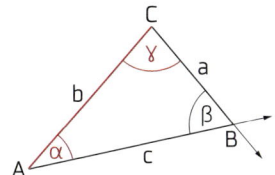

**3. b) Kongruenzsatz (sww):** Dreiecke sind kongruent zueinander, wenn sie in einer Seite, einem anliegenden Winkel und dem der Seite gegenüberliegenden Winkel übereinstimmen.

**BEISPIEL:** Gegeben: b, α, β

1. Zeichne b;
2. trage α ab → man erhält eine Halbgerade, die auf Seite c liegt;
3. trage an c an beliebiger Stelle den Winkel β ab,
4. verschiebe die so entstandene Seite a' parallel, bis sie den Punkt C kreuzt.

**4. Kongruenzsatz (Ssw):** Dreiecke sind kongruent zueinander, wenn sie in zwei Seiten und dem der größeren Seite gegenüberliegenden Winkel übereinstimmen.

**BEISPIEL:** Gegeben: c, α, a

1. Zeichne c;
2. trage α ab;
3. zeichne Kreis um B mit Radius a;
4. C ist Schnittpunkt von Kreis und freiem Schenkel von α.

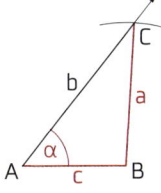

Manchmal werden auch nur Teildreiecke als Konstruktionsvorgabe angegeben, z.B. mithilfe der Höhe (s. S.176), die Vorgehensweise ist jedoch die gleiche wie oben beschrieben.

**PATZER VERMEIDEN!**   *Die Dreieckskonstruktionen ergeben sich zum großen Teil von selbst, wenn man einfach die vorgegebenen Größen der Reihe nach abträgt. Man muss lediglich wissen, wo sich welche Seite und welcher Winkel befindet (s. S.174). Auf jeden Fall hilft es, die Überlegungen zur Vorgehensweise mit einer **Planskizze** zu beginnen und die gegebenen Größen farbig einzutragen. Häufig erkennt man dann das korrekte Vorgehen.*

## Satzgruppe des Pythagoras

*Die Satzgruppe des Pythagoras findet nur in rechtwinkligen Dreiecken Anwendung – da man aber in jedes beliebige Dreieck Höhen einzeichnen kann, die das Dreieck in zwei rechtwinklige Dreiecke zerlegen, lassen sich mit der Satzgruppe des Pythagoras häufig auch die Seiten von beliebigen Dreiecken berechnen. Außerdem lassen sich mit ihr z. B. Bildschirmdiagonalen oder Entfernungen bestimmen.*

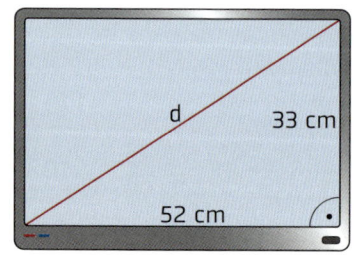

### Katheten und Hypotenuse

In jedem rechtwinkligen Dreieck gibt es eine **Hypotenuse.** Damit bezeichnet man die Seite, die dem rechten Winkel gegenüberliegt. Sie hat damit automatisch die Eigenschaft, die längste Seite im Dreieck zu sein.
Die beiden anderen Seiten (also die Schenkel, die den rechten Winkel bilden), heißen **Katheten.** Zeichnet man zur Hypotenuse eine Höhe ein, erhält man außerdem zwei **Hypotenusenabschnitte** q und p.

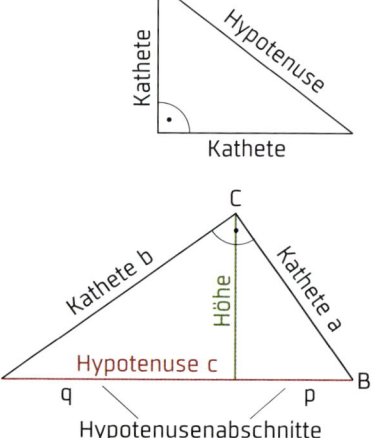

### Der Satz des Pythagoras

Nach dem Satz des Pythagoras ist die Summe aus den Flächeninhalten der Quadrate über den beiden Katheten genauso groß wie die Fläche des Quadrats über der Hypotenuse.
Als Rechenausdruck sieht das so aus:
**Kathete² + Kathete² = Hypotenuse²**
oder:
$a^2 + b^2 = c^2,$
wenn a und b die Katheten sind und c die Hypotenuse ist.

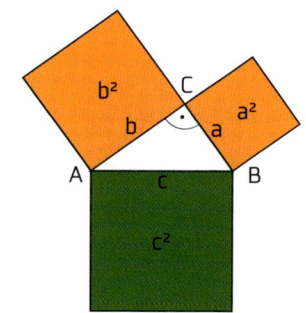

## Seitenlängen berechnen mithilfe des Satzes von Pythagoras

Will man mithilfe des Satzes von Pythagoras Seitenlängen berechnen, besteht der erste Schritt darin, die Hypotenuse zu ermitteln, um den Satz des Pythagoras korrekt aufstellen zu können.

Im Beispiel rechts ist es die Seite b, da sie dem rechten Winkel gegenüberliegt. Somit sind a und c die Katheten und der Satz des Pythagoras lautet: $a^2 + c^2 = b^2$.

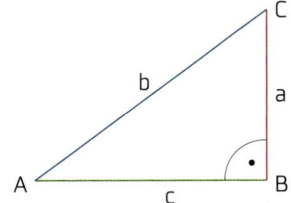

Mithilfe dieser Formel kann man nach entsprechender Umstellung jede Seitenlänge aus den anderen beiden Seitenlängen berechnen.

**BEISPIELE:**

a) Bekannt: $a = 4$ cm; $c = 6$ cm

$a^2 + c^2 = b^2$

$(4 \text{ cm})^2 + (6 \text{ cm})^2 = b^2$

$52 \text{ cm}^2 = b^2$

$\Rightarrow b \approx 7{,}2$ cm

b) Bekannt: $a = 3$ cm, $b = 7$ cm

$a^2 + c^2 = b^2 \Rightarrow c^2 = b^2 - a^2$

$c^2 = (7 \text{ cm})^2 - (3 \text{ cm})^2$

$c^2 = 40 \text{ cm}^2$

$\Rightarrow c \approx 6{,}3$ cm

## Der Satz des Pythagoras in beliebigen Dreiecken

Um in einem beliebigen Dreieck einen rechten Winkel zu erhalten, konstruiert man die Höhe zu einer Seite (s. S. 176) und zerlegt damit das Dreieck in zwei rechtwinklige Dreiecke. Die Berechnung verläuft danach analog zur oben erläuterten Vorgehensweise. Man muss lediglich beachten, dass man es nun mit zwei Dreiecken zu tun hat.

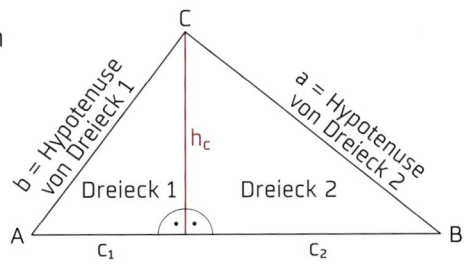

**BEISPIEL:**

Gegeben: $a = 4$ cm, $h_c = 3$ cm, $c = 6$ cm

Gesucht: b

$a^2 = c_2^2 + h_c^2 \Rightarrow c_2^2 = a^2 - h_c^2$

$\Rightarrow c_2 \approx 2{,}2$ cm

$c = c_1 + c_2 \Rightarrow c_1 = c - c_2$

$\Rightarrow c_1 = 3{,}8$ cm

$b^2 = h_c^2 + c_1^2 \Rightarrow b \approx 4{,}8$ cm

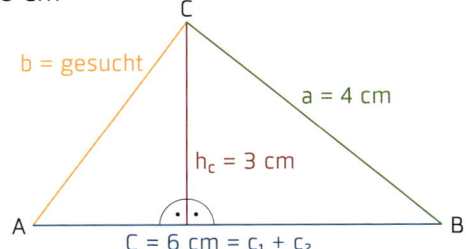

### Kathetensatz des Euklid

In einem rechtwinkligen Dreieck trifft die Höhe
so auf die Hypotenuse, dass sie diese in zwei
**Hypotenusenabschnitte** p und q teilt.
Der Kathetensatz besagt, dass die Fläche des
Quadrates einer Kathete genauso groß ist wie
die Fläche des Rechtecks aus der Hypotenuse
und dem entsprechenden Hypotenusenabschnitt.
In der Abbildung rechts (mit c als Hypotenuse)
heißt das:
$a^2 = p \cdot c$
$b^2 = q \cdot c$

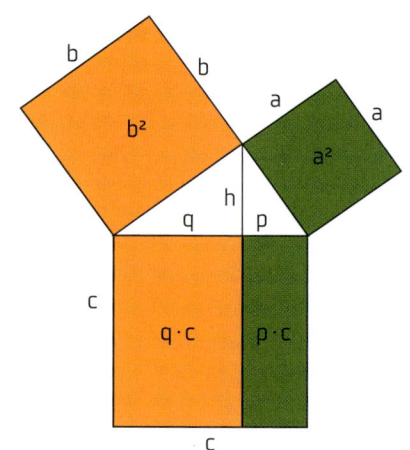

Wie beim Satz des Pythagoras ist es auch hier wichtig, zuerst herauszufinden,
welche Seite die Hypotenuse ist, da sonst die Formeln und Rechnungen falsch
werden. Nur die **Höhe zur Hypotenuse** teilt das Dreieck korrekt auf.

**BEISPIEL:**   Gegeben: p = 3,5 cm; q = 4,8 cm
Gesucht: b
$c = p + q = 8{,}3$ cm $\Rightarrow b^2 = q \cdot c = 39{,}84$ cm² $\Rightarrow b = 6{,}3$ cm

### Höhensatz des Euklid

In einem rechtwinkligen Dreieck hat das Quadrat
über der Höhe zur Hypotenuse dieselbe Fläche wie
das Rechteck aus den Hypotenusenabschnitten.

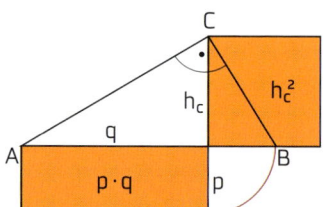

Als Formel ausgedrückt:
$h_c^2 = p \cdot q$,
wenn c die Hypotenuse des ursprünglichen Dreiecks ist.
Entsprechend gilt:
$h_b^2 = p \cdot q$, wenn b die Hypotenuse ist,
$h_a^2 = p \cdot q$, wenn a die Hypotenuse ist.

**Kombinationen aus der Satzgruppe des Pythagoras**

Häufig trifft man auf Aufgabenstellungen, in denen eine der Formeln nicht aus-
reicht, um die fehlenden Größen zu berechnen. Dann ist es sinnvoll, mit allen
drei Formeln arbeiten zu können. Zwar gibt es auch alternative Wege, man kann
jedoch die Anzahl der Rechenschritte reduzieren, wenn man alle drei Formeln
kennt.

**BEISPIEL:**  In einem Dreieck ABC mit dem rechten Winkel bei B sind bekannt:
$b = 8$ cm und $p = 3,6$ cm
Gesucht: $a$, $c$, $h_b$ und $q$

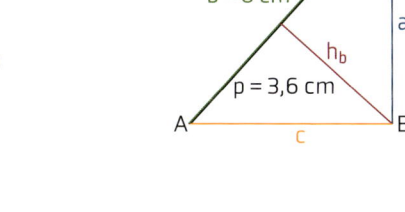

$b = p + q \Rightarrow q = b - p = 4,4$ cm

**Höhensatz:**
$h_b^2 = p \cdot q = 15,84$ cm$^2 \Rightarrow h_b \approx 4,0$ cm

**Kathetensatz:**
$a^2 = q \cdot b = 28,8$ cm$^2 \Rightarrow a \approx 5,4$ cm

**Satz des Pythagoras:**
$b^2 = a^2 + c^2 \Rightarrow c^2 = b^2 - a^2 \approx 35,2$ cm$^2 \Rightarrow c \approx 5,9$ cm

Die fehlenden Größen lassen sich auf unterschiedliche Weise berechnen. Dies ist
nur eine der möglichen Vorgehensweisen.

---

**PATZER VERMEIDEN!**  *In vielen Lehrwerken steht der Satz des Pythagoras in
folgender Form: $a^2 + b^2 = c^2$ und so prägen ihn sich viele ein und wenden ihn in dieser
Form an, ohne bei einer konkreten Aufgabenstellung zu hinterfragen, wo die Hypotenuse des Dreiecks liegt. Aus Berechnungen ergeben sich dann i. d. R. falsche, manchmal sogar negative Werte. Deshalb sollte man zuerst eine Planskizze anlegen und die*
**Hypotenuse bestimmen,** *um die Formel leichter korrekt aufstellen zu können.
Außerdem muss man immer beachten, dass der Satz des Pythagoras nur in rechtwinkligen Dreiecken anwendbar ist.*

# Vierecke

**WOZU EIGENTLICH?**  *Im Alltag hat man es häufig mit Vierecken zu tun – sei es eine Tür (Rechteck), die Seiten eines Würfels (Quadrate) oder andere geometrische Gebilde. Dabei macht man sich nur selten bewusst, dass diese Figuren besondere Eigenschaften besitzen.*

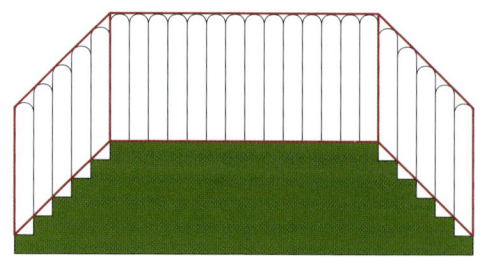

### Einteilung von Vierecken

Es gibt unzählige verschiedene Autos. Unter ihnen gibt es aber auch einige spezielle, die sich über ihre besonderen Eigenschaften definieren, z.B. gibt es Kombis, Limousinen, Modelle mit Fließheck, SUV usw., aber alle diese sind immer auch Autos. Schaut man sich beispielsweise die SUV an, sieht man welche mit runden Scheinwerfern oder mit eckigen, somit haben die Unterkategorien der Autos noch weitere Gemeinsamkeiten und Unterschiede, nach denen man sie einordnen könnte. Aber trotzdem sind es noch Autos, wenn auch ganz besondere.
Auf ähnliche Weise kann man auch Vierecke kategorisieren.
Das Viereck, das die meisten sehr speziellen Eigenschaften aufweist, ist das Quadrat. Da es aber auch viele Eigenschaften in sich vereint, die beispielsweise ein Rechteck aufweist oder eine Raute oder ein Drachenviereck usw., ist das Quadrat gleichzeitig ein besonderes Rechteck, eine besondere Raute usw.
Umgekehrt trifft dies aber nicht zu (Jeder SUV mit eckigen Scheinwerfern ist ein Auto. Aber nicht jedes Auto ist ein SUV mit eckigen Scheinwerfern).

### Gemeinsamkeiten aller Vierecke

Ein paar Eigenschaften haben alle Vierecke gemeinsam – sie haben
- **vier Ecken,**
- **vier Innenwinkel** (die in der Summe 360° ergeben, s.S.172),
- **vier Seiten** (bei geometrischen Flächen auch **Kanten** genannt).

## Quadrat

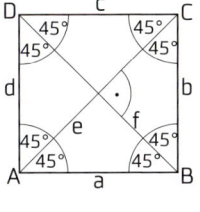

- Alle **Winkel** sind **gleich groß,** nämlich 90°: $\alpha = \beta = \gamma = \delta = 90°$.
- Alle vier **Kanten** sind **gleich lang** und **gegenüberliegende sind parallel** zueinander: $a = b = c = d$; $a \parallel c$ und $b \parallel d$.
- Die Diagonalen treffen senkrecht aufeinander und halbieren einander.
- Das Quadrat hat **vier Symmetrieachsen** (die Diagonalen und die Mittelsenkrechten der Kanten): es ist außerdem punktsymmetrisch und drehsymmetrisch (s. S. 160)

Es gibt keine anderen Vierecke mit all diesen Eigenschaften.

## Rechteck

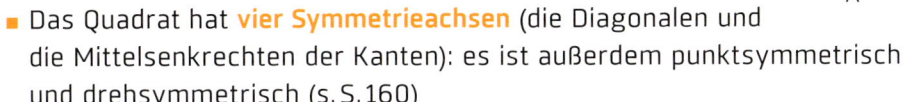

- Alle **Winkel** sind **gleich groß,** nämlich 90°:
  $\alpha = \beta = \gamma = \delta = 90°$.
- **Gegenüberliegende Kanten** sind **gleich lang** und **parallel** zueinander:
  $a = c$ und $b = d$; $a \parallel c$ und $b \parallel d$.
- Die Diagonalen halbieren einander.
- Das Rechteck hat **zwei Symmetrieachsen** (die Mittelsenkrechten der Kanten), ist außerdem punktsymmetrisch und drehsymmetrisch (s. S. 160)

Das Quadrat weist ebenfalls diese Eigenschaften auf. Es ist demnach ein spezielles Rechteck.

## Parallelogramm

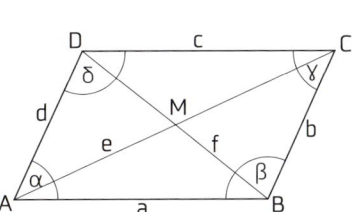

- **Gegenüberliegende Winkel** sind **gleich groß:**
  $\alpha = \gamma$ und $\beta = \delta$.
- **Nebeneinanderliegende Winkel** ergeben
  als Summe **180°:**
  $\alpha + \beta = \alpha + \delta = \gamma + \delta = \gamma + \beta = 180°$.
- **Gegenüberliegende Kanten** sind **gleich lang**
  und **parallel** zueinander.
- Die Diagonalen halbieren einander.
- Das Parallelogramm ist punkt- und drehsymmetrisch (s. S. 160)

Auch das Quadrat, das Rechteck und die Raute weisen diese Eigenschaften auf.
Sie sind demnach spezielle Parallelogramme.

### Raute (Rhombus)

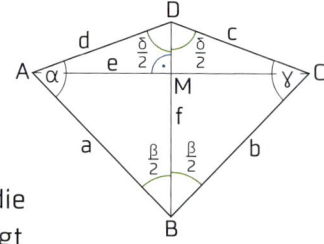

- **Gegenüberliegende Winkel** sind **gleich groß:** $\alpha = \gamma$ und $\beta = \delta$.
- **Nebeneinanderliegende Winkel** ergeben als Summe **180°:**
  $\alpha + \beta = \alpha + \delta = \gamma + \delta = \gamma + \beta = 180°$.
- Alle **Kanten** sind **gleich lang** und **gegenüberliegende sind parallel** zueinander.
- Die Diagonalen treffen senkrecht aufeinander und halbieren einander.
- Die Raute hat zwei Symmetrieachsen (die Diagonalen) und ist außerdem punkt- und drehsymmetrisch (s. S. 160)

Das Quadrat weist dieselben Eigenschaften auf. Es ist demnach eine spezielle Raute.

### Drachenviereck

- **Eines** der **gegenüberliegenden Winkelpaare** hat **gleich große** Winkel: $\alpha = \gamma$, aber $\beta \neq \delta$.
- **Zwei benachbarte Kantenpaare** haben **gleich lange** Kanten: a = b und d = c.
- Eine Diagonale ist gleichzeitig die Symmetrieachse.
- Die Diagonalen stehen senkrecht aufeinander, wobei die eine Diagonale die zweite halbiert (aber nicht unbedingt auch umgekehrt).

Das Quadrat und die Raute weisen ebenfalls diese Eigenschaften auf. Sie sind demnach spezielle Drachenvierecke.

### Trapez

- **Zwei** der **benachbarten Winkelpaare** ergeben jeweils in der Summe **180°:** $\alpha + \delta = 180°$ und $\beta + \gamma = 180°$.
- **Eines** der **gegenüberliegenden Seitenpaare** besteht aus **parallelen** Seiten: a $\parallel$ c.

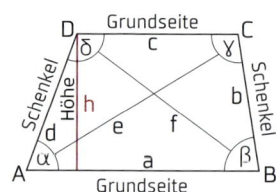

Das Quadrat, das Rechteck, die Raute und das Parallelogramm weisen dieselben Eigenschaften auf. Sie sind demnach spezielle Trapeze.

Aus dem folgenden Schaubild lassen sich die oben geschilderten Zusammenhänge auf einen Blick entnehmen.

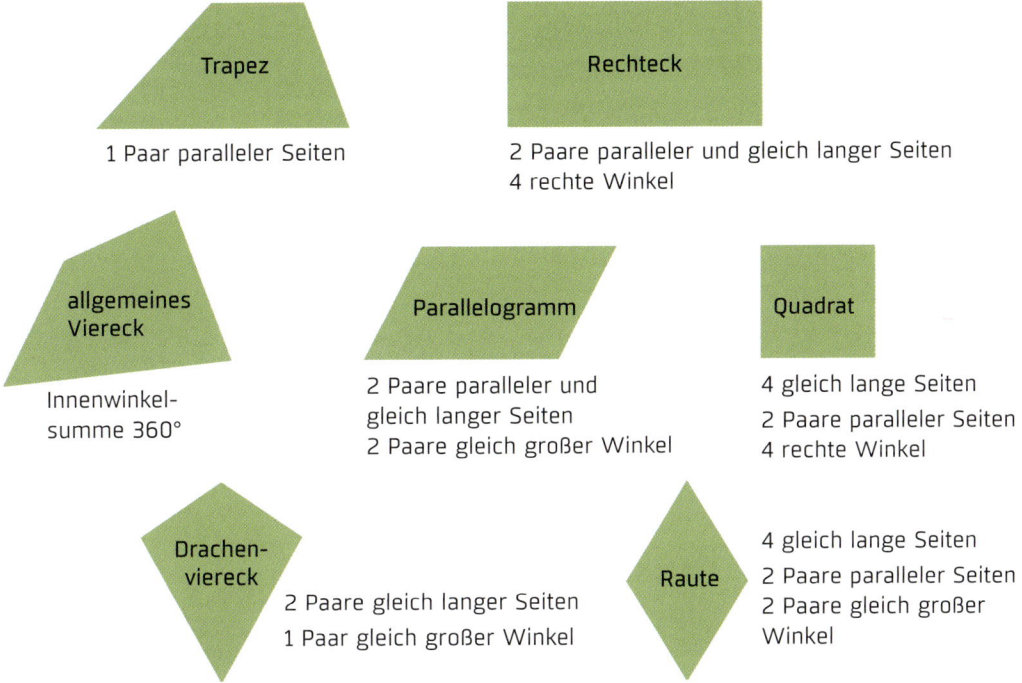

**Trapez**

1 Paar paralleler Seiten

**Rechteck**

2 Paare paralleler und gleich langer Seiten
4 rechte Winkel

**allgemeines Viereck**

Innenwinkelsumme 360°

**Parallelogramm**

2 Paare paralleler und gleich langer Seiten
2 Paare gleich großer Winkel

**Quadrat**

4 gleich lange Seiten
2 Paare paralleler Seiten
4 rechte Winkel

**Drachenviereck**

2 Paare gleich langer Seiten
1 Paar gleich großer Winkel

**Raute**

4 gleich lange Seiten
2 Paare paralleler Seiten
2 Paare gleich großer Winkel

## Allgemeine Vierecke

Das beliebige (unregelmäßige oder allgemeine) Viereck hat abgesehen von den vier Ecken, vier Kanten und der Winkelsumme von 360° keine speziellen Eigenschaften.

**PATZER VERMEIDEN!**  *Aufgrund der großen Anzahl der speziellen Vierecke erscheint es wenig sinnvoll, die Eigenschaften der einzelnen Figuren auswendig zu lernen. Wichtiger (und einfacher) ist es, zu wissen, wie die einzelnen Figuren aussehen und wie sie bezeichnet werden, und zu behalten, dass es Besonderheiten wie Symmetrie-, Winkel-, Kanten- und Diagonaleneigenschaften gibt. Dann lässt sich alles Übrige durch eine schnelle Zeichnung (am besten auf Karopapier) herleiten.*

# Umfangs- und Flächenberechnung bei Vielecken

**WOZU EIGENTLICH?**   *Umfangs- und Flächenberechnungen werden im Alltag immer wieder benötigt, z.B. wenn es um Grundstücksflächen geht, die bestimmt oder umzäunt werden sollen, oder wenn man einen Raum tapezieren und wissen möchte, wie viel Tapete benötigt wird.*

### Umfangsberechnungen

Der **Umfang U** einer Figur ist praktisch deren Umzäunung. Wenn man sich vorstellt, dass man die Figur mit Draht umspannen möchte, liegt die Berechnung des Umfangs auf der Hand: Man addiert die einzelnen Kantenlängen. Die Einheit, in der der Umfang angegeben wird, ist deshalb auch eine Längeneinheit, z.B. cm, m, km usw. Bei regelmäßigen Figuren vereinfacht sich die Rechnung, weil:

- bei einem **Quadrat** alle Seiten gleich lang sind
  $\rightarrow$ **U = 4 · a,**
- bei einem **Rechteck** zwei Seiten gleich lang sind
  $\rightarrow$ **U = 2 · a + 2 · b.**

### Flächenberechnung: Quadrat, Rechteck und Parallelogramm

Der **Flächeninhalt A** hingegen ist die Größe, mit der man bspw. berechnet, wie viel Teppich man benötigt, um die Figur bis in die letzte Ecke auszulegen. Bei Quadrat, Rechteck und Parallelogramm ist die Berechnung des Flächeninhaltes recht einfach: **A = Grundseite · Höhe**<sub>zur Grundseite</sub>
bzw. mit g = Grundseite, h = Höhe zur Grundseite:
**A = g · h**

Die Höhe eines Vierecks steht senkrecht auf der betreffenden Grundseite. Da bei Quadrat und Rechteck zwei benachbarte Seiten senkrecht aufeinanderstehen, ist die eine Seite jeweils die Höhe zur benachbarten Seite. Daraus ergeben sich die bekannten Formeln:
**A = a · b** für die Fläche des **Rechtecks,**
**A = a · a = a²** für die Fläche des **Quadrates.**

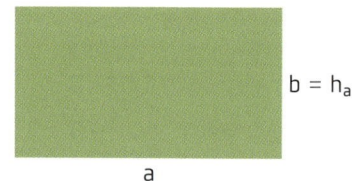

$b = h_a$

$a$

Beim **Parallelogramm** konstruiert man die Höhe
analog zur Höhe im Dreieck (s. S. 176). Dass die
Formel A = g · h auch beim Parallelogramm
gilt, lässt sich mit einer „Umstrukturierung" des
Parallelogramms begründen: Schneidet man das
Dreieck ab, das durch das Einzeichnen der Höhe
entstanden ist, und verschiebt es auf die andere
Seite, entsteht dadurch ein Rechteck — dessen
Fläche A = g · h ist. Die Fläche der gesamten Figur

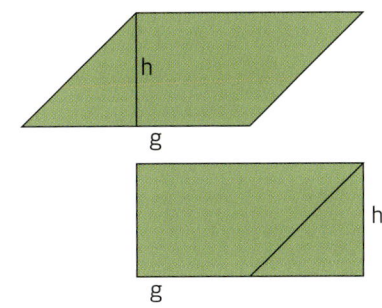

ist auch nach dieser Verschiebung unverändert, weil man in der Summe nichts
weggenommen oder zugefügt hat. Also ist auch die Fläche des ursprünglichen
Parallelogramms **A = g · h.**

### Flächenberechnung bei Rauten und Drachen

Bei Rauten und Drachenvierecken wendet man
einen ähnlichen Kniff an, um den Flächeninhalt
einfacher berechnen zu können: Auch hier zerlegt man die Figur gedanklich in Einzelteile
(diesmal entlang der Diagonalen e und f), die
dann neu zusammengelegt werden zu einem
Rechteck. Dessen Kanten entsprechen e und $\frac{f}{2}$,
sodass sich der Flächeninhalt des entstandenen
Rechtecks und damit auch der ursprünglichen Raute
bwz. des Drachenvierecks berechnet mit: A = $\frac{e \cdot f}{2}$

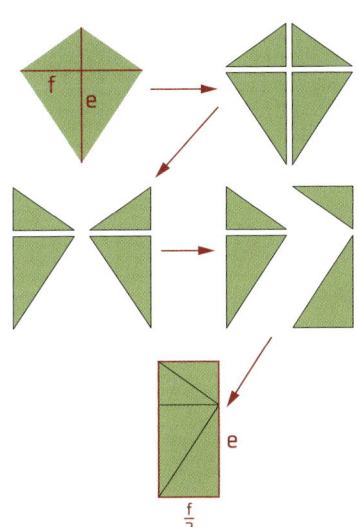

### Flächenberechnung bei Trapezen

Das Trapez formt man gedanklich durch
eine Punktspiegelung (s. S. 160) zu einem
Parallelogramm um. Das so entstandene
Parallelogramm hat die doppelte Fläche
des Trapezes. Den Flächeninhalt des
Parallelogramms berechnet man mit der
Formel (s. o.) A = g · h.

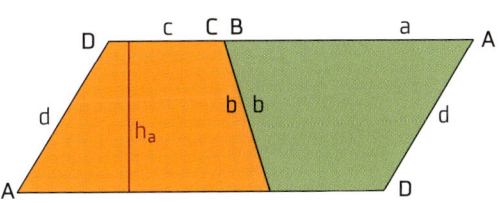

Hier ist nun: g = a + c ⇒ A = (a + c) · h.
Da das Trapez aber nur halb so groß ist wie das Parallelogramm, ergibt sich die
Flächeninhaltsformel für das Trapez zu
**A = $\frac{a+c}{2}$ · h.**

### Flächenberechnung bei Dreiecken

Verdoppelt man ein Dreieck, wobei das zweite noch einer Punktspiegelung unterzogen wird, erhält man ein Parallelogramm.

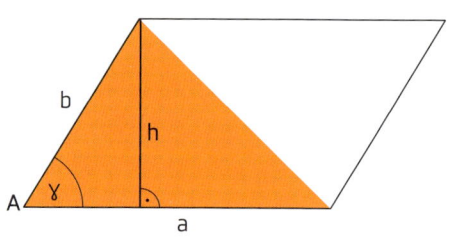

Daraus lässt sich leicht erkennen, dass die Fläche des Dreiecks genau die Hälfte der Fläche des Parallelogramms darstellt. Woraus sich für den Flächeninhalt des Dreiecks ergibt: $A = \frac{1}{2} \cdot g \cdot h$, im abgebildeten Dreieck ist a = g.

### Flächenberechnung bei zusammengesetzten Flächen

Alle beliebigen eckigen Flächen lassen sich mit den oben beschriebenen Figuren „flächendeckend" auslegen. D. h., man muss die Figur, deren Flächeninhalt berechnet werden soll, nur geschickt in Figuren zerlegen, deren Flächeninhalte man mit bekannten Formeln berechnen kann. Dafür gibt es meist unzählige Möglichkeiten. Am sinnvollsten zerlegt man möglichst in Quadrate, Rechtecke und Dreiecke, da diese Figuren leicht zu berechnen sind.

**BEISPIEL:**  Berechnet werden soll die Fläche der Stirnseite des Hauses.

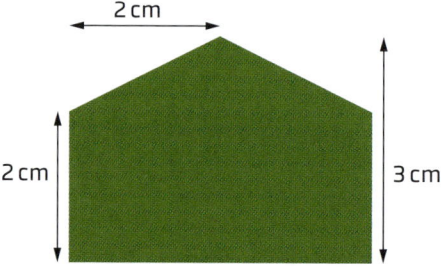

Die gefragte Fläche ist ein Fünfeck. Verschiedene Zerlegungen sind möglich:

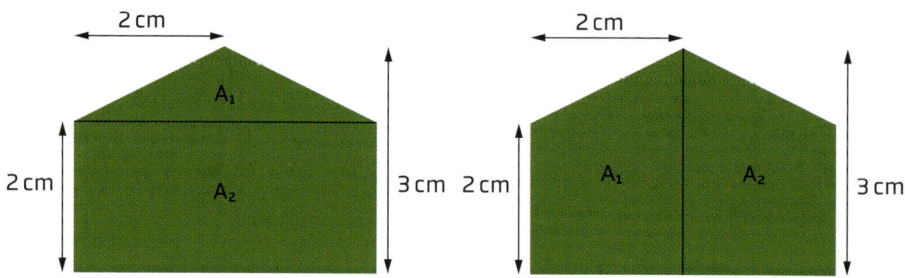

**a) Zerlegung in Dreieck und Rechteck:**

In der Zerlegung links ergibt sich die Grundfläche des Dreiecks aus der Angabe 2 cm für die halbe Breite der Gesamtfigur:

$g = 2 \cdot 2 \text{ cm} = 4 \text{ cm}$.

Die Höhe h des Dreiecks ergibt sich als Differenz aus der Gesamthöhe der Figur von 3 cm und der Höhe bis zur „Traufe" von 2 cm:

$h = 3 \text{ cm} - 2 \text{ cm} = 1 \text{ cm}$

Die Fläche $A_1$ des Dreiecks ist damit:

$A_1 = \frac{1}{2} \cdot 4 \text{ cm} \cdot 1 \text{ cm} = 2 \text{ cm}^2$

Die Fläche $A_2$ des Rechtecks ergibt sich als Produkt der Höhe bis zur Traufe von 2 cm und der Breite des Hauses von 4 cm:

$A_2 = 4 \text{ cm} \cdot 2 \text{ cm} = 8 \text{ cm}^2$

Die Gesamtfläche der Figur ist die Summe der beiden Teilflächen $A_1 + A_2$:

$A_{gesamt} = 8 \text{ cm}^2 + 2 \text{ cm}^2 = 10 \text{ cm}^2$

**b) Zerlegung in zwei Trapeze:**

Da durch diese Zerlegung die Figur halbiert wird, sind beide Trapeze gleich groß: $A_1 = A_2$.

Die kurze Grundfläche c des Trapezes ergibt sich aus der Traufhöhe von 2 cm, die lange Grundfläche a aus der Gesamthöhe von 3 cm. Die Höhe des Trapezes ergibt sich aus der halben Hausbreite (2 cm). Die Fläche $A_1$ ist damit:

$A_1 = \frac{2 \text{ cm} + 3 \text{ cm}}{2} \cdot 2 \text{ cm} = 5 \text{ cm}^2$

Die Gesamtfläche ist $A_1 + A_2 = 2 \cdot A_1 \Rightarrow A_{gesamt} = 2 \cdot 5 \text{ cm}^2 = 10 \text{ cm}^2$

**Flächeneinheiten**

Flächen haben grundsätzlich als **Einheit** ein Flächenmaß, beispielsweise cm², m², km² usw.

---

**PATZER VERMEIDEN!**   *Der erste Schritt ist in vielen Fällen die Ermittlung der* **korrekten Höhe.** *Dabei vergisst man leicht, dass tatsächlich nur die Höhe verwendet werden darf, die zur Grundseite gehört, und nicht eine beliebige. Beispielsweise lässt sich die Fläche eines Dreiecks berechnen mit $A = \frac{a}{2} \cdot h_a$, aber auch mit $A = \frac{b}{2} \cdot h_b$ oder $A = \frac{c}{2} \cdot h_c$ – jedoch nur in diesen Kombinationen.*
*Bei* **zusammengesetzten Flächen** *muss insbesondere darauf geachtet werden, dass nach dem Zerlegen mit den korrekten Werten weitergerechnet wird. Am besten notiert man deshalb direkt nach dem Zerlegen die neuen Maße an die Teilstücke.*

# Kreise

**WOZU EIGENTLICH?** *Der Kreis ist ebenfalls eine Figur, auf die man im Alltag häufig trifft – wie bei Münzen, Kreisverkehr, Teller etc. Gerade in der Küche oder in der Technik wird man oft mit „Kreisbegriffen" konfrontiert, z.B. dem Durchmesser eines Tortenrings oder einer Pizza, bei Schrauben, Dübeln etc.*

### Eigenschaften eines Kreises

Ein Kreis ist achsensymmetrisch, und zwar zu unendlich vielen Symmetrieachsen, – nämlich zu jeder Linie, die durch den Mittelpunkt M verläuft. Bezüglich seines Mittelpunktes M ist der Kreis auch dreh- und punktsymmetrisch (s. S. 160). Der Winkel um den Mittelpunkt ist ein Vollwinkel, beträgt also 360° (s. S. 170).

### Kreisgröße

Die Größe eines Kreises wird bestimmt durch

**a)** den **Radius r,** der den Abstand vom Mittelpunkt zu jedem Punkt auf der Kreislinie angibt;

**b)** den **Durchmesser d,** der die Länge jeder Strecke zwischen zwei Punkten auf der Kreislinie angibt, sofern diese Strecke durch M verläuft. Der Durchmesser ist immer die doppelte Länge des Radius: **d = 2 · r;**

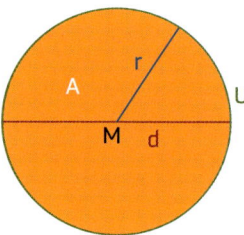

A = Fläche
r = Radius
d = Durchmesser
U = Umfang

**c)** den **Kreisumfang U,** also die Länge der Kreislinie. U bestimmt man mithilfe der Konstanten π: **U = 2 · π · r** oder **U = π · d;**

**d)** den **Flächeninhalt A** des Kreises, der ebenfalls mithilfe von π berechnet wird:
**A = π · r²** oder **A = π · $\left(\frac{d}{2}\right)^2$.**
(Zum Umstellen von Formeln s. S. 69)

**Die Zahl π**

Die Zahl π ist immer gleich, ganz egal, um welchen Kreis es sich handelt und wie groß er ist:

**π = 3,141592653589… oder π ≈ 3,14.**

Die Zahl π gibt das grundsätzliche Verhältnis von Umfang U und Durchmesser d an. Und da alle Kreise zueinander **ähnlich** sind (s. S. 165), ist dieses Verhältnis (und somit die **Kreiszahl** ) immer konstant.

Die Zahl π ist irrational, d. h., sie hat unendlich viele Nachkommastellen und es treten keine Perioden auf (s. S. 34). Momentan sind 13,3 Billionen Nachkommastellen der Zahl bekannt und immer noch ist kein Ende in Sicht, was sicherlich auch dazu beiträgt, die Faszination für diese Zahl aufrecht zu erhalten.

**Die ersten 300 Nachkomma-
stellen von Pi:**

3,
1415926535 8979323846
2643383279 5028841971
6939937510 5820974944
5923078164 0628620899
8628034825 3421170679
8214808651 3282306647
0938446095 5058223172
5359408128 4811174502
8410270193 8521105559
6446229489 5493038196
4428810975 6659334461
2847564823 3786783165
2712019091 4564856692
3460348610 4543266482
1339360726 0249141273

**PATZER VERMEIDEN!** *Bei der Umfangs- und Flächeninhaltsberechnung von Kreisen kann es schnell zu Verwechslungen zwischen den beiden Formeln kommen, da sie sich recht ähnlich sind. Es lässt sich aber leicht prüfen, welche der beiden Größen man gerade berechnet hat, wenn man sich die Einheit des Ergebnisses anschaut. Enthält die Einheit eine Zweierpotenz, z. B. cm² oder mm², kann es sich nur um eine Flächenberechnung handeln. Umfangsangaben sind immer Längenangaben, somit kann hier im Ergebnis keine Einheit mit einer Potenz auftauchen.*

# Linien im Kreis

*Die wichtigsten Linien im Kreis werden zu vielfältigen Berechnungen im Alltag herangezogen, sobald ein Kreis oder eine Kreisbewegung eine Rolle spielt, z.B. bei Karussellkonstruktionen oder beim Funkenflug beim Schleifen von Metall. Aber auch im Sport, z.B. beim Diskus- oder Hammerwerfen (Kreisbewegung beim Schwungholen), wird dieses Wissen relevant. So würde die Kugel im Bild tangential zum Kreis davon fliegen, wenn die Schnur risse.*

### Sehnen und Sekanten

Verbindet man zwei Punkte, die auf der Kreislinie liegen, durch eine Strecke (s.S.154) miteinander, erhält man eine **Sehne.** Diese ist umso länger, je näher sie am Kreismittelpunkt M entlangläuft. Die längsten Sehnen verlaufen direkt durch M und bilden den Durchmesser des Kreises (s.S.194).
Während eine Sehne eine Strecke ist, ist deren Fortführung, die **Sekante,** eine Gerade durch zwei Punkte auf der Kreislinie.

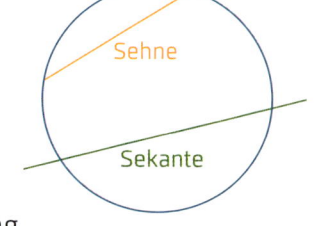

### Eigenschaften von Sehnen

Mithilfe zweier Sehnen (in der Abbildung orangefarben und grün, durchgezogen) lässt sich der **Kreismittelpunkt** bestimmen, falls dieser nicht vorgegeben ist. Dazu konstruiert man zu zwei beliebigen Sehnen die **Mittelsenkrechte** (s.S.178; gestrichelt in der Abbildung). Der Punkt, in dem sie sich schneiden, ist der Kreismittelpunkt M.

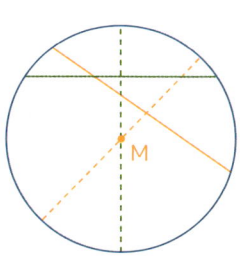

Schneiden sich zwei Sehnen, ist das Produkt der beiden Abschnitte gleich groß:
$k \cdot l = m \cdot n$.
Dieses Verhältnis bezeichnet man als **Sehnensatz.**

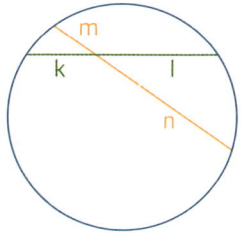

Außerdem lässt sich aus vier Sehnen ein **Sehnenviereck** bilden – die Sehnen bilden die 4 Seiten eines Vierecks, das spezielle Eigenschaften aufweist:

■ gegenüberliegende Winkel ergeben in der Summe 180°:
  α + γ = 180° und β + δ = 180°.

■ der vorgegebene Kreis ist gleichzeitig der **Umkreis** dieses Sehnenvierecks.

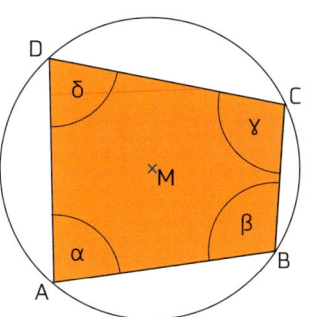

## Tangenten und deren Eigenschaften

Tangenten **berühren** die Kreislinie **in genau einem Punkt.** Von einem Punkt P, der außerhalb des Kreises liegt, gibt es also immer genau zwei Tangenten zu einem Kreis (durchgezogene Linien in der Abbildung). Zieht man eine Strecke vom Mittelpunkt M des Kreises zum Berührpunkt der Tangente (gestrichelte Linien in der Abbildung), so steht diese Linie senkrecht auf der Tangente. Dieser Radius wird Berührradius genannt.

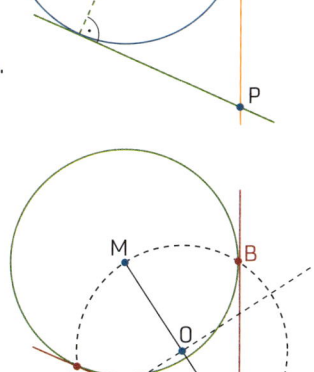

Zur Konstruktion einer Tangente durch einen außerhalb des Kreises liegenden Punkt P verbindet man zuerst den Kreismittelpunkt M mit P. Nun zeichnet man den Mittelpunkt O dieser Strecke ein (oder konstruiert die Mittelsenkrechte, s. S. 178) und zieht von dort ausgehend einen neuen Kreis, dessen Kreislinie durch den Mittelpunkt M geht. Das heißt: Die Strecke OM ist der Radius des neuen Kreises.
Dort, wo sich die beiden Kreise schneiden, liegen die Berührpunkte A und B der beiden Tangenten durch den Punkt P.

---

**PATZER VERMEIDEN!**   *Häufig werden Sehnen und Sekanten in ihren Bezeichnungen verwechselt. Das kann man vermeiden, wenn man sich merkt, dass die Sekante länger ist als die Sehne – so wie die Bezeichnung auch.*
*Beim Konstruieren ergeben sich Probleme eventuell durch die Mittelsenkrechten, die bei den Konstruktionen der genannten Linien im Kreis eine wichtige Rolle spielen. Man muss ggf. prüfen, ob die Mittelsenkrechte tatsächlich durch den Mittelpunkt einer Linie verläuft und ob sie mit der entsprechenden Linie einen 90°-Winkel bildet, also wirklich senkrecht auf ihr steht.*

# Winkel im Kreis

**WOZU EIGENTLICH?**　*Ein wichtiger Satz für Umfangswinkel ist der Satz des Thales; dieser wird vor allem für Dreieckskonstruktionen verwendet. Aber auch in der praktischen Anwendung spielt er eine Rolle, wie in der Architektur. Mit dem Satz des Thales lässt sich beispielsweise in runden Sitzreihen eines Theaters der perfekte Blickwinkel für die Besucher auf die Bühne feststellen.*

### Umfangswinkel

Liegt der Scheitel eines Winkels auf einer Kreislinie und schneiden seine beiden Schenkel den Kreis, so nennt man diesen Winkel **Umfangswinkel** oder **Peripheriewinkel.**

Das Besondere an diesen Winkeln ist, dass alle Umfangswinkel über demselben Kreisbogen (s. S. 200) gleich groß sind.

Dies lässt sich an derjenigen Sehne (s. S. 196) erkennen, die die beiden Schnittpunkte von Schenkel und Kreislinie verbindet – es ist vollkommen egal, wo auf dem Kreisbogen über der Sehne die Umfangswinkel eingetragen werden, der Umfangswinkel ist immer gleich groß.

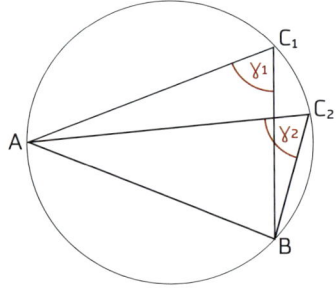

Es gilt in der Abbildung:

$\gamma_1 = \gamma_2$.

### Satz des Thales

Verläuft die Sehne, auf der das Dreieck aufgebaut wird, durch den Kreismittelpunkt M, so gilt:
- die Grundseite des Dreiecks ist der Durchmesser des Kreises,
- die Umfangswinkel betragen 90°, sind also rechtwinklig.

Der **Satz des Thales** lautet daher: Liegt der Punkt C eines Dreiecks ABC auf einem Halbkreis über der Strecke AB, hat das Dreieck bei C einen rechten Winkel.

Ebenso gilt die **Umkehrung** des Satzes des Thales: Hat das Dreieck ABC bei C einen rechten Winkel, so liegt C auf einem Kreis mit dem Durchmesser AB.

Der Satz des Thales gilt nur für rechtwinklige Dreiecke bzw. nur dann, wenn die Grundseite des Dreiecks ein Durchmesser des Kreises ist (der Punkt C also auf einem Halbkreis über der Dreiecksgrundseite liegt).

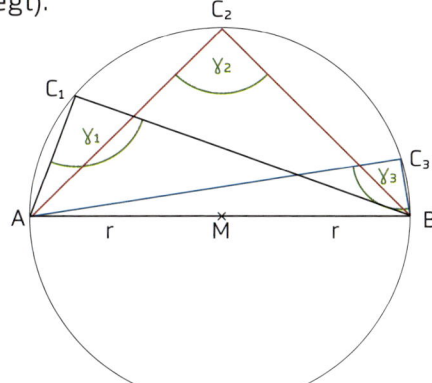

Stellt nun der Kreisbogen die Sitzreihe in einem Theatersaal dar und der Durchmesser AB die Lage der Bühne, sieht man, dass auch der Zuschauer, der den außen liegenden Sitz bei $C_3$ reserviert hat, die Bühne noch halbwegs überblicken kann – denn die Schenkel des Winkels $\gamma_3$ begrenzen sein Blickfeld auf die Bühne.

## Mittelpunktswinkel (Zentriwinkel)

Als **Mittelpunktswinkel** bezeichnet man den Winkel, dessen Scheitelpunkt im Kreismittelpunkt M liegt.
Der Mittelpunktswinkel ist immer doppelt so groß wie die Umfangswinkel über demselben Kreisbogen:

$$\delta = 2 \cdot \gamma_1 = 2 \cdot \gamma_2$$

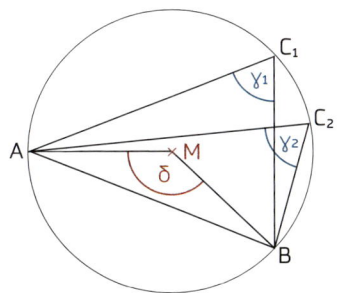

---

**PATZER VERMEIDEN!**   *Wichtig ist die Unterscheidung zwischen dem allgemeinen Umfangswinkel und dem 90°-Umfangswinkel im Satz des Thales – da der Satz des Thales nur für rechtwinklige Dreiecke gilt. Dies wird aber spätestens dann erkennbar, wenn man den Durchmesser des Kreises einzeichnet, um ein Dreieck darauf zu konstruieren.*
*Weitere Fehler können sich aus Zeichenungenauigkeiten ergeben, weshalb es immer ratsam ist, mit gespitztem Bleistift zu zeichnen und ruhig und genau vorzugehen.*

# Kreisbogen, Kreissektor und Kreisabschnitt

*Nicht immer hat man es in Berechnungen oder im Alltag mit vollständigen Kreisen zu tun, sondern trifft auf Halbkreise oder Kreissegmente – so z. B. beim Satz des Thales oder bei zusammengesetzten Flächen oder Körpern.*

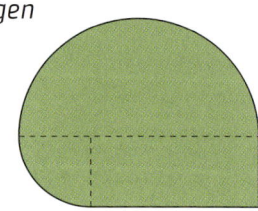

### Der Kreisbogen

Als **Kreisbogen** bezeichnet man einen Teil der gesamten Kreislinie. Seine **Länge** ist abhängig vom Radius r des Kreises und von dem Mittelpunktswinkel (s. S. 199; δ in der Abbildung), der im zugehörigen Kreisausschnitt liegt. Stellt man sich einen Kuchen vor, bei dem ein Stück herausgeschnitten wurde, bezeichnet der Kreisbogen die Länge des Randes des herausgeschnittenen Kuchenstücks.

Berechnen lässt sich die Länge des Kreisbogens, indem man sie zum gesamten Kreisumfang ins Verhältnis setzt. Das Verhältnis zwischen Kreisbogen und gesamtem Kreis ist so groß wie das Verhältnis aus dem zugehörigen Mittelpunktswinkel und dem Vollwinkel:

$$\frac{b}{U} = \frac{\beta}{360°}$$

Die Länge b des Kreisbogens erhält man, indem man die Formel umstellt:

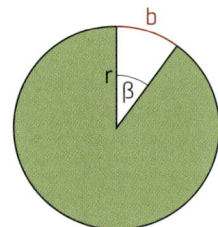

$$b = \frac{\beta}{360°} \cdot U = \frac{\beta}{360°} \cdot 2 \cdot \pi \cdot r$$

$$\Rightarrow b = \frac{\beta}{180°} \cdot \pi \cdot r$$

### Der Kreissektor (Kreisausschnitt)

Das herausgeschnittene Kuchenstück aus dem obigen Beispiel bildet einen **Kreissektor,** d. h. ein Stück des Kreises, das durch zwei Radien und einen Kreisbogen gebildet wird.

Wie die Länge des Kreisbogens hängt auch die gesamte **Fläche** des Kreissektors vom Radius r und dem Mittelpunktswinkel ab.

Auch hier lässt sich wieder ein Verhältnis der Fläche des Kreissektors zu der des Gesamtkreises aufstellen. Durch eine entsprechende Umformung erhält man eine Formel zur Berechnung des Kreissektor-Flächeninhalts:

$$\frac{A_{Sektor}}{A_{Kreis}} = \frac{\beta}{360°} \Rightarrow A_{Sektor} = \frac{\beta}{360°} \cdot A_{Kreis}$$

$$A_{Sektor} = \frac{\beta}{360°} \cdot \pi \cdot r^2$$

### Der Kreisabschnitt

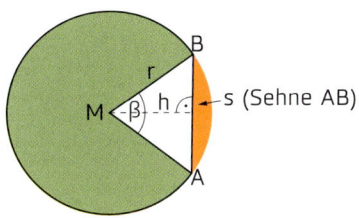

Würde nun jemand, der den trockenen Rand des Kuchenstückes nicht mag, diesen in einer geraden Linie abschneiden, erhielte er dadurch einen **Kreisabschnitt** (in der Abbildung orange).
Zur Berechnung des **Flächeninhalts** dieses Abschnittes verdeutlicht man sich, dass ein Kreissektor im Grunde nichts weiter ist als ein gleichschenkliges Dreieck (s. S. 175), zu dem eben dieses Randstück, der Kreisabschnitt, dazuaddiert wurde. Berechnet man also die Fläche des gesamten Kreissektors und subtrahiert davon die Fläche des gleichschenkligen Dreiecks, erhält man automatisch den Flächeninhalt des Kreisabschnittes.
Mit s = Grundseite des Dreiecks und h = Höhe des Dreiecks erhält man:

$$A = \frac{\beta}{360°} \cdot \pi \cdot r^2 - \frac{1}{2} \cdot s \cdot h$$

$$A = A_{Kreissektor} - A_{Dreieck}$$

(Zur Berechnung der Fläche des Dreiecks kann man bspw. die trigonometrischen Formeln benutzen, s. S. 218).

---

**PATZER VERMEIDEN!**   *Die ähnlichen Bezeichnungen können schnell zu Verwirrung führen und somit evtl. auch zur Verwendung der falschen Berechnungsformel. Deshalb ist es ratsam, sich die Bedeutung der Ausdrücke zu verdeutlichen:*
- *Beim Kreisausschnitt wird etwas ausgeschnitten, nämlich ein Kuchenstück.*
- *Beim Kreisabschnitt wird etwas abgeschnitten, nämlich das Randstück.*
*Außerdem ist es immer ratsam, Formeln nicht stur auswendig zu lernen, sondern die Bedeutung zu hinterfragen. An der Formel für den Kreisabschnitt kann man – mit geübtem mathematischen Auge – schnell erkennen, dass sie die Flächeninhaltsformel für Dreiecke enthält.*

# Geometrische Körper

**WOZU EIGENTLICH?** *Geometrischen Körpern begegnet man überall: Bei Verpackungen, aber auch bei Bauwerken und Dekorationsgegenständen stößt man auf geometrische Körper, wie Quader, Prismen oder Zylinder, und ihre Eigenschaften.*

### Was ist ein Körper?

Ein Körper ist ein dreidimensionales Gebilde, das durch mehrere Flächen begrenzt wird. Von Interesse sind oft Berechnungen des Volumens V (s. S. 212) oder des Oberflächeninhaltes O (s. S. 208) von Körpern.

### Quader und Würfel

Ein **Quader** wird begrenzt durch 6 Rechteck-flächen, von denen jeweils zwei gegenüber-liegende parallel und gleich groß sind. Der **Würfel** ist ein spezieller Quader, bei dem alle Kanten gleich lang und alle Flächen gleich groß und quadratisch sind.

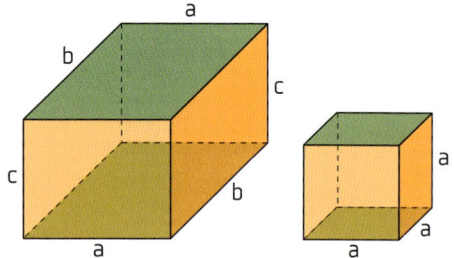

### Prisma und Zylinder

Bei Prismen (im Singular: Prisma) unterscheidet man:
**a) gerade Prismen:** Dies sind Körper, die zwei parallele kongruente Grundflächen aufweisen. Die Grundflächen sind n-Eck-Flächen.
**b) schiefe Prismen:** Auch schiefe Prismen haben zwei kongruente parallel liegende Grundflächen; diese sind aber gegeneinander verschoben.

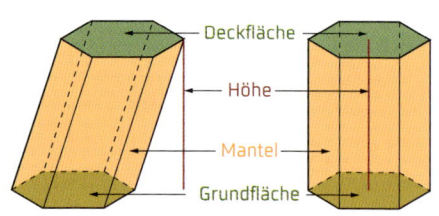

Man unterscheidet Prismen nach ihrer **Grundfläche** — es gibt Dreieckprismen, Sechseckprismen (in der Abbildung), Fünfeckprismen usw. Ein Prisma mit rechteckiger Grundfläche ist nichts anderes als ein Quader.

Hat der Körper statt einer n-Eck-Fläche eine Kreisfläche als Grund- und Deckfläche, handelt es sich um einen **Zylinder.** Auch beim Zylinder sind Grund- und Deckfläche gleich groß (kongruent) und zueinander parallel.

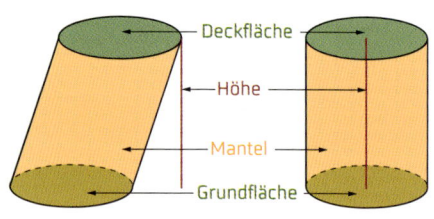

## Pyramide und Kegel

Pyramide und Kegel haben nur eine Grundfläche und laufen am oberen Ende spitz zu — beim geraden Körper sitzt die Spitze mittig über der Grundfläche, beim schiefen ist sie gegenüber der Grundflächenmitte verschoben. Dabei hat eine **Pyramide** eine **n-Eck-Fläche als Grundfläche** — eine Dreieckpyramide hat ein Dreieck als Grundfläche, eine quadratische Pyramide hat ein Quadrat als Grundfläche usw.
Ist die Grundfläche ein **Kreis,** heißt der spitze Körper **Kegel.**

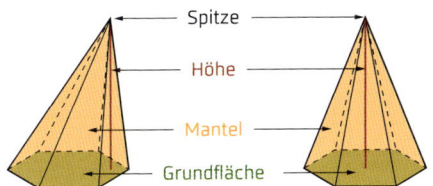 

## Kugel

Eine Kugel besitzt überhaupt keine Grundfläche.
Jeder Punkt auf der Kugeloberfläche hat den gleichen Abstand zum Kugelmittelpunkt.

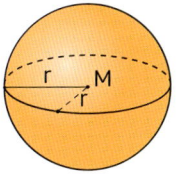

## Zusammengesetzte Körper

Körper können auch in mehrere Teilkörper zerlegt werden. Ein Haus kann bspw. als Fünfeckprisma aufgefasst oder in einen Quader und ein Dreiecksprisma (Dach) zerlegt werden — die Teilkörper sind oft einfacher zu berechnen.
Auch können aus Körpern Teile weggeschnitten werden, wie beim Kegelstumpf.

 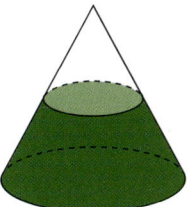

**PATZER VERMEIDEN!** *Häufig kommt es zu Verwechslungen zwischen Breite und Länge eines Körpers, da diese Begriffe in unterschiedlichen Büchern auch verschieden verwendet werden. Der Begriff „Tiefe" ist eindeutiger.*

# Schrägbilder

**WOZU EIGENTLICH?** *Schrägbilder benötigt man, um Körper dreidimensional darzustellen, also so, dass man die Höhe, die Breite (Tiefe) und die Länge des Gegenstands im Verhältnis zueinander erkennen kann. Man begegnet ihnen z.B. in der Kunst beim perspektivischen Zeichnen oder in der Architektur, und sie schulen die räumliche Wahrnehmung.*

### Schrägbilder zeichnen

**1.** Am geschicktesten beginnt man mit der **Vorderseite des Körpers,** d.h. man zeichnet zuerst die Fläche, die man sieht, wenn man von vorne auf den Gegenstand schaut. Die Länge der gezeichneten Kanten entspricht dabei der Originallänge der Körperkanten (oder wird nach einem Maßstab verkleinert, s.S.162).

**2.** Nun zeichnet man die Kanten, die „nach hinten" verlaufen, also die Tiefenkanten, und erhält so die Fläche, die sich an der Seite des Körpers befindet. An den Ecken misst man dazu jeweils **45°-Winkel** ab und zeichnet die **Tiefenkanten nur halb so lang,** wie sie im Original sind.

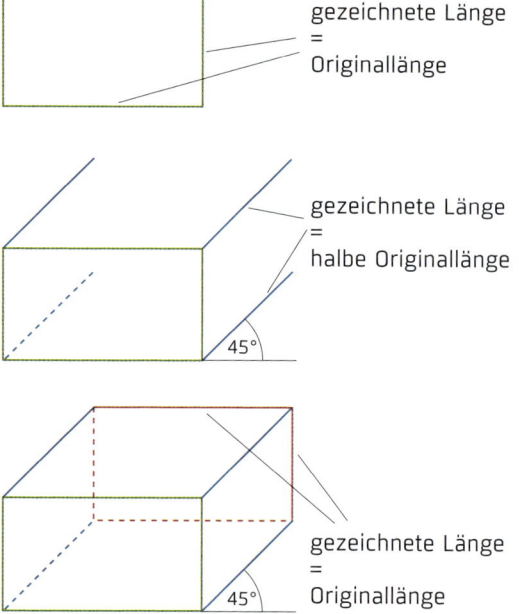

gezeichnete Länge
=
Originallänge

gezeichnete Länge
=
halbe Originallänge

45°

gezeichnete Länge
=
Originallänge

45°

**3.** Die Kanten, die zwar am Körper vorhanden, aber nicht sichtbar sind, wenn man von der Seite auf den Gegenstand schaut (verdeckte Kanten), werden mit gestrichelten Linien eingezeichnet (auch hier gilt: nach hinten verlaufende Linien um die Hälfte verkürzt und im 45°-Winkel).

### Schrägbilder mit runden Flächen

Bei Kreisflächen zu entscheiden, welche Linie nun „nach hinten" verläuft, ist nicht möglich. Hier empfiehlt es sich, mit der Grundfläche des Körpers — also dem Kreis — zu beginnen und diesen als Oval darzustellen. Das erreicht man am einfachsten, wenn man waagrecht den Durchmesser zeichnet und dazu eine Mittelsenkrechte erstellt, die halb so lang ist. Nun verbindet man die Endpunkte der beiden Strecken möglichst „rund". Damit hat man die Grundfläche perspektivisch verzerrt.

Auf diesem „Kreis" lässt sich nun problemlos ein Zylinder oder ein Kegel zeichnen.
Die Kanten, die „nach oben" verlaufen,
werden wie bei eckigen Schrägbildern in
der Originallänge gezeichnet, dann die
Deckfläche ebenfalls als Ellipse eingezeichnet. Hilfslinien werden anschließend entfernt und die sichtbaren Teile der Ellipsen
durchgezogen.

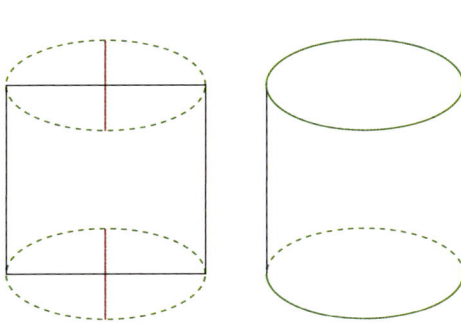

Das Schrägbild einer **Kugel** ist übrigens am einfachsten zu zeichnen, da es einem
Kreis entspricht. Gleichgültig, von welcher Seite man auf die Kugel schaut, sie ist
immer nur als Kreis zu erkennen.

### Schrägbild einer quadratischen Pyramide

Man beginnt mit der Grundfläche — da ein Quadrat gleich lange Kanten hat, müssen die nach hinten verlaufenden Kanten im Schrägbild halb so lang wie die
vordere Kante gezeichnet werden. Mithilfe der Diagonalen bestimmt man den
Mittelpunkt der Grundfläche (Schnittpunkt der Diagonalen). Über dem Grund-
flächenmittelpunkt befindet sich in Pyramidenhöhe die Spitze. Nun verbindet man
die Eckpunkte der Grundfläche mit der Spitze.

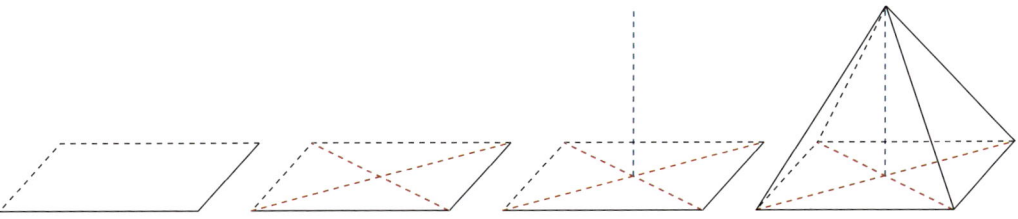

**PATZER VERMEIDEN!** *Der Körper muss sich am Ende der Zeichnung „schließen",
d. h., die Kanten müssen zwangsläufig zusammenlaufen. Ist dies nicht der Fall, könnte
das verschiedene Ursachen haben: Man sollte prüfen, ob man bei den Tiefenkanten die
Kantenlänge halbiert und die Kanten im 45°-Winkel gezeichnet hat. Zeichenungenauig-
keit kann durch Abmessen der Kantenlängen und Winkel geprüft werden.*

# Netze

„Zerschneidet" man einen Körper (wie einen Karton) an seinen Kanten und klappt ihn auseinander, erhält man sein Netz. Das Netz ist bspw. hilfreich, wenn man einzelne Flächen eines Körpers näher untersuchen oder verdeutlichen möchte, aus welchen einzelnen Flächen ein Körper besteht. Zum Bauen eines Körpers nimmt man ebenfalls ein Netz und faltet es dann zusammen.

### Netze zeichnen

Wenn man einen geometrischen Körper vor sich platziert und ihn dann **entlang der Kanten** so **aufschneidet,** dass ein einziges aufgeklapptes flaches Stück entsteht (es wird also keine seiner Seitenflächen als Einzelstück abgeschnitten) – dann ist das Gebilde, das nun auf dem Tisch liegt, das Netz.

Um ein Netz zu zeichnen, beginnt man am besten mit der Grundfläche des Körpers und klappt danach gedanklich die Seiten nacheinander um und zeichnet sie entsprechend. Die einzelnen Seiten werden dabei so gezeichnet, als würde man ganz gerade draufschauen, d.h. in zweidimensionaler Abbildung.

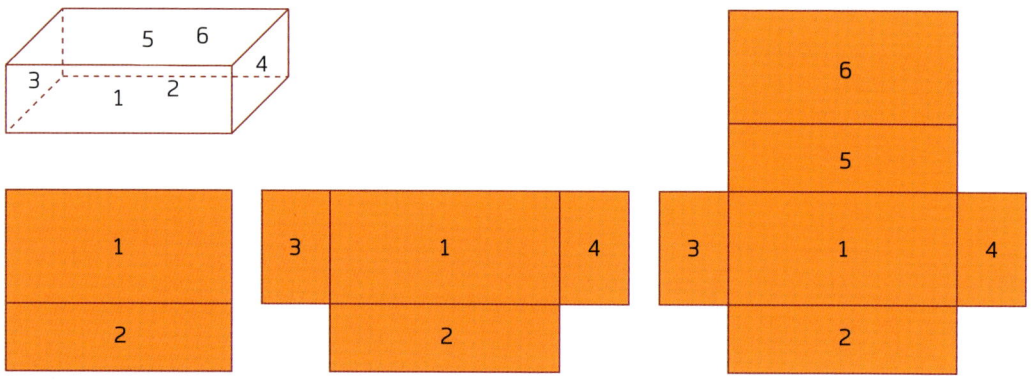

### Netze mit nicht eckigen Flächen

Die Vorgehensweise ist im Grunde genommen die gleiche wie bei eckigen Körpern. Nur fällt es hier manchmal schwerer, die Flächen in ausgeklappter Form zu zeichnen, da man die Kanten nicht auf den ersten Blick erkennt. Man kann sich aber mit einem geraden Schnitt behelfen. Notfalls kann man auch eine Verpackung zur Hilfe nehmen, die dem geometrischen Körper entspricht, und sie tatsächlich zerschneiden. Spätestens jetzt erkennt man, mit welchen (ausgeklappten) Flächen man es zu tun hat.

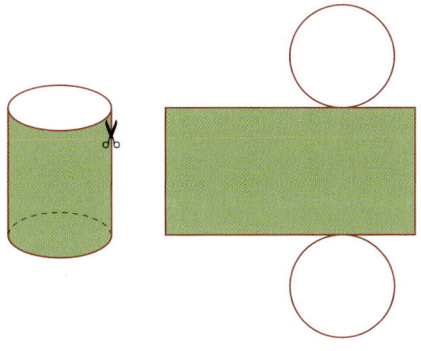

Die Abbildung zeigt das Netz
eines Zylinders.

Das Netz eines **Kegels** besteht aus einem Kreis (der Grundfläche) und einem Kreissektor (s. S. 200). Man erhält die „Hütchenform" des Kegels, wenn man den Kreissektor an der Kante zusammenführt.

Bei einer **Kugel** sähe das Netz ähnlich aus wie in der Abbildung – allerdings kann dies immer nur eine Annäherung an die echte Kugelform sein.
In je mehr einzelne Segmente das Netz unterteilt ist (wobei die Segmente immer schmaler werden, da der Umfang ja nicht zunehmen darf), desto runder wird die Kugel nach dem Zusammenfalten.
Um eine wirklich runde Kugel zu erhalten, bräuchte man unendlich viele, aber dafür unendlich schmale Segmente.

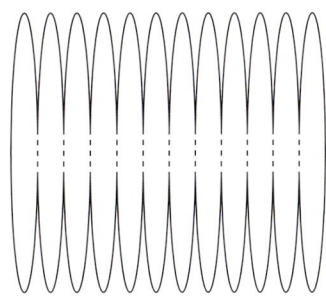

Das Zeichnen ist aber derart aufwendig und kompliziert, dass es wohl in keiner Schulform verlangt wird.

**PATZER VERMEIDEN!**  *Fehler entstehen häufig dadurch, dass Seitenflächen beim Zeichnen vergessen werden oder an der falschen Seite angezeichnet werden. Man sollte deshalb unbedingt am Ende die einzelnen Flächenteile durchzählen.*
*Beim **Zylinder** und beim **Kegel** muss jedoch genau geschaut werden, welche Kante der Fläche welcher Kante im Körper entspricht. So sind beispielsweise Höhe des Zylinders und Umfang der Grundfläche die Seitenkanten des Rechtecks, das den Zylinder „ummantelt".*
*Beim Kegel entspricht die Kantenlänge s dem Radius des Kreissektors in aufgeklappter Form.*

# Mantel- und Oberflächenberechnung

**WOZU EIGENTLICH?**   *Die Größe von Oberflächen braucht man häufiger im Alltag, oft ohne sich bewusst zu sein, dass es um Oberflächen geht: Will man ein Geschenk einpacken, muss man wissen, wie viel Geschenkpapier man braucht; wenn man eine Dose bemalen will, muss man wissen, wie viel Farbe man benötigt.*

### Mantel eines Körpers

Der Begriff „Mantel" bezeichnet etwas, das etwas anderes „ummantelt" – ähnlich wie bei einem Wintermantel zwar Leib und Beine des Menschen eingehüllt werden, aber Kopf und Füße frei bleiben, so besteht auch bei geometrischen Körpern der Mantel nur aus den Flächen des Körpers, die ihn außen herum begrenzen, nicht aber Grund- und Deckfläche („Kopf" und „Fuß" des geometrischen Körpers).

Die Berechnung des Flächeninhaltes des Mantels (Mantelfläche) ist natürlich von Körper zu Körper unterschiedlich. Sie lässt sich aber häufig einfach herleiten, indem man ein Netz des Körpers (s. S. 206) erstellt, die einzelnen Flächen – außer Grund- und ggf. Deckfläche – berechnet und diese addiert.

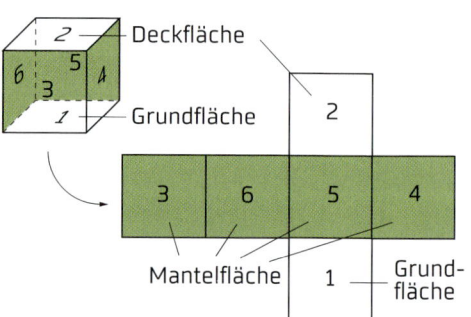

### Oberfläche eines Körpers

Mit der Oberfläche O des Körpers ist die **gesamte Fläche** gemeint, die den Körper umschließt. Das heißt, die **Oberfläche** umfasst **Mantel plus Grundfläche plus ggf. Deckfläche.** Daraus folgt für die Oberflächenberechnung:

**Prisma:**        O = Mantel + 2 × Grundfläche
**spitzer Körper:**   O = Mantel + Grundfläche
**Kugel:**         O = Mantel

### Mantel und Oberfläche verschiedener Körper berechnen

Zur Berechnung stellt man sich den Körper am besten als Netz vor (s. S. 206), damit man alle einzelnen Flächen im Blick hat. Wichtig ist bei der Berechnung lediglich, sich klar zu werden, wie die Angaben zu den Maßen des Körpers für die Flächenberechnung der einzelnen Teilstücke verwendet werden können.

**1. Quader und Würfel:** Den **Oberflächen-inhalt** O eines Quaders berechnet man mit:

$O_{Quader} = 2 \cdot a \cdot b + 2 \cdot a \cdot c + 2 \cdot b \cdot c$

$O_{Würfel} = 6 \cdot a^2$

(Beim Würfel werden die Flächeninhalte der 6 begrenzenden Quadrate addiert.)

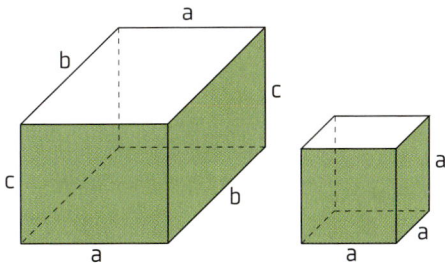

**2. Prisma:** Die **Mantelfläche** eines geraden Prismas besteht aus Rechtecken, die eines schiefen Prismas aus Parallelogrammen. Rollt man die Mantelfläche eines Zylinders ab, erhält man ein Rechteck.

Die Oberflächeninhalte von Prisma und Zylinder ergeben sich aus:

**Oberfläche = Mantelfläche + Grundfläche + Deckfläche**

Die Formel zur Berechnung einer Prismenoberfläche hängt von der Form der Grundfläche ab und kann daher nicht konkreter angegeben werden.

**BEISPIEL:** **Dreieckprisma:**

Grundfläche $A_G$ = Deckfläche = Dreieckfläche

Mantelflächen: 3 i. d. R. verschiedene Rechteckflächen $A_{R1}$, $A_{R2}$, $A_{R3}$

Dreieckseiten a, b, c; Höhe $h_c$ des Dreiecks bzgl. c; Prismenhöhe h

$A_G = \frac{1}{2} \cdot c \cdot h_c$

$A_{R1} = a \cdot h$; $A_{R2} = b \cdot h$, $A_{R3} = c \cdot h$

$\Rightarrow O_{Dreiecksprisma}$
$= 2 \cdot (\frac{1}{2} \cdot c \cdot h_c) + a \cdot h + b \cdot h + c \cdot h$

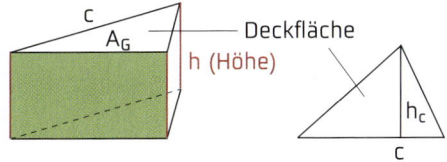

Hierbei darf man nicht die Höhe des Prismas mit der Höhe des Dreiecks verwechseln.

**3. Zylinder:** Für den Zylinder kann die Formel zur Oberflächenberechnung konkreter angegeben werden, da seine Grund- und Deckfläche immer Kreise sind.

Kreisfläche der **Grundfläche** (r = Kreisradius): $A_G = \pi \cdot r^2$

Rechteckfläche des **Mantels**: $A_M = 2 \cdot \pi \cdot r \cdot h$

(Die eine Seite des Rechtecks ergibt sich aus der Höhe h des Zylinders, die andere aus dem Umfang der Grundfläche $U = 2 \cdot \pi \cdot r$.)

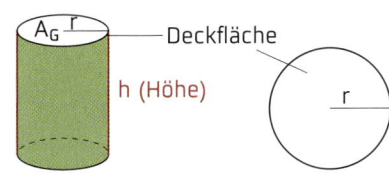

Damit ist die Oberfläche des Zylinders:

$O_{Zylinder} = 2 \cdot \pi \cdot r^2 + 2 \cdot \pi \cdot r \cdot h$

**4. Pyramide und Kegel:** Eine **Pyramide** hat eine **n-Eck-Fläche als Grundfläche** und eine entsprechende Anzahl an Dreieckflächen als Mantelfläche — eine Dreieck-pyramide hat ein Dreieck als Grundfläche und eine Mantelfläche aus 3 Dreiecken, eine quadratische Pyramide hat ein Quadrat als Grundfläche und 4 Dreiecke als Mantelfläche usw.

Ein **Kegel** hat einen **Kreis als Grundfläche,** seine Mantelfläche ist ein **Kreis-ausschnitt** (s. S. 200).

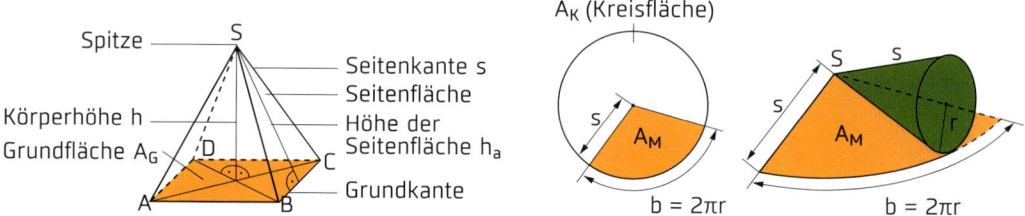

Beim Berechnen der **Oberfläche einer Pyramide** ist zu beachten, dass zwei ver-schiedene Höhen auftreten können: die Höhe der Pyramide und die Höhen der Manteldreiecke. Bei einer Dreieckpyramide kann noch die Höhe des Grund-flächen-Dreiecks dazu kommen.

Bei der Berechnung der **Oberfläche eines Kegels** treten zwei verschiedene Radien auf: derjenige der Grundfläche (r)  und der des Kreisausschnittes (s), welcher den Mantel bildet:

$O_{Kegel} = A_G + A_M = \pi \cdot r^2 + \pi \cdot r \cdot s$

### Kugel und Kugelteile

**Oberflächeninhalt einer Kugel:** $O = 4 \cdot \pi \cdot r^2$

Wird mit einem ebenen Schnitt ein Teil einer Kugel abgetrennt, erhält man einen **Kugelabschnitt.** Die **Oberfläche** eines Kugelabschnittes heißt **Kugelkappe** und wird wie folgt berechnet:

$O_{Kugelabschnitt} = \pi \cdot (2 \cdot r_2^2 + h^2)$

Auch hier treten zwei verschiedene Radien auf — der Radius der Kugel $r_1$ und der Radius der Schnittfläche $r_2$. Der eine lässt sich aus dem anderen berechnen: $r_2^2 = r_1^2 - (r_1 - h)^2$.

Sitzt unter dem Kugelabschnitt noch der dazugehörige Kreiskegel, dessen Spitze bis in den Kugelmittelpunkt reicht, hat man einen **Kugelausschnitt** oder **Kugelsektor.** Dessen **Oberflächeninhalt** ist:

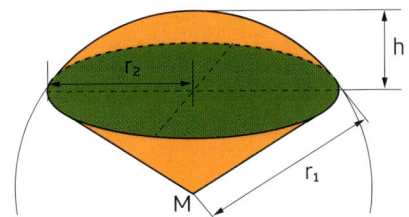

$O_{Kugelausschnitt} = \pi \cdot r_1 \cdot (r_2 + 2 \cdot h)$

### Zusammengesetzte Körper

Bei zusammengesetzten Körpern ist Vorsicht geboten. Will man bspw. zwei Bücher unterschiedlicher Größe verschenken und diese so einpacken, dass das Geschenkpapier an der Oberfläche anliegt, handelt es sich um einen zusammengesetzten Körper. Um hier nun die Oberfläche zu berechnen, benötigt man nicht die Gesamtoberfläche der beiden Bücher, sondern nur Teile davon, da das Geschenkpapier ja nicht zwischen den beiden Büchern liegen soll.

Betrachtet man nur die „sichtbaren" Flächen, egal wie man die Bücher dreht, wird klar, dass man nur vier Seitenflächen des kleineren Buches benötigt, vier Seitenflächen des größeren Buches, die Grundfläche des größeren, die Deckfläche des kleineren sowie den überstehenden Teil der Deckfläche des größeren Buches – dieser ergibt sich aus der Differenz der Deckfläche des größeren und der Grundfläche des kleineren Buches.

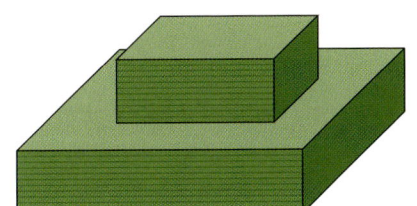

---

**PATZER VERMEIDEN!**   *Fehler bei Oberflächenberechnungen einfacher Körper entstehen oft daraus, dass die Formeln für die einzelnen Flächen falsch angewendet werden oder dass nicht alle notwendigen Flächen berücksichtigt werden. Deshalb sollte man schrittweise und sorgfältig vorgehen.*

*Wichtig ist, darauf zu achten, um welche Höhen von welchen Flächen oder Körpern es sich gerade handelt.*

*Bei zusammengesetzten Körpern sollte man den Körper gedanklich „drehen" und sich genau überlegen, welche Flächen einbezogen werden.*

# Volumenberechnung

**WOZU EIGENTLICH?** *Das Volumen bezeichnet den Inhalt eines Körpers, also umgangssprachlich: Wie viel passt in den Behälter? Dies ist im Alltag in vielen Situationen erforderlich, man denke an einen Benzintank, einen Kanister, eine Flasche, eine Badewanne etc. Aber auch bei festen Inhaltsstoffen spricht man von Volumen – Blumenerde wird bspw. in Säcken zu bestimmten Literangaben verkauft.*

### Volumenberechnung

Um das Volumen eines Körpers berechnen zu können, muss man sich zuerst klar darüber sein, um welchen Körper es sich handelt.

**1. Quader:** Das Volumen V eines Quaders oder eines Würfels (bei dem alle Kanten gleich lang sind) ergibt sich als Produkt der drei Kantenlängen:

$V_{Quader} = a \cdot b \cdot c;$   $V_{Würfel} = a^3$

**2. Prisma und Zylinder:** Das Volumen eines Prismas oder eines Zylinders berechnet sich als das Produkt aus Grundfläche mal Höhe des Körpers:

$V = A_G \cdot h$

Hat das Prisma ein Dreieck als Grundfläche, ergibt sich somit (im Beispiel der Abbildung):

$V = A_G \cdot h$ und $A_G = \frac{1}{2} \cdot c \cdot h_c \rightarrow V = \frac{1}{2} \cdot c \cdot h_c \cdot h$

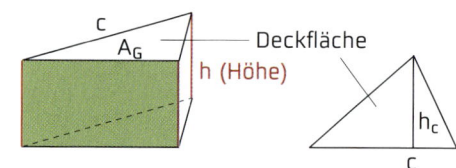

Hierbei muss beachtet werden, dass h die Höhe des Körpers und $h_c$ die Höhe des Dreiecks der Grundfläche ist. (Wenn ein Trapez oder ein Parallelogramm die Grundfläche bilden, treten neben der Körperhöhe ebenfalls Flächenhöhen auf.)

Da auch ein **Quader** ein Prisma ist, kann man auch das Volumen eines Quaders mit der Formel für das Prismavolumen berechnen:

$V_{Quader} = A_G \cdot h = a \cdot b \cdot c$

Beim **Zylinder** ist die Grundfläche immer ein Kreis (Kreisfläche = $\pi \cdot r^2$), damit folgt für das Zylindervolumen:

$V_{Zylinder} = \pi \cdot r^2 \cdot h$

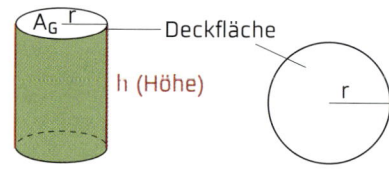

**3. Pyramide und Kegel:** Bei gleich großer Grundfläche hat eine Pyramide nur ein Drittel des **Volumens** des entsprechenden Prismas:

$$V_{Pyramide} = \tfrac{1}{3} A_G \cdot h$$

Das **Volumen** eines Kegels berechnet man mit derselben Formel wie das der Pyramide, nur dass man beim Kegel die Formel für die kreisförmige Grundfläche einsetzen kann:

$$V_{Kegel} = \tfrac{1}{3} A_G \cdot h = \tfrac{1}{3} \cdot \pi \cdot r^2 \cdot h$$

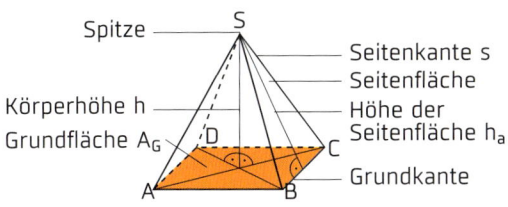
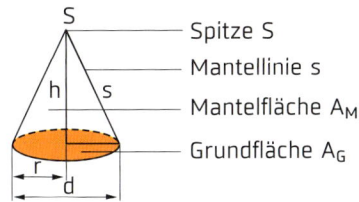

### Volumen von Kugeln und Kugelteilen

**1. Kugel:** $V_{Kugel} = \tfrac{4}{3} \cdot \pi \cdot r^3$; Halbkugel: $V_{Halbkugel} = \tfrac{2}{3} \cdot \pi \cdot r^3$

**2. Kugelabschnitt** (s. S. 210):
$$V_{Kugelabschnitt} = \tfrac{1}{6} \cdot \pi \cdot h \,(3 \cdot r_2^2 + h^2)$$

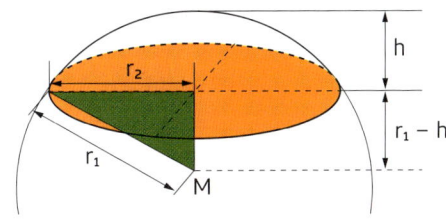

**3. Kugelausschnitt** (s. S. 211):
$$V_{Kugelausschnitt} = \tfrac{2}{3} \cdot \pi \cdot r_1^2 \cdot h$$

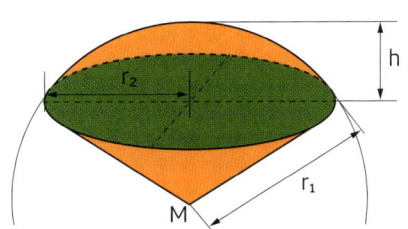

Wie bei der Oberflächenberechnung muss man auch hier beachten, dass zwei verschiedene Radien auftreten — der Radius der Kugel $r_1$ und der Radius der Schnittfläche $r_2$. Der eine lässt sich aus dem anderen berechnen:
$$r_2^2 = r_1^2 - (r_1 - h)^2.$$

### Volumenberechnung bei zusammengesetzten Körpern

Bei zusammengesetzten Körpern behilft man sich mit einer geschickten Zerlegung in verschiedene Teilkörper, deren Volumen man berechnen und am Ende zu einem Gesamtvolumen addieren kann.

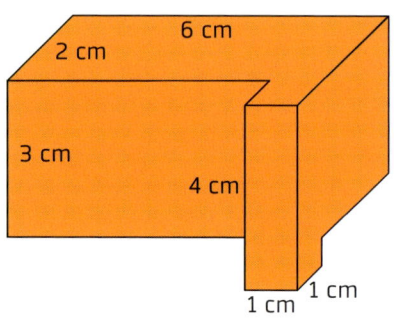 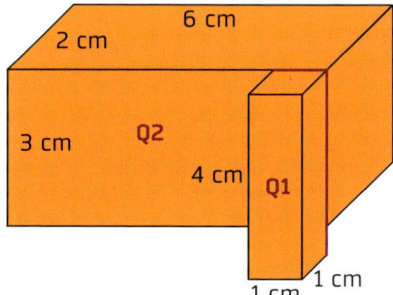

**BEISPIEL:**  Der Körper in der linken Abbildung wird in zwei Teilquader Q1 und Q2 zerlegt (rechte Abbildung)

Nun berechnet man die Volumen der Teilquader:

$V_{Q1} = 1\,\text{cm} \cdot 1\,\text{cm} \cdot 4\,\text{cm} = 4\,\text{cm}^3$

$V_{Q2} = 6\,\text{cm} \cdot 2\,\text{cm} \cdot 3\,\text{cm} = 36\,\text{cm}^3$

Das Volumen des ungeteilten Körpers ist nun die Summe aus $V_{Q1}$ und $V_{Q2}$:

$V_{\text{Körper}} = V_{Q1} + V_{Q2} = 4\,\text{cm}^3 + 36\,\text{cm}^3 = 40\,\text{cm}^3$

Bei konkreten Rechnungen mit Maßangaben muss man auf die **Einheiten** achten — nur gleiche Einheiten dürfen addiert oder subtrahiert werden, gegebenenfalls muss erst auf eine geeignete Einheit vereinheitlicht werden (s. S. 60).

Da das Volumen alle drei Dimensionen miteinander verrechnet (Höhe, Länge und Breite), wird es in „Kubik" (also $\text{cm}^3$, $\text{m}^3$ usw.) angegeben oder aber auch direkt in Liter (ml, cl, l usw.), wobei ein Liter einem $\text{dm}^3$ entspricht:

**$1\,l = 1\,\text{dm}^3$.**

Bei Volumenberechnungen muss bei der berechneten Volumenangabe also immer eine Einheit der Form **„Länge hoch 3"** stehen — erhält man eine geringere oder höhere Potenz, hat man einen Fehler in der Formel oder der Rechnung.

### Volumenberechnung bei Teilkörpern

Statt mit zusammengesetzten Körpern kann man es auch mit Körpern zu tun haben, die „Stümpfe" oder Teile von den bisher behandelten Körpern sind, wie bspw. **Kegelstumpf** oder **Pyramidenstumpf.**

Man berechnet das Volumen eines solchen Teilkörpers als Differenz aus dem ursprünglichen größeren Körper und dem abgeschnittenen Teil.

Beim abgebildeten Kegelstumpf würde man zuerst das Volumen des gesamten Kegels berechnen, dann das der abgeschnittenen Spitze, die ebenfalls einen Kegel darstellt. Um das Volumen des Kegelstumpfes zu erhalten, muss man dann noch das Volumen der Spitze von dem Volumen des gesamten Kegels subtrahieren.

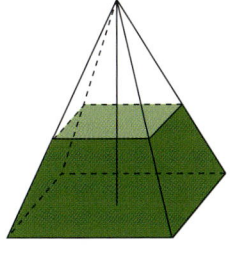 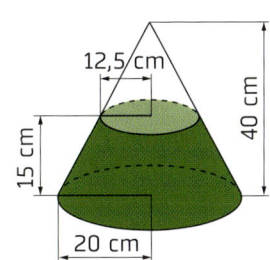

In solchen Aufgaben muss man sich die Maße der einzelnen Teilkörper meist aus den vorhandenen Angaben erschließen, wie im Beispiel verdeutlicht wird.

**BEISPIEL:** Berechne das Volumen des oben abgebildeten Kegelstumpfes.

**Kegelvolumen:** $V = \frac{1}{3} \cdot \pi \cdot r^2 \cdot h$

**Großer Kegel:** h = 40 cm, r = 20 cm $\Rightarrow V_{GK} \approx 16\ 755$ cm³

**Kegelspitze:** Die Höhe der Kegelspitze ist nicht gegeben, sie lässt sich aber aus den Angaben der Höhen des gesamten Kegels (40 cm) und des Stumpfes (15 cm) erschließen:

h = 40 cm − 15 cm = 25 cm; r = 12,5 cm $\Rightarrow V_{KS} \approx 4091$ cm³

**Kegelstumpf:** $V = V_{GK} - V_{KS} \approx 12\ 665$ cm³ $\approx 12,7$ l

---

**PATZER VERMEIDEN!**  *Wie bei der Mantel- und Oberflächenberechnung eines Körpers muss man sich zuerst vergewissern, um welchen Körper oder welche Zusammensetzung von Körpern es sich handelt. Nur dann kann eine Berechnung glücken. Bei der Berechnung des Volumens ergeben sich Fehler am ehesten aus falsch verwendeten Flächenformeln, die dann gezwungenermaßen zu einem falschen Gesamtergebnis führen.*

*Ein weiteres Problem ergibt sich häufig aus der Umrechnung der* **Einheiten.** *Deshalb empfiehlt es sich, sich zu merken, dass 1 l = 1 dm³. Bildlicher wird es, wenn man sich einprägt, dass ein Würfel mit der Kantenlänge 10 cm (also 1 dm) genau 1 Liter fasst.*

# Was ist Trigonometrie?

*Die Trigonometrie ist ein Teil-gebiet der Geometrie und beschäftigt sich vor allem mit Berechnungen in Flächen und Körpern, insbesondere in rechtwinkligen Dreiecken. Anwendung im Alltag findet sie beispiels-weise in der Navigation von Schiffen und Flugzeugen, in Abstands- und Posi-tionsbestimmungen von Planeten und Sternen, sie kann aber auch beim häuslichen Handwerken und Renovieren zum Tragen kommen.*

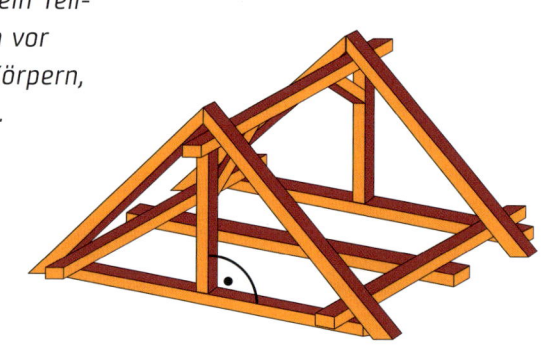

### Wann kann man trigonometrische Formeln anwenden?

Das Hauptaufgabengebiet der Trigonometrie sind Berechnungen in **rechtwinkligen Dreiecken.**
In jedem rechtwinkligen Dreieck liegt dem rechten Winkel die Hypotenuse gegenüber (s. S. 182). Die anderen beiden Seiten heißen Katheten.
Betrachtet man einen der beiden nicht rechten Winkel im Dreieck, lassen sich bezüglich dieses Winkels eine **Gegenkathete** (**gegenüber** dem betrachteten Winkel) und eine **Ankathete** (**am** betrachteten Winkel) ausmachen.
Die Hypotenuse bleibt in jedem Fall die Hypotenuse, gleich, von welchem Winkel man ausgeht, da sie immer die längste Seite des Dreiecks ist und dem rechten Winkel gegenüberliegt. Gegen- und Ankathete lassen sich dagegen immer nur in Bezug zu einem Winkel korrekt benennen.

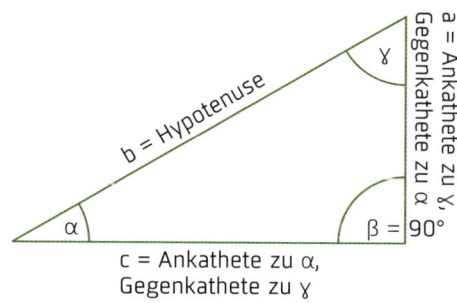

## Rechtwinklige Dreiecke in anderen geometrischen Figuren

Da trigonometrische Formeln nur in rechtwinkligen Dreiecken Anwendung finden, muss man in anderen geometrischen Figuren zuerst rechtwinklige Dreiecke „ausfindig" machen, um die Formeln der Trigonometrie nutzen zu können. Dabei behilft man sich entweder mit schon vorhandenen rechten Winkeln – z.B. in Rechtecken, Quadern, Zylindern etc. – oder man verwendet die Höhe einer Figur, die per Definition grundsätzlich im rechten Winkel auf eine Fläche oder eine Strecke trifft.

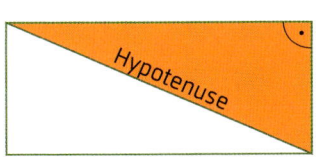 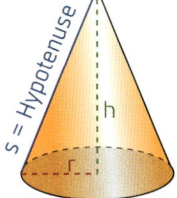 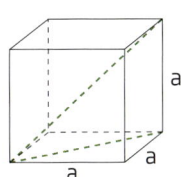

So lassen sich bei bekannten Längen über den **Satz des Pythagoras** (s.S.182) auch unbekannte Strecken berechnen – aus dem Radius und der Mantelkante des Kegels kann man bspw. die Höhe des Kegels bestimmen oder aus der langen Seite und der Diagonale eines Rechtecks die Länge der kurzen Seite.

Die Trigonometrie ermöglicht es darüber hinaus, auch aus bekannten **Winkelgrößen** fehlende Seitenlängen (bzw. umgekehrt) zu bestimmen.

---

**PATZER VERMEIDEN!** *Hypotenusen, Gegenkatheten und Ankatheten identifizieren zu können, ist Grundvoraussetzung für die korrekte Anwendung trigonometrischer Formeln.*
*Am einfachsten ist es, zuerst die Hypotenuse zu bestimmen (und zu beschriften). Danach kann man sich – sofern man das Dreieck korrekt beschriftet hat – auch problemlos an den Bezeichnungen orientieren, da die Gegenkathete immer die entsprechende Bezeichnung zum Ausgangswinkel trägt, d.h. Gegenkathete zu α ist a, Gegenkathete zu β ist b und Gegenkathete zu γ ist c (vorausgesetzt, es handelt sich jeweils nicht bereits um die Hypotenuse). Diese Bezeichnungen folgen aus der Konvention für Bezeichnungen im Dreieck (s.S.174). Die übrig bleibende Seite ist dann jeweils die Ankathete zum Ausgangswinkel.*

# Trigonometrische Formeln

*Mit den Formeln der Trigono-
metrie lassen sich aus drei Größen eines rechtwinkligen Dreiecks alle übrigen Größen berechnen. Dazu zählen nicht nur Seiten und Winkel,
sondern im Bedarfsfall auch Fläche und
Umfang (s. S. 190), Höhen, Mittelsenkrechten und Winkelhalbierende (s. S. 176).*

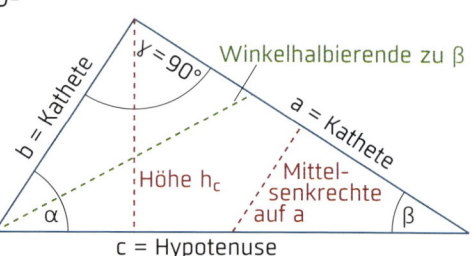

### Seitenverhältnisse im rechtwinkligen Dreieck

Die Formeln der Trigonometrie setzen die Seitenlängen im rechtwinkligen Dreieck
zueinander ins Verhältnis — und zwar sind **die Verhältnisse zweier Seiten eines
rechtwinkligen Dreiecks immer gleich** (d. h. für alle rechtwinkligen Dreiecke), **wenn
die Dreiecke im betreffenden Winkel übereinstimmen.**

### Der Sinus

Stimmen zwei rechtwinklige Dreiecke im Winkel α überein,
ist bei beiden das Verhältnis der Gegenkathete von α
zur Hypotenuse gleich. Dieses Seitenverhältnis nennt man
Sinus von α:

$$\sin\alpha = \frac{\text{Länge der Gegenkathete zu } \alpha}{\text{Länge der Hypotenuse}}$$

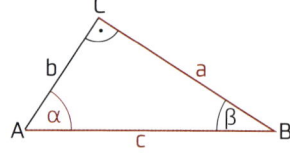

$$\sin\alpha = \frac{a}{c}, \ \sin\beta = \frac{b}{c}$$

Da man bei der Berechnung des Sinus immer durch die Hypotenuse teilt und diese
grundsätzlich die längste Seite im Dreieck ist, erhält man jedes Mal einen Nenner,
der größer ist als der Zähler und somit für den Sinus eine Zahl, die zwischen 0 und
1 liegt.

Gibt man diese Zahl in den **Taschenrechner** ein und tippt „Shift" (oder „INV")
„sin", erhält man den Winkel, von dem man ausgegangen ist. Man nennt diese
Umkehrfunktion des Sinus den **Arkussinus** (arcsin oder sin⁻¹):

$$\arcsin\left(\frac{\text{Länge der Gegenkathete zu } \alpha}{\text{Länge der Hypotenuse}}\right) = \sin^{-1}\left(\frac{\text{Länge der Gegenkathete zu } \alpha}{\text{Länge der Hypotenuse}}\right) = \alpha$$

**Der Kosinus**

Stimmen zwei rechtwinklige Dreiecke im Winkel α überein, ist bei beiden auch das Verhältnis der Ankathete von α zur Hypotenuse gleich. Dieses Seitenverhältnis nennt man Kosinus von α:

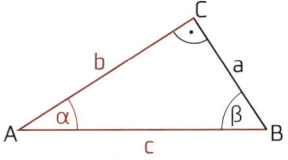

$$\cos\alpha = \frac{\text{Länge der Ankathete zu }\alpha}{\text{Länge der Hypotenuse}}$$

$$\cos\alpha = \frac{b}{c}, \cos\beta = \frac{a}{c}$$

Aus denselben Gründen wie bei der Sinusberechnung muss für den Kosinus eines Winkels ebenso immer ein Wert zwischen 0 und 1 entstehen.

Bei Berechnungen mit dem Taschenrechner gibt man analog zum Sinus ein: die errechnete Zahl, „Shift" (oder „INV") und „cos", um die Winkelgröße zu erhalten. Diese Umkehrfunktion des Kosinus heißt **Arkuskosinus** – arccos oder cos⁻¹:

$$\arccos\left(\frac{\text{Länge der Ankathete zu }\alpha}{\text{Länge der Hypotenuse}}\right) = \cos^{-1}\left(\frac{\text{Länge der Ankathete zu }\alpha}{\text{Länge der Hypotenuse}}\right) = \alpha$$

**Der Tangens**

Stimmen zwei rechtwinklige Dreiecke im Winkel α überein, ist bei beiden auch das Verhältnis der Gegenkathete zur Ankathete von α gleich. Dieses Seitenverhältnis nennt man Tangens von α:

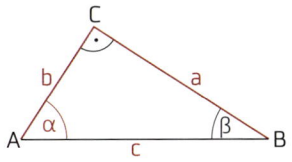

$$\tan\alpha = \frac{\text{Länge der Gegenkathete zu }\alpha}{\text{Länge der Ankathete zu }\alpha}$$

$$\tan\alpha = \frac{a}{b}, \tan\beta = \frac{b}{a}$$

Für den Tangens lässt sich keine Vorhersage über die Größe der zu erwartenden Werte treffen, die sich als Kontrollmöglichkeit verwenden lässt.

Die Winkelgröße aus einem Tangenswert wird aber analog zu den beiden vorhergehenden Vorgehensweisen berechnet: die errechnete Zahl, „Shift" (oder „INV") und „tan", um die Winkelgröße zu erhalten.
Diese Umkehrfunktion des Tangens heißt **Arkustangens** (arctan oder tan⁻¹):

$$\arctan\left(\frac{\text{Länge der Gegenkathete zu }\alpha}{\text{Länge der Ankathete zu }\alpha}\right) = \tan^{-1}\left(\frac{\text{Länge der Gegenkathete zu }\alpha}{\text{Länge der Ankathete zu }\alpha}\right) = \alpha$$

Der Kehrwert des Tangens heißt **Kotangens:**

$$\cot\alpha = \frac{\text{Länge der Ankathete zu }\alpha}{\text{Länge der Gegenkathete zu }\alpha}$$

### Berechnungen mit trigonometrischen Formeln im rechtwinkligen Dreieck

Zu Beginn einer Aufgabe sind typischerweise einige Angaben des Dreiecks (oder einer anderen zu berechnenden Figur) gegeben. Der erste Schritt sollte darin bestehen, eine **Skizze anzulegen** und die gegebenen Angaben farbig einzutragen. Häufig werden erst dadurch die Lage des rechten Winkels und eine logische Vorgehensweise deutlich. Außerdem reduziert die korrekte Beschriftung in der Skizze die Wahrscheinlichkeit, dass man falsche Seiten miteinander verrechnet.

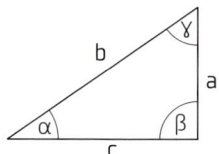

Nun versucht man, Beziehungen zwischen den schon bekannten Angaben herzustellen. Meistens gibt es verschiedene Möglichkeiten — trigonometrische Formeln, Satz des Pythagoras (s. S. 182), Winkelsumme (s. S. 172) etc.

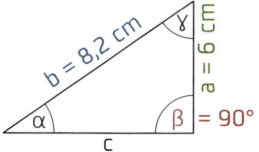

**BEISPIEL:**  Kathete a, Hypotenuse b und der rechte Winkel β sind gegeben (Abbildung s. oben). Damit könnte man die Größen der beiden fehlenden Winkel berechnen sowie die Länge der 2. Kathete c:

| Winkel α | Winkel γ | Kathete c |
|---|---|---|
| $\sin \alpha = \frac{a}{b} = \frac{6}{8,2}$ | $\cos \gamma = \frac{a}{b} = \frac{6}{8,2}$ | $b^2 = a^2 + c^2$ |
| $\approx 0,7317$ | $\approx 0,7317$ | $\Rightarrow c^2 = b^2 - a^2$ |
| $\Rightarrow \alpha \approx 47,03°$ | $\Rightarrow \gamma \approx 42,97°$ | $= 31,24 \text{ cm}^2$ |
| | | $\Rightarrow c \approx 5,59 \text{ cm}$ |

### Berechnungen mit trigonometrischen Formeln im nicht rechtwinkligen Dreieck

Liegt kein rechtwinkliges Dreieck vor, muss man sich zuerst eines „schaffen". Dabei kann man sich mit einer **Höhe** behelfen, da man von der Höhe weiß, dass sie auf jeden Fall senkrecht — also im 90°-Winkel — auf die Grundseite trifft (s. S. 176). Falls man nicht auf den ersten Blick erkennt, für welche Höhe man sich entscheiden sollte, kann man notfalls auch alle drei vorsichtig einzeichnen und dann schauen, wo sich ein Dreieck ergibt, das die Werte liefert, die man zum Weiterrechnen benötigt.

**BEISPIEL:** stumpfwinkliges Dreieck
Gegeben: a, b und der stumpfe Winkel $\gamma$; gesucht: $\alpha$, $\beta$ und c

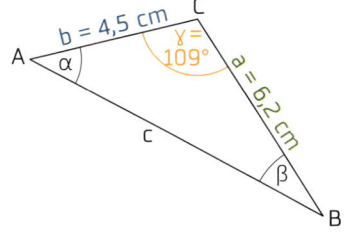

Einzeichnen der Höhe $h_b$ erzeugt **zwei rechtwinklige Dreiecke: $CBC_2$ und $ABC_2$.**
Das große rechtwinklige Dreieck und das stumpfwinklige Dreieck haben den **Winkel** $\alpha$ gemeinsam — mit den Katheten des großen rechtwinkligen Dreiecks könnte man $\alpha$ berechnen. Zunächst lassen sich jedoch nur die Katheten des kleinen rechtwinkligen Dreiecks ermitteln; und zwar über $\gamma_2$, der mit $\gamma$ einen gestreckten Winkel bildet:

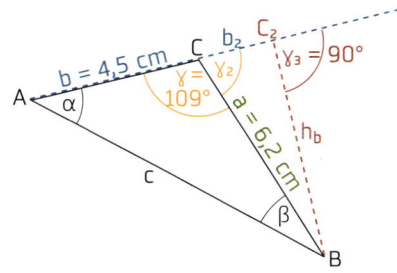

$\Rightarrow \gamma_2 = 180° - \gamma = 180° - 109° = 71°$

Nun lassen sich die Katheten berechnen: **Höhe $h_b$** und **$b_2$**:

$\sin \gamma_2 = \frac{h_b}{a} \Rightarrow h_b = a \cdot \sin \gamma_2 = 6{,}2 \text{ cm} \cdot \sin 71° \approx 5{,}9 \text{ cm}$

$\cos \gamma_2 = \frac{b_2}{a} \Rightarrow b_2 = a \cdot \cos \gamma_2 = 6{,}2 \text{ cm} \cdot \cos 71° \approx 2{,}0 \text{ cm}$

Mit $b_2$ lässt sich nun die **Kathete $AC_2$ = $b_{ges}$** des großen rechtwinkligen Dreiecks berechnen: $b_{ges} = b + b_2 \approx 4{,}5 \text{ cm} + 2{,}0 \text{ cm} = 6{,}5 \text{ cm}$.
Damit lässt sich über den Satz des Pythagoras die Hypotenuse c berechnen — die auch die **Seite c** des stumpfwinkligen Dreiecks ist:
$c^2 = b_{gesamt}^2 + h_b^2 = (6{,}5 \text{ cm})^2 + (5{,}9 \text{ cm})^2 = 77{,}01 \text{ cm}^2$
$\Rightarrow c \approx 8{,}8 \text{ cm}$
Jetzt berechnet man den **Winkel** $\alpha$ über das große Dreieck:
$\sin \alpha = \frac{h_b}{c} = \frac{5{,}9 \text{ cm}}{8{,}8 \text{ cm}} \approx 0{,}6705 \Rightarrow \alpha = a \sin 0{,}7045 \approx 42{,}1°$
Der Winkel $\beta$ ergibt sich aus der Winkelsumme von 180°:
$\beta = 180° - \alpha - \gamma = 180° - 42{,}1° - 109° = 28{,}9°$
Damit hat man die gesuchten Größen des stumpfwinkligen Dreiecks bestimmt.

**PATZER VERMEIDEN!**  *Bei der Berechnung mit dem Taschenrechner kann es zu Ungereimtheiten kommen, wenn der Taschenrechner im Bogenmaß oder einer anderen Winkeleinteilung rechnet — angezeigt durch „RAD" oder „GRAD". Im Display des Taschenrechners muss „DEG" (für „degree") angezeigt werden.*
*Verwendet man die Schreibweise $\sin^{-1}$, $\cos^{-1}$ und $\tan^{-1}$ für die Umkehrfunktionen, darf es nicht zur Verwechslung mit den Kehrwerten kommen ($\frac{1}{\sin \alpha}$ usw.).*

# Trigonometrische Sätze

*Da nicht alle Dreiecke rechtwinklig sind, kann man bei einigen Figuren mit zusätzlichen Linien rechte Winkel „schaffen". Durch die Kombination verschiedener trigonometrischer und weiterer Formeln, die bei der Dreiecksberechnung hilfreich sind, haben kluge Köpfe jedoch auch trigonometrische Sätze entwickelt, die in allen Dreiecken gelten, unabhängig davon, ob ein rechter Winkel vorhanden ist oder nicht.*

### Der Sinussatz

Streng genommen drückt der Sinussatz ein Verhältnis (s. S. 218) aus: In jedem Dreieck (unabhängig davon, ob es rechtwinklig ist oder nicht) verhalten sich die Längen zweier Seiten wie die Sinuswerte der gegenüberliegenden Winkel:

$$\frac{a}{b} = \frac{\sin\alpha}{\sin\beta}$$

$$\frac{a}{c} = \frac{\sin\alpha}{\sin\gamma}$$

$$\frac{b}{c} = \frac{\sin\beta}{\sin\gamma}$$

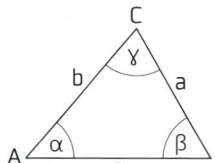

Diese Formeln lassen sich auch zusammenfassend darstellen:

$$\frac{a}{\sin\alpha} = \frac{b}{\sin\beta} = \frac{c}{\sin\gamma}$$

Sind also zwei Winkel und eine gegenüberliegende Seite eines Dreiecks bekannt, lässt sich eine weitere Seite bestimmen. Ebenso lässt sich ein Winkel bestimmen, wenn ein weiterer Winkel und zwei gegenüberliegende Seiten bekannt sind.

### Anwendung

Der Sinussatz ist sehr einfach anzuwenden, da man sich im Prinzip nur merken muss, dass eine Seite und der dazugehörende Winkel in der Formel immer miteinander in Verbindung stehen müssen: entweder untereinander oder nebeneinander. Ebenso müssen die Seiten und die Winkel nebeneinander oder untereinander stehen.
So lässt sich die Formel fast beliebig „zusammenstecken".

**Zur Verdeutlichung:**

Beginnt man mit a im Zähler, kann man $\sin\alpha$ entweder in den zugehörigen Nenner schreiben oder aber auf die andere Seite des Gleichheitszeichens in den Zähler — damit wird eine „waagrechte" bzw. eine „senkrechte Verbindung" hergestellt. Die freien Lücken füllt man nun mit einem zweiten Winkel-Seiten-Paar. Das kann b und $\sin\beta$ sein oder c und $\sin\gamma$.

**Folgende Varianten sind also möglich:**

$$\frac{a}{\sin\alpha} = \frac{b}{\sin\beta}; \quad \frac{a}{b} = \frac{\sin\alpha}{\sin\beta}; \quad \frac{a}{\sin\alpha} = \frac{c}{\sin\gamma}; \quad \frac{a}{c} = \frac{\sin\alpha}{\sin\gamma}; \quad \frac{b}{\sin\beta} = \frac{c}{\sin\gamma}; \quad \frac{b}{c} = \frac{\sin\beta}{\sin\gamma}$$

Wenn man dieses Prinzip beachtet, kann man eigentlich nichts falsch machen beim Aufstellen der benötigten Formel — anschließend muss man sie nur noch richtig umstellen (s. S. 69). Das gelingt am einfachsten, wenn man die Formel so aufstellt, dass der zu berechnende Wert gleich irgendwo in einem Zähler steht.

**BEISPIELE:**   **a)** Bekannt: $\alpha$, $\beta$ und a; gesucht: b

Man sorgt also dafür, dass b in der Formel im Zähler steht:

$$\frac{b}{\sin\beta} = \frac{a}{\sin\alpha}$$

Um die Gleichung nach b aufzulösen, multipliziert man beide Seiten mit $\sin\beta$:

$b = \frac{a}{\sin\alpha} \cdot \sin\beta$

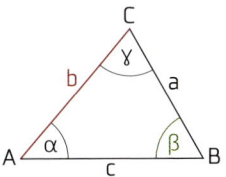

**b)** Bekannt: $\alpha$, a und b; gesucht: $\beta$

Man sorgt dafür, dass $\beta$ von Beginn an in der Formel im Zähler steht — dazu bildet man auf beiden Seiten der Gleichung den Kehrwert (d. h., man multipliziert beide Seiten mit beiden Nennern, $\sin\alpha$ und $\sin\beta$, und dividiert durch beide Zähler, a und b):

$$\frac{\sin\beta}{b} = \frac{\sin\alpha}{a}$$

Um nach $\sin\beta$ aufzulösen, multipliziert man beide Seiten der Gleichung mit b:

$\sin\beta = \frac{\sin\alpha}{a} \cdot b$

Nun berechnet man noch mit dem Taschenrechner die entsprechende Winkelgröße (INV SIN oder $\sin^{-1}$) von :

$\beta = \arcsin\left(\frac{\sin\alpha}{a} \cdot b\right)$

**Der Kosinussatz**

Der Kosinussatz heißt auch der **verallgemeinerte Satz des Pythagoras,** da er aus diesem resultiert, aber für beliebige Dreiecke gültig ist — nicht nur für rechwinklige. Man verwendet ihn, wenn von einem Dreieck zwei Seiten und der von diesen Seiten eingeschlossene Winkel bekannt sind.

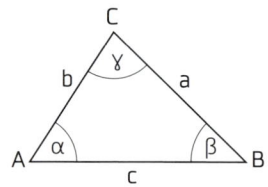

b und c und der von ihnen eingeschlossene Winkel α sind bekannt:

$a^2 = b^2 + c^2 - 2bc \cdot \cos\alpha$

a und c und der von ihnen eingeschlossene Winkel β sind bekannt:

$b^2 = a^2 + c^2 - 2ac \cdot \cos\beta$

a und b und der von ihnen eingeschlossene Winkel ɣ sind bekannt:

$c^2 = a^2 + b^2 - 2ab \cdot \cos\gamma$

Der Kosinussatz sieht komplizierter aus, als er ist — im Gegensatz zum Satz des Pythagoras muss man nicht überlegen, welche Seite die Hypotenuse ist. Im Grunde genommen kann man sich merken, dass jeder Buchstabe zweimal vorkommen muss, wobei der zuerst genannte am Ende als griechischer Buchstabe auftaucht. Lediglich den Faktor 2 und die Reihenfolge der Rechenzeichen muss man sich einprägen („+ − 2 · cos")

**BEISPIEL:**  Gegeben: b = 6 cm, c = 8 cm, α = 55°;
gesucht: a

**Formel des Kosinussatzes aufstellen:**

Mit dem Kosinussatz kann man die Länge der Seite a berechnen, da die anderen beiden Seiten und der von ihnen eingeschlossene Winkel gegeben sind.

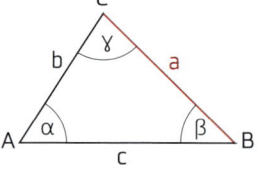

Man beginnt also mit „a² =" und führt die Formel zunächst weiter wie den Satz des Pythagoras mit „b² + c²". Zudem muss am Ende wieder das „a" als griechischer Buchstabe auftauchen, also in der Form:

$a^2 = b^2 + c^2 - 2\underline{\qquad} \cdot \cos\alpha$

Da jeder Buchstabe zweimal auftauchen soll, lässt sich die Lücke schließen:

$a^2 = b^2 + c^2 - 2bc \cdot \cos\alpha$

**Rechnung:**

$a^2 = 36 \text{ cm}^2 + 64 \text{ cm}^2 - 2 \cdot 6 \cdot 8 \cdot \cos 55° \approx 44{,}94 \text{ cm}^2$

$\Rightarrow a \approx 6{,}7 \text{ cm}$

## Werte, die man sich einprägen sollte

Einige Sinus-, Kosinus- und Tangenswerte tauchen häufig auf und sind leicht einzuprägen. Mit ihnen kann man sich einige Rechnungen erleichtern oder ersparen.

| Gradmaß | sin x | cos x | tan x |
|---|---|---|---|
| 0° | 0 | 1 | 0 |
| 30° | $\frac{1}{2}$ | $\frac{1}{2}\sqrt{3}$ | $\frac{1}{3}\sqrt{3}$ |
| 45° | $\frac{1}{2}\sqrt{2}$ | $\frac{1}{2}\sqrt{2}$ | 1 |
| 60° | $\frac{1}{2}\sqrt{3}$ | $\frac{1}{2}$ | $\sqrt{3}$ |
| 90° | 1 | 0 | nicht definiert |

Zum Erfassen der Tabelle hilft es, sich bewusst zu machen, dass die Spalten zu Sinus und Kosinus die gleichen Werte beinhalten, aber in umgekehrter Richtung verlaufen. (Siehe dazu auch „Einheitskreis", S. 224)

## Additionstheoreme

Die Additionstheoreme verknüpfen Sinus und Kosinus. Wenn man bereits einige Sinus- oder Kosinuswerte kennt, kann man mit ihrer Hilfe weitere Werte errechnen.

- $\sin(\alpha+\beta) = \sin\alpha \cdot \cos\beta + \cos\alpha \cdot \sin\beta$
- $\sin(\alpha-\beta) = \sin\alpha \cdot \cos\beta - \cos\alpha \cdot \sin\beta$
- $\cos(\alpha+\beta) = \cos\alpha \cdot \cos\beta - \sin\alpha \cdot \sin\beta$
- $\cos(\alpha-\beta) = \cos\alpha \cdot \cos\beta + \sin\alpha \cdot \sin\beta$

**BEISPIEL:** Gesucht: $\sin 105°$

105° in Winkel zerlegen mit bekannten Sinus- oder Kosinuswerten:

$\sin 105° = \sin(45° + 60°) = \sin 45° \cdot \cos 60° + \cos 45° \cdot \sin 60°$

$= \frac{1}{2}\sqrt{2} \cdot \frac{1}{2} + \frac{1}{2}\sqrt{2} \cdot \frac{1}{2}\sqrt{3} = \frac{1}{4}\sqrt{2} + \frac{1}{4} \cdot \sqrt{2} \cdot \sqrt{3} \approx 0{,}966$

**PATZER VERMEIDEN!** *Der Kosinussatz birgt neben dem komplizierteren Aufbau häufig das Problem, dass man beim Eingeben der Werte in den Taschenrechner die Punkt-vor-Strich-Regel vergisst. Deshalb empfiehlt es sich, zuerst das Produkt auszurechnen und das Ergebnis später mit dem Rest zu verrechnen, oder man setzt eine Klammer um das Produkt.*

# Sinus, Kosinus und Tangens am Einheitskreis

**WOZU EIGENTLICH?**    *Am Einheitskreis kann man Sinus-, Kosinus- und Tangenswerte zeichnerisch darstellen und messen. Außerdem verdeutlicht er Zusammenhänge zwischen den einzelnen Funktionswerten. Mit dem Verständnis für den Einheitskreis steigt auch das Verständnis für trigonometrische Funktionen.*

### Aufbau des Einheitskreises

Wird ein Kreis mit dem **Radius 1** im Koordinatensystem (s. S. 156) um den Ursprung, also den Punkt (0|0), gezogen, spricht man von einem **Einheitskreis.**
Dabei ist die Einheit gleichgültig, solange der Radius nur den Betrag 1 hat. Zum Zeichnen bietet es sich an, einen Radius von 1 dm zu wählen.
Werden rechtwinklige Dreiecke so in den Einheitskreis eingezeichnet, dass ihre Hypotenusen vom Ursprung bis zur Kreislinie verlaufen, haben die Hypotenusen auf

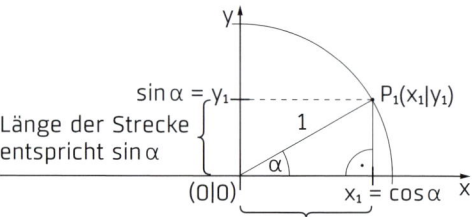

die Weise nämlich immer exakt die Länge 1. Und das gilt für jedes beliebige Dreieck, das man auf diese Weise einzeichnet.

Bedenkt man nun, dass der Sinus der nicht rechten Winkel des Dreiecks durch $\sin\alpha = \frac{\text{Gegenkathete}}{\text{Hypotenuse}}$ berechnet wird, wird klar, dass der Sinus des Winkels im Ursprung ($\alpha$ in der Abbildung) einfach an diesem Dreieck abzulesen ist, da hier gilt:

$$\sin\alpha = \frac{\text{Gegenkathete}}{1}$$

Möchte man also den **Sinuswert** des Winkels bestimmen, trägt man den Winkel am Ursprung im Einheitskreis an, zeichnet das Dreieck analog zu den Abbildungen ein und misst die **Länge der Gegenkathete** — also die Länge des y-Achsenabschnittes. Für den **Kosinuswert** liest man die **Länge der Ankathete** ab, also des Abschnittes auf der x-Achse.

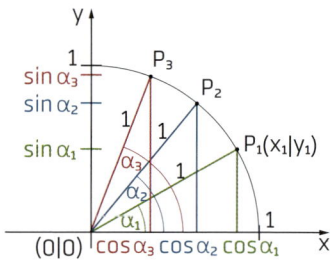

Lässt man den Punkt P auf der Kreislinie zur x- oder y-Achse wandern, erkennt man auch, wieso folgende Werte sinnvoll sind:
$\sin 0° = 0$; $\sin 90° = 1$     $\cos 0° = 1$; $\cos 90° = 0$.

### Der Tangens am Einheitskreis

Da der Tangens berechnet wird aus $\frac{\text{Gegenkathete}}{\text{Ankathete}}$, muss nun die
Ankathete die Länge 1 aufweisen, damit man den Tangens an
der Länge der Gegenkathete ablesen kann – die Ankathete
liegt an der x-Achse an, der x-Achsenabschnitt muss also die
Länge 1 haben und wird damit zu einem Radius des Einheitskreises. Die Gegenkathete wird dann zu einer Tangente des
Einheitskreises. Man trägt also den Winkel α im Einheitskreis ab und verlängert die Hypotenuse des Dreiecks so
weit über den Kreis hinaus, bis er auf diese Tangente trifft.

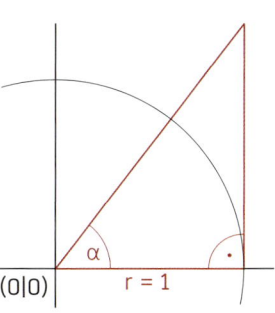

### Stumpfe und überstumpfe Winkel am Einheitskreis

Der Einheitskreis ist aber darüber hinaus auch für stumpfe und überstumpfe Winkel nützlich. Wie man in der Abbildung erkennen kann, lassen sich die entsprechenden Werte ablesen, indem man von dem rechtwinkligen Dreieck ausgeht, das
aus dem Nebenwinkel (s. S. 173) des Winkels α gebildet wird.
Für die Sinus- und Kosinuswerte ergibt sich daraus Folgendes:

$\sin 180° = 0$, $\sin 270° = -1$, $\sin 360° = 0$        $\cos 180° = -1$, $\cos 270° = 0$, $\cos 360° = 1$

Stumpfer Winkel α

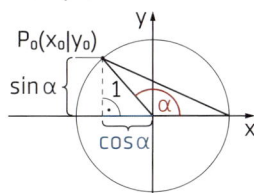

Überstumpfer Winkel α

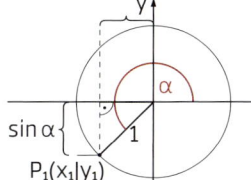

Überstumpfer Winkel α

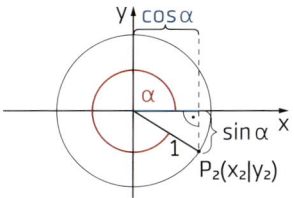

### Zusammenhänge zwischen Sinus- und Kosinuswerten

Am Einheitskreis lässt sich problemlos erkennen, dass:

$\sin \alpha = \ \ \sin(180° - \alpha)$        $\cos \alpha = -\cos(180° - \alpha)$        $\tan \alpha = -\tan(180° - \alpha)$

$\sin \alpha = -\sin(180° + \alpha)$        $\cos \alpha = -\cos(180° + \alpha)$        $\tan \alpha = \ \ \tan(180° + \alpha)$

$\sin \alpha = -\sin(360° - \alpha)$        $\cos \alpha = \ \ \cos(360° - \alpha)$        $\tan \alpha = -\tan(360° - \alpha)$

$\sin \alpha = -\sin(-\alpha)$        $\cos \alpha = \ \ \cos(-\alpha)$        $\tan \alpha = -\tan(-\alpha)$

**PATZER VERMEIDEN!**    *Fehler entstehen am Einheitskreis nur durch ungünstige
Wahl des Maßstabes. Welchen Wert man wo ablesen kann, lässt sich herleiten,
wenn man die trigonometrischen Formeln kennt. Man muss nur dafür sorgen, dass
der Nenner 1 ist, und kann die gesuchte Dreieckseite (im Zähler) ablesen.*

## Elementare trigonometrische Funktionen

**WOZU EIGENTLICH?** *Mithilfe trigonometrischer Funktionen lassen sich zahlreiche natürliche Vorgänge beschreiben, die eine gewisse Regelmäßigkeit aufzeigen bzw. periodisch auftreten – also sämtliche Schwingungs- und Wellenvorgänge.*

### Die Sinusfunktion aus dem Einheitskreis entwickeln

Um aus den Werten im Einheitskreis (s. S. 226) einen Funktionsgraphen zu entwickeln, benötigt man ein zweites Koordinatensystem. Dazu stellt man sich vor, dass man den Kreis aufschneidet und die Kreislinie „abwickelt".

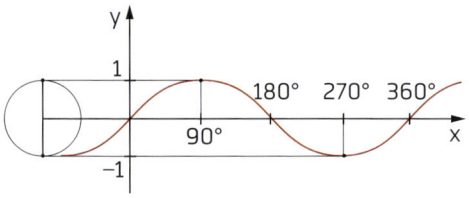

Nun werden die Winkelgrößen nicht mehr „rund um den Ursprung" eingezeichnet, sondern entlang der x-Achse.

Die y-Werte entsprechen weiterhin der Länge der Gegenkathete, also dem Sinus. Man kann die vorher erhaltenen Sinuswerte nun in das neue Koordinatensystem übertragen.

**BEISPIEL:** $\sin 35° \approx 0{,}57$, d.h., man trägt einen Punkt bei x = 35° und y = 0,57 ein.

Verfährt man so für alle Winkel, erhält man den Graphen der
**Sinusfunktion f(x) = sin x.**

### Sinusdarstellung mit π

Häufig trifft man in Mathematikbüchern auf eine etwas abweichende Darstellung. Statt der Gradzahlen werden an der x-Achse oft Vielfache oder Teile von π angegeben. Die Angaben mit π entsprechen dabei der Länge des Bogenmaßes, also des Kreisstücks am Einheitskreis.

Statt vom Kreiswinkel 360° auszugehen, geht man von der Länge der zugehörigen Kreislinie aus – 360° entspricht dabei $2\pi$. (Der Kreisumfang ist $U = 2\pi \cdot r$; da der Radius im Einheitskreis 1 entspricht, ergibt sich für den Umfang automatisch $2\pi$).

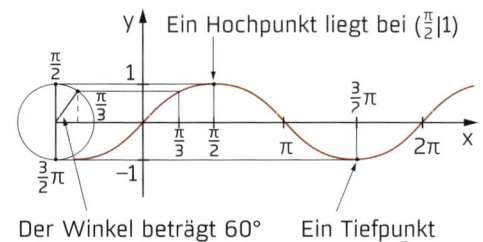

Ein Hochpunkt liegt bei $\left(\frac{\pi}{2}\,\middle|\,1\right)$

Der Winkel beträgt 60°   Ein Tiefpunkt liegt bei $\left(\frac{3}{2}\pi\,\middle|\,-1\right)$

Periode $2\pi$, denn $\sin(x+2\pi) = \sin x$

## Eigenschaften der Sinusfunktion

Für die Sinusfunktion f(x) = sin x ergeben sich folgende Eigenschaften:

- **Definitionsmenge: ℝ**
- **Wertemenge: {y | −1 ≤ y ≤ 1}**
- **periodisch mit der Periode 2π**
- **Nullstellen** bei …; −2π, − π, 0, π, 2π; … allgemein: **kπ** (k ∈ ℤ)
- **Hochpunkte: ($\frac{\pi}{2}$ + 2 kπ | 1), Tiefpunkte: ($\frac{3\pi}{2}$ + 2 kπ | −1)** (k ∈ ℤ)
- Der Graph ist **punktsymmetrisch zum Ursprung,** d.h.: f(−x) = −f(x)

## Eigenschaften der Kosinusfunktion

Die Kosinusfunktion f(x) = cos x lässt sich analog zur Sinusfunktion entwickeln und hat folgende Eigenschaften:

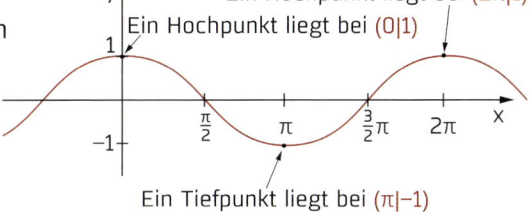

Ein Hochpunkt liegt bei (2π|1)
Ein Hochpunkt liegt bei (0|1)
Ein Tiefpunkt liegt bei (π|−1)

Periode 2π, denn cos(x+2π) = cos x

- **Definitionsmenge: ℝ**
- **Wertemenge: {y | −1 ≤ y ≤ 1}**
- **periodisch mit der Periode 2π**
- **Nullstellen** liegen bei:
  …; $-\frac{\pi}{2}$, $\frac{\pi}{2}$, $\frac{3\pi}{2}$, $\frac{5\pi}{2}$, …
  allgemein: **(2k + 1) · $\frac{\pi}{2}$** (k ∈ ℤ)
- **Hochpunkte: (2kπ | 1), Tiefpunkte: (π + 2kπ | −1)** (k ∈ ℤ)
- der Graph ist **achsensymmetrisch zur y-Achse,** d.h., f(−x) = f(x)

| Gradmaß | Bogenmaß | sin x | cos x | tan x |
| --- | --- | --- | --- | --- |
| 0° | 0 | 0 | 1 | 0 |
| 30° | $\frac{\pi}{6}$ | $\frac{1}{2}$ | $\frac{1}{2}\sqrt{3}$ | $\frac{1}{3}\sqrt{3}$ |
| 45° | $\frac{\pi}{4}$ | $\frac{1}{2}\sqrt{2}$ | $\frac{1}{2}\sqrt{2}$ | 1 |
| 60° | $\frac{\pi}{3}$ | $\frac{1}{2}\sqrt{3}$ | $\frac{1}{2}$ | $\sqrt{3}$ |
| 90° | $\frac{\pi}{2}$ | 1 | 0 | nicht definiert |
| 120° | $\frac{2\pi}{3}$ | $\frac{1}{2}\sqrt{3}$ | $-\frac{1}{2}$ | $-\sqrt{3}$ |
| 135° | $\frac{3\pi}{4}$ | $\frac{1}{2}\sqrt{2}$ | $-\frac{1}{2}\sqrt{2}$ | −1 |
| 150° | $\frac{5\pi}{6}$ | $\frac{1}{2}$ | $-\frac{1}{2}\sqrt{3}$ | $-\frac{1}{3}\sqrt{3}$ |
| 180° | π | 0 | −1 | 0 |

### Eigenschaften der Tangensfunktion

Die Tangensfunktion f(x) = tan x ähnelt den beiden vorhergenannten kaum. Das liegt vor allem daran, dass sie regelmäßige Definitionslücken aufweist, was auch logisch erscheint, wenn man den Tangens am Einheitskreis betrachtet. Immer dann, wenn die Länge der Ankathete 0 beträgt (also bei 90°, 270°, 450° usw.), ist der Tangens nicht definiert, weil man sonst gezwungen wäre, durch 0 zu dividieren. Ihre Eigenschaften sind:

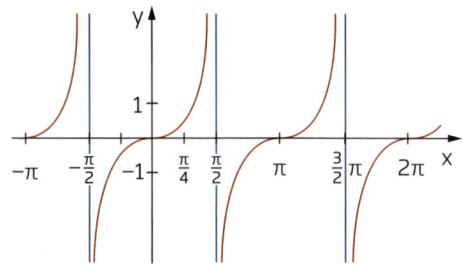

Definitionslücken bei … $-\frac{\pi}{2}$, $\frac{\pi}{2}$, $\frac{3}{2}\pi$, …

- **Definitionsmenge:** $\{x \mid x \in \mathbb{R}; x \neq (2z + 1) \cdot \frac{\pi}{2}\}$; $z \in \mathbb{Z}$
- **Wertemenge:** $\{y \mid -\infty < y < \infty\}$
- **periodisch mit der Periode $\pi$**
- **Nullstellen** bei …; $-2\pi$; $-\pi$; 0; $\pi$; $2\pi$;… allgemein: **$k\pi$** ($k \in \mathbb{Z}$)
- **keine Hoch- oder Tiefpunkte**
- Der Graph ist **punktsymmetrisch zum Ursprung,** d.h., f(−x) = −f(x)

### Streckung und Stauchung der Sinuskurve

Wie Parabeln (s. S. 94) lassen sich auch die Graphen der Sinus- und der Kosinusfunktion strecken oder stauchen. Bei trigonometrischen Funktionen geht dies allerdings auf zwei verschiedene Arten — in x-Richtung und in y-Richtung.

**a) Streckung mit der Amplitude a (y-Richtung):**
Hierbei erhält die Funktion f(x) = sin x einen Faktor a (die **Amplitude**), also:
**f(x) = a · sinx,** dabei muss a ≠ 0 sein.

Da sich die herkömmliche Sinuskurve immer nur zwischen den y-Werten 1 und −1 bewegt, verläuft der Graph der Funktion f(x) = a · sin x immer zwischen a und −a, das heißt, a ist automatisch der größte vorkommende y-Wert, −a der kleinste. Dieser betragsmäßig größte Ausschlag einer Wellenbewegung heißt Amplitude. Durch die Amplitude wird die Funktion in y-Richtung für

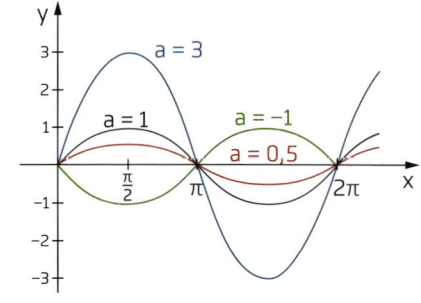

- **|a| > 1 gestreckt**
- **|a| < 1 gestaucht.**

## b) Streckung mit der Frequenz b (x-Richtung):

Bei der Funktion f(x) = sin x wird der Wert x vorab mit dem Faktor b (der **Frequenz**) multipliziert, also:

**f(x) = sin bx,** dabei muss b ≠ 0 sein.

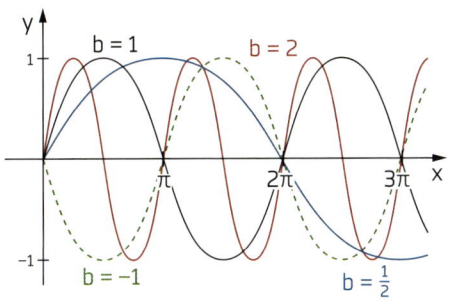

Die Frequenz b gibt die Anzahl der vollständigen Perioden – also der Wiederholungen im Ablauf des Graphen – in einem Intervall der Länge $2\pi$ an. Für b = 1 durchläuft der Graph eine vollständige Periode im Intervall $2\pi$; für b = 2 durchläuft er zwei vollständige Perioden, für b = 0,5 nur eine halbe Periode.

Durch die Frequenz b wird die Funktion in x-Richtung für

- **|b| > 1 gestaucht,**
- **|b| < 1 gestreckt.**

## Phasenverschiebung bei der Sinuskurve

Sinuskurven lassen sich aber nicht nur strecken und stauchen, sondern auch in x-Richtung verschieben. Das bedeutet, dass im Ursprung nicht mehr eine Nullstelle liegt, sondern bspw. ein Maximum. Soll bei x = 0 ein Maximum liegen, muss die gesamte Kurve entweder um $\frac{\pi}{2}$ nach links verschoben werden oder um $\frac{3\pi}{2}$ nach rechts. Dies erreicht man durch Einfügen der **Phasenverschiebung c.**

Aus f(x) = sin x wird somit

**f(x) = sin (x − c).**

Die Funktion wird durch das c in x-Richtung verschoben:

- **nach rechts für c > 0,**
- **nach links für c < 0.**

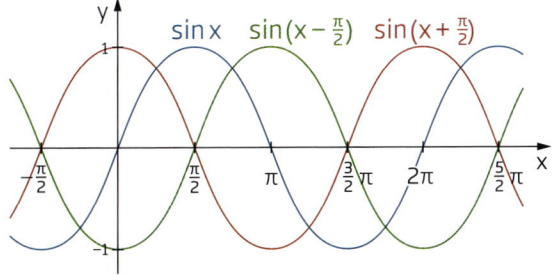

Verschiebt man die Sinusfunktion um $\frac{\pi}{2}$ nach links oder um $\frac{3\pi}{2}$ nach rechts, erhält man übrigens die Kosinusfunktion.

---

**PATZER VERMEIDEN!**   *Da es verschiedene Formen der Streckung und Stauchung gibt, kann es schnell zu Verwechslungen kommen. Berechnet man einige Funktionswerte, erkennt man aber, wie der Graph gestaucht oder gestreckt werden muss. Außerdem können nur dann Funktionswerte entstehen, die größer als 1 oder kleiner als −1 sind, wenn der Funktionsterm eine Amplitude a enthält.*

# 5

# ANALYTISCHE GEOMETRIE

## Was ist analytische Geometrie?

**WOZU EIGENTLICH?** *Die analytische Geometrie beschäftigt sich hauptsächlich damit, geometrische Probleme rein rechnerisch zu lösen. Grundlegend dafür sind Vektoren, die durch ihre Länge und ihre Richtung Angaben über Beziehungen im Raum machen. Anwendung findet die analytische Geometrie vor allem in den Naturwissenschaften, z. B. um Flug- oder Planetenbahnen darzustellen.*

### Vektoren und ihre Darstellung

Vektoren werden im Allgemeinen als **Pfeile** dargestellt. Wie Zahlen haben auch Vektoren einen Betrag: Diesem entspricht die Länge des Pfeils. Zusätzlich haben Vektoren aber auch noch eine Richtung, was die Pfeildarstellung verdeutlicht. Ähnlich wie Punkte im Koordinatensystem (s. S. 156) werden auch Vektoren durch Koordinaten bestimmt. Während die Koordinaten eines Punktes dessen Lage im Koordinatensystem beschreiben, geben die Koordinaten eines Vektors dessen

- **Länge,**
- **Richtung,**
- **und Orientierung**

an. Die Lage des Vektors erfährt man nicht aus der Koordinatendarstellung.

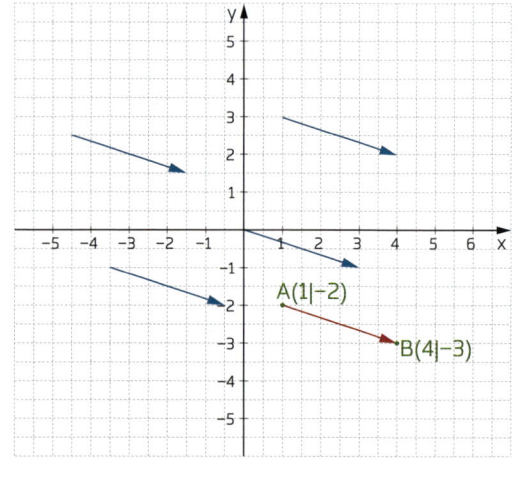

Die Koordinaten geben an, in welche Richtung man von einem gegebenen Anfangspunkt des Vektors zu seinem Endpunkt gelangt: Geht man von A(1|−2) aus und endet bei B(4|−3), so muss man von A aus 3 Einheiten nach rechts (x-Richtung) und 1 Einheit nach unten (y-Richtung) gehen.

Diesen Weg beschreibt der Vektor $\overrightarrow{AB}$, also der Vektor von A nach B. Er hat entsprechend die x-Koordinate 3 und die y-Koordinate −1: $\overrightarrow{AB} = \begin{pmatrix} 3 \\ -1 \end{pmatrix}$.

Bei Vektoren notiert man die Koordinaten meist übereinander statt nebeneinander (der x-Wert steht oben, der y-Wert unten). Oft werden sie auch mit einem kleinen Buchstaben mit einem Pfeil darüber bezeichnet, bspw. $\vec{a} = \begin{pmatrix} 3 \\ -1 \end{pmatrix}$.

In dieser Darstellung kann man nicht erkennen, welches Anfangs- und Endpunkte sind, der so angegebene Vektor könnte genauso gut von A(124|−31,5) zu B(127|−32,5) verlaufen.

Ein Vektor ist daher die Menge aller zueinander parallelen, gleich langen und gleich gerichteten Pfeile.

## Ortsvektoren

Vereinfacht ausgedrückt sind Ortsvektoren Pfeile, die vom **Koordinatenursprung** zu einem bestimmten Punkt P führen. Bei Ortsvektoren ist der Anfangspunkt also der Ursprung, der Endpunkt hat als Punkt die Koordinaten, die auch der Vektor hat. Bei Ortsvektoren ist daher auch die Lage bestimmt. Bezeichnet wird der Ortsvektor eines Punktes P mit $\overrightarrow{OP}$ oder mit $\vec{p}$.

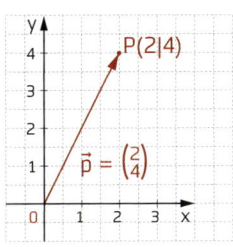

**BEISPIEL:**   Ortsvektor von P (2|4)

Man geht vom Ursprung aus 2 Einheiten in x-Richtung und 4 Einheiten in y-Richtung und markiert dort den Endpunkt des Vektors mit einer Pfeilspitze.

## Vektoren zeichnen

In der Regel ist bei einem Vektor also kein Anfangspunkt gegeben. Man wählt daher einen beliebigen Punkt im Koordinatensystem. Von dort ausgehend bewegt man sich um den x-Wert parallel zur x-Achse und um den y-Wert parallel zur y-Achse. Diesen Endpunkt markiert man und zieht eine Verbindung vom Ausgangspunkt zum Endpunkt, der in einer Pfeilspitze endet, um eine Orientierung anzugeben. Die Zeichnung eines Vektors ähnelt also vom Prinzip her der Zeichnung eines Steigungsdreiecks (s. S. 77).

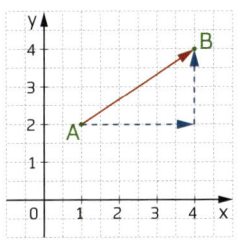

Im **dreidimensionalen Raum** ist die Vorgehensweise analog, nur orientiert man sich beim Zeichnen an drei Richtungen, d. h., man geht vom Startpunkt aus zuerst parallel zur x-Achse, dann parallel zur y-Achse und zuletzt parallel zur z-Achse (Vorsicht, die Achsenbezeichnung ist im dreidimensionalen Koordinatensystem anders).

**PATZER VERMEIDEN!**   *Häufig werden zum einen Vektoren mit Punkten verwechselt, zum anderen muss man daran denken, dass alle Angaben innerhalb einer Klammer zu einem Vektor gehören, nur dass dieser überall im Koordinatensystem liegen kann und deshalb durch mehrere parallele und gleich lange Vektoren dargestellt werden kann.*

# Eigenschaften von Vektoren

**WOZU EIGENTLICH?** *Um mit Vektoren umgehen (und rechnen) zu können, muss man zuerst genauer verstehen, was ein Vektor ist und welche Eigenschaften er hat bzw. wie man solche Eigenschaften erkennen kann. Dabei spielen die Aspekte eine große Rolle, die die Lage zweier Vektoren zueinander beschreiben, weil durch sie Lagebeziehungen von Ebenen und Geraden zueinander bestimmt werden können.*

### Parallele Vektoren

Für die Parallelität von Vektoren gilt dasselbe wie auch für parallele Geraden, Ebenen etc.: Parallele Vektoren verlaufen nebeneinander, kommen sich aber nie näher und entfernen sich auch nicht voneinander. Zwischen parallelen Vektoren **bleibt der Abstand immer derselbe.** Hinzu kommt, dass die Vektoren exakt in **dieselbe Richtung** zeigen.

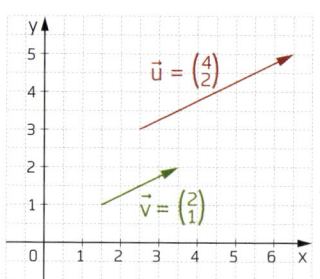

Um zu überprüfen, ob zwei Vektoren $\vec{x}$ und $\vec{y}$ parallel sind, sucht man eine **positive** Zahl p, die durch Multiplikation aus den Koordinaten des einen Vektors die Koordinaten des anderen Vektors erzeugt. Man stellt also eine Gleichung auf:
$\vec{y} = p \cdot \vec{x}$
und löst diese nach p auf.

Eine solche Gleichung führt auf so viele Gleichungen, wie die Vektoren Komponenten (Koordinaten) haben, im zweidimensionalen Koordinatensystem erhält man also zwei Gleichungen:
$\begin{pmatrix} y_1 \\ y_2 \end{pmatrix} = p \cdot \begin{pmatrix} x_1 \\ x_2 \end{pmatrix} \rightarrow y_1 = p \cdot x_1$ und $y_2 = p \cdot x_2$; mit $p \in \mathbb{R}$ und $p > 0$

**BEISPIEL:** Sind die beiden Vektoren $\vec{u} = \begin{pmatrix} 4 \\ 2 \end{pmatrix}$; $\vec{v} = \begin{pmatrix} 2 \\ 1 \end{pmatrix}$ parallel zueinander?

Sie sind dann parallel, wenn es eine positive Zahl p > 0 gibt, mit der man $\vec{v}$ multipliziert und $\vec{u}$ erhält (oder umgekehrt): $\begin{pmatrix} 4 \\ 2 \end{pmatrix} = p \cdot \begin{pmatrix} 2 \\ 1 \end{pmatrix}$.

Da man bei der Multiplikation eines Vektors mit einer Zahl jede Koordinate einzeln multipliziert (s. S. 242), erhält man die beiden Gleichungen:
$4 = p \cdot 2$ und $2 = p \cdot 1$.

Wenn die Vektoren parallel sein sollen, muss es ein p geben, das beide Gleichungen löst:
$p = 2$ ist eine solche gemeinsame Lösung beider Gleichungen.
→ Die beiden Vektoren sind also parallel. (Der Vektor $\vec{u}$ ist nur doppelt so lang wie $\vec{v}$, was man ebenfalls aus der für p eingesetzten Zahl 2 ablesen kann).

## Antiparallele Vektoren

Der Begriff „antiparallel" besteht aus zwei Begriffen: „Anti", was so viel wie „gegen" bedeutet, und „parallel", was im Abschnitt zuvor erläutert wurde. Das heißt: Sind zwei Vektoren antiparallel zueinander, dann verlaufen sie zwar immer im selben Abstand zueinander, zeigen aber in **entgegengesetzte Richtung.**

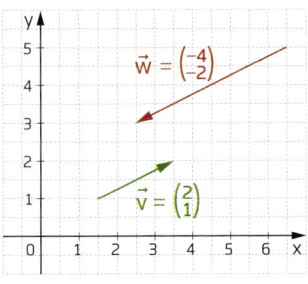

Um zu überprüfen, ob zwei Vektoren $\vec{x}$ und $\vec{y}$ antiparallel sind, sucht man eine **negative** Zahl n, die durch Multiplikation aus den Koordinaten des einen Vektors die Koordinaten des anderen Vektors erzeugt:
$\vec{y} = n \cdot \vec{x} \rightarrow \begin{pmatrix} y_1 \\ y_2 \end{pmatrix} = n \cdot \begin{pmatrix} x_1 \\ x_2 \end{pmatrix} \rightarrow y_1 = n \cdot x_1$ und $y_2 = n \cdot x_2$; mit $n \in \mathbb{R}$ und $n < 0$

**BEISPIEL:**   Sind die beiden Vektoren $\vec{w} = \begin{pmatrix} -4 \\ -2 \end{pmatrix}$; $\vec{v} = \begin{pmatrix} 2 \\ 1 \end{pmatrix}$ antiparallel?

Sie sind dann antiparallel, wenn es ein $n < 0$ gibt, für das die Gleichung erfüllt ist: $\begin{pmatrix} -4 \\ -2 \end{pmatrix} = n \cdot \begin{pmatrix} 2 \\ 1 \end{pmatrix}$: $-4 = n \cdot 2$ und $-2 = n \cdot 1$

$n = -2$ löst die Gleichungen, also verlaufen die beiden Vektoren antiparallel zueinander. (Auch hier lässt sich aus dem Betrag der Zahl ablesen, dass der Vektor $\vec{w}$ zweimal so lang ist wie der Vektor $\vec{v}$.)

### Kollineare Vektoren

Der Begriff „kollinear" fasst die Eigenschaften parallel und antiparallel zusammen — denn Vektoren werden dann als kollinear bezeichnet, wenn sie **entweder parallel** zueinander liegen **oder antiparallel.** Stellt man sich beispielsweise eine mehrspurige, geradlinige Autobahn vor und markiert die Fahrstreifen beider Fahrtrichtungen mit geraden Pfeilen, kann man alle Pfeile als kollineare Vektoren auffassen. Die Länge der Pfeile spielt dabei keine Rolle.

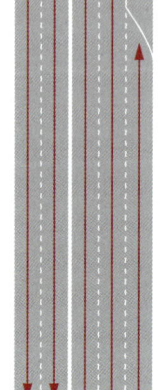

Ob zwei Vektoren kollinear sind, überprüft man entsprechend, indem man eine Zahl sucht, mit der man den einen Vektor multiplizieren und den anderen erhalten kann — hierbei ist es gleichgültig, ob man eine positive oder negative Zahl erhält:

$$\vec{y} = c \cdot \vec{x}$$
$$\begin{pmatrix} y_1 \\ y_2 \end{pmatrix} = c \cdot \begin{pmatrix} x_1 \\ x_2 \end{pmatrix} \rightarrow y_1 = c \cdot x_1 \text{ und } y_2 = c \cdot x_2; \text{ mit } c \in \mathbb{R}$$

### Komplanare Vektoren

Der Begriff „komplanar" bedeutet, dass die zu untersuchenden Vektoren **in einer Ebene liegen,** gerade so, als könnte man die Vektoren miteinander verbinden und eine flache Figur daraus entstehen lassen.
Interessant wird es, wenn man drei oder mehr Vektoren im dreidimensionalen Raum auf ihre Komplanarität hin überprüfen muss.
Zu diesem Zweck wird aus den drei zu untersuchenden Vektoren eine Gleichung der folgenden Form erstellt:

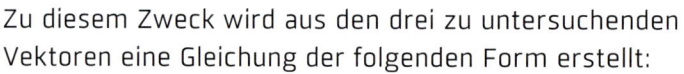

$$\begin{pmatrix} x_1 \\ y_1 \\ z_1 \end{pmatrix} = r \cdot \begin{pmatrix} x_2 \\ y_2 \\ z_2 \end{pmatrix} + s \cdot \begin{pmatrix} x_3 \\ y_3 \\ z_3 \end{pmatrix}.$$

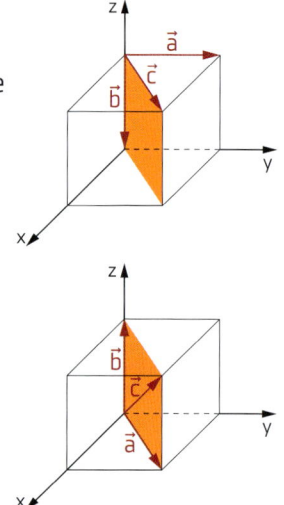

Es handelt sich dabei um eine Ebenengleichung, es wird also untersucht, ob es Parameter r und s gibt, für die die drei Vektoren in einer Ebene liegen.
Bei Vektoren im dreidimensionalen Raum (mit drei Komponenten) ergibt sich ein System aus drei Gleichungen. Ist dieses Gleichungssystem (s. S. 82) lösbar, existiert also eine gemeinsame Lösung (r; s), sind die drei Vektoren komplanar.

**BEISPIEL:** Folgende drei Vektoren sollen auf Komplanarität überprüft werden:

$$\vec{u} = \begin{pmatrix} 4 \\ 1 \\ -2 \end{pmatrix}; \vec{v} = \begin{pmatrix} 3 \\ 0 \\ 4 \end{pmatrix}; \vec{w} = \begin{pmatrix} -2 \\ 5 \\ 3 \end{pmatrix}.$$

Man stellt also nach dem obigen Schema eine Gleichung mit den Parametern r und s auf und löst diese (bzw. das Gleichungssystem) nach r und s auf.

$$\begin{pmatrix} 4 \\ 1 \\ -2 \end{pmatrix} = r \cdot \begin{pmatrix} 3 \\ 0 \\ 4 \end{pmatrix} + s \cdot \begin{pmatrix} -2 \\ 5 \\ 3 \end{pmatrix}.$$

Da jede Komponente einzeln mit den Parametern multipliziert werden muss (s. S. 242), erhält man folgendes Gleichungssystem:

(I)     $4 = 3r - 2s$
(II)     $1 = 0r + 5s$
(III)   $-2 = 4r + 3s$

Aus Gleichung (II) ergibt sich nach Umstellung $s = \frac{1}{5}$.

Durch Einsetzen in Gleichung (I) ergibt sich $r = \frac{22}{15}$.

Setzt man beides in Gleichung (III) ein, stellt man fest, dass diese Gleichung sich so nicht lösen lässt.

→ Es gibt keine gemeinsame Lösung (r; s) des Gleichungssystems. Diese drei Vektoren sind also nicht komplanar.

---

**PATZER VERMEIDEN!**   *Im zweidimensionalen Raum lässt sich mit ein wenig Übung oft schon die Parallelität oder Antiparallelität ablesen, wenn man erkennt, dass entsprechende Koordinaten Vielfache voneinander sind. Im dreidimensionalen Raum sollte man aber nicht zu vorschnell urteilen, sondern mit einer Rechnung sichergehen. Die Grundformeln zur Überprüfung von Parallelität, Antiparallelität und Komplanarität ähneln sich in der Struktur, lassen sich also leicht merken. Probleme treten meist beim Lösen des Gleichungssystems auf. Hier hilft nur ein genaues und konzentriertes Vorgehen, wobei jeder für sich entscheiden sollte, mit welchem Verfahren beim Lösen des Gleichungssystems er am besten zurechtkommt oder welches sich gerade anbietet.*

# Addieren und Subtrahieren von Vektoren

**WOZU EIGENTLICH?** *Die Addition von Vektoren ermöglicht es, mehrere Vektoren „aneinanderzureihen": Das braucht man zum Beispiel, wenn man mithilfe von Vektoren Geradengleichungen aufstellen will (s. S. 244). Aber auch in der Physik, z. B. bei der Kräfteaddition und dem Erstellen eines Kräfteparallelogramms, spielt die Vektoraddition eine Rolle.*

### Vektordimensionen

Damit Vektoren addiert werden können, müssen sie die gleiche **Dimension** aufweisen, d. h., man kann Vektoren nur addieren, wenn sie alle im zweidimensionalen Raum oder wenn alle im dreidimensionalen Raum liegen.
Vektoren aus dem zweidimensionalen Raum und dem dreidimensionalen Raum dürfen also nicht miteinander verrechnet werden.
Welcher Dimension ein Vektor angehört, erkennt man auf den ersten Blick an der Anzahl der Vektorkoordinaten (zwei Zahlen = zweidimensional, drei Zahlen = dreidimensional).

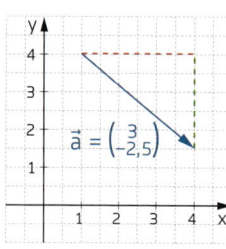
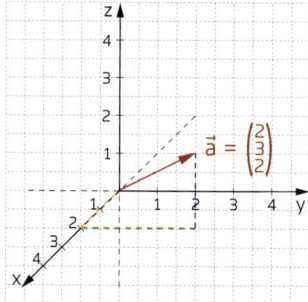

### Vektoren addieren

Um zwei Vektoren zu addieren, **addiert man die jeweiligen Koordinaten** — also die x-Koordinate des ersten Vektors zur x-Koordinate des zweiten Vektors, die y-Koordinate des ersten zu der des zweiten Vektors usw.
Werden mehrere Vektoren addiert, geht man analog vor und addiert die x-Koordinaten aller Vektoren, alle y-Koordinaten und bei Vektoren im dreidimensionalen Raum alle z-Koordinaten.

Allgemein sieht das folgendermaßen aus:

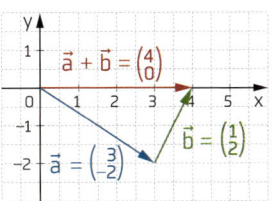

$$\begin{pmatrix} x_1 \\ y_1 \\ z_1 \end{pmatrix} + \begin{pmatrix} x_2 \\ y_2 \\ z_2 \end{pmatrix} = \begin{pmatrix} x_1 + x_2 \\ y_1 + y_2 \\ z_1 + z_2 \end{pmatrix}.$$

**BEISPIEL:**   $\vec{a} + \vec{b}$

$$= \begin{pmatrix} 3 \\ -2 \end{pmatrix} + \begin{pmatrix} 1 \\ 2 \end{pmatrix} = \begin{pmatrix} 3+1 \\ -2+2 \end{pmatrix} = \begin{pmatrix} 4 \\ 0 \end{pmatrix}$$

Grafisch können Vektoren addiert werden, indem man einfach den zweiten Vektor an die Spitze des ersten Vektors anhängt und dann den Anfang des ersten mit dem Ende des zweiten verbindet. Als Ergebnis erhält man den Summenvektor.

### Vektoren subtrahieren

Beim Subtrahieren geht man analog zum Addieren vor, d. h., es werden nur die jeweils zueinandergehörenden Koordinaten voneinander subtrahiert.

$$\begin{pmatrix} x_1 \\ y_1 \\ z_1 \end{pmatrix} - \begin{pmatrix} x_2 \\ y_2 \\ z_2 \end{pmatrix} = \begin{pmatrix} x_1 - x_2 \\ y_1 - y_2 \\ z_1 - z_2 \end{pmatrix}.$$

**BEISPIEL:**   $\vec{a} - \vec{b}$

$$= \begin{pmatrix} 2 \\ -2 \end{pmatrix} - \begin{pmatrix} 3 \\ 2 \end{pmatrix} = \begin{pmatrix} 2-3 \\ -2-2 \end{pmatrix} = \begin{pmatrix} -1 \\ -2 \end{pmatrix}$$

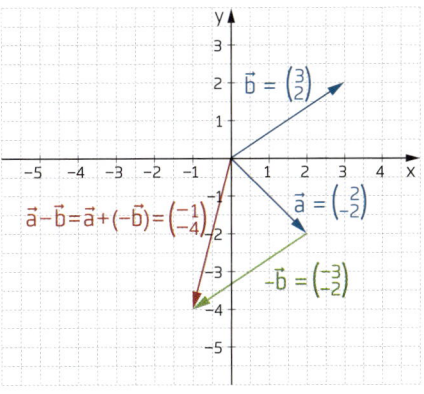

Auch grafisch ist die Subtraktion der Addition ähnlich – man bildet allerdings zuerst vom zu subtrahierenden Vektor den **Gegenvektor** und addiert diesen. Den Gegenvektor zu einem Vektor erhält man, indem man ihn um 180° dreht. Das entspricht einer Multiplikation mit −1.

**BEISPIEL:**   Gegenvektor zu $\begin{pmatrix} 3 \\ 2 \end{pmatrix}$: $(-1) \cdot \begin{pmatrix} 3 \\ 2 \end{pmatrix} = \begin{pmatrix} -3 \\ -2 \end{pmatrix}$

**PATZER VERMEIDEN!**   *Die Vektoraddition ist recht einfach und verläuft rechnerisch meist problemlos. Beim Zeichnen muss lediglich auf die korrekte Richtung der Vektoren geachtet werden. Bei der Vektorsubtraktion ist zu beachten, dass manchmal negative Koordinaten subtrahiert werden müssen, d. h., es ergibt sich „− (−x)", also „+ x". Auch hier muss beim Zeichnen die Ausrichtung des Vektors beachtet werden.*

## Multiplikation mit Vektoren

**WOZU EIGENTLICH?** *Vektoren können auf verschiedene Weise multipliziert werden. Dabei ist relevant, ob der zweite Faktor ebenfalls ein Vektor ist oder eine Zahl. Mithilfe der Produkte lassen sich über die Vektoren diverse Aussagen treffen, z. B. über die Länge, die Kollinearität oder den Winkel, den zwei Vektoren einschließen.*

### Multiplikation mit einer Zahl

Multipliziert man einen Vektor mit einer Zahl, verlängert man den Vektor auf das entsprechende Vielfache — Multiplikation mit 2 verdoppelt den Vektor, Multiplikation mit 12,5 verlängert ihn auf das 12,5-Fache.
Multiplikation mit einer negativen Zahl dreht zusätzlich die Richtung des Vektors um.
Bei einfachen Zahlen lässt sich ein solches Vielfaches schnell im Koordinatensystem zeichnen.
Rechnerisch multipliziert man jede Koordinate mit der Zahl.

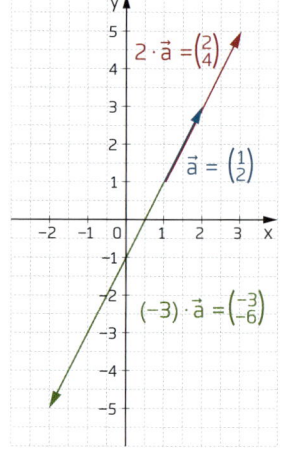

**BEISPIEL:** Multiplikation von $\binom{1}{2}$ mit 2 und −3:

$$\binom{1}{2} \cdot 2 = \binom{1 \cdot 2}{2 \cdot 2} = \binom{2}{4}$$

$$\binom{1}{2} \cdot (-3) = \binom{1 \cdot (-3)}{2 \cdot (-3)} = \binom{-3}{-6}$$

Das Multiplizieren mit einer Zahl spielt eine Rolle, wenn man die **Kollinearität** oder die **Komplanarität** eines Vektors überprüfen möchte (s. S. 238).

### Das Skalarprodukt

Multipliziert man zwei Vektoren miteinander, kann man das auf verschiedene Weise tun. In der Sekundarstufe I wird üblicherweise nur das Skalarprodukt behandelt. Dabei entsteht aus der Multiplikation zweier Vektoren eine reelle Zahl (und kein Vektor). Um auszudrücken, dass die Zahl keine Vektoreigenschaften wie Richtung und Orientierung hat, nennt man sie **Skalar.**

**Ein Skalarprodukt berechnen:** Zuerst multipliziert man gleiche Koordinaten der beiden Vektoren — also die x-Koordinate des ersten mit der x-Koordinate des zweiten Vektors, die y-Koordinate des ersten mit der y-Koordinate des zweiten und die z-Koordinate des ersten mit der z-Koordinate des zweiten Vektors. Anschließend addiert man die Produkte:

$$\vec{u} = \begin{pmatrix} u_1 \\ u_1 \\ u_1 \end{pmatrix}; \vec{v} = \begin{pmatrix} v_1 \\ v_1 \\ v_1 \end{pmatrix} \rightarrow \vec{u} \cdot \vec{v} = u_1 v_1 + u_2 v_2 + u_3 v_3$$

**BEISPIEL:**   $\vec{u} = \begin{pmatrix} 1 \\ 5 \\ 2 \end{pmatrix}; \vec{v} = \begin{pmatrix} -1 \\ 0 \\ 4 \end{pmatrix} \rightarrow \vec{u} \cdot \vec{v} = 1 \cdot (-1) + 5 \cdot 0 + 2 \cdot 4 = -1 + 0 + 8 = 7$

### Ein Skalarprodukt interpretieren:

**1.** Ist der Skalar > 0, also **positiv,** schließen die beiden multiplizierten Vektoren einen **spitzen Winkel** ein.

**2.** Ist der Skalar < 0, also **negativ,** schließen die beiden multiplizierten Vektoren einen **stumpfen Winkel** ein.

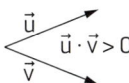

**3.** Das Skalarprodukt eines Vektors mit sich selbst ergibt das Quadrat der Länge des Vektors. Durch Multiplikation mit sich selbst und anschließendem Wurzelziehen lässt sich daher nicht nur die **Länge des Vektors,** sondern auch der **Abstand zwischen zwei Punkten** bestimmen — wenn man diese als Anfangs- und Endpunkt eines Vektors betrachtet. Die Länge des Vektors (die seinem Betrag entspricht) wird dabei mit $|\vec{v}|$ bezeichnet.

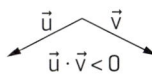

**BEISPIEL:**   Den Abstand des Punktes P (2|−2|5) vom Ursprung berechnen: Der Abstand von P zum Ursprung entspricht der Länge des Ortsvektors von P.

$$\vec{p} = \begin{pmatrix} 2 \\ -2 \\ 5 \end{pmatrix} \rightarrow |\vec{p}| = \sqrt{\vec{p} \cdot \vec{p}} = \sqrt{\begin{pmatrix} 2 \\ -2 \\ 5 \end{pmatrix} \cdot \begin{pmatrix} 2 \\ -2 \\ 5 \end{pmatrix}} = \sqrt{2^2 + (-2)^2 + 5^2}$$

$$= \sqrt{33} \approx 5{,}75$$

$\vec{p}$ ist ca. 5,75 Einheiten lang, P ist damit ca. 5,75 Einheiten vom Ursprung entfernt.

---

**PATZER VERMEIDEN!**   *Bei der Multiplikation mit einer reellen Zahl wird schnell übersehen, dass alle Koordinaten multipliziert werden müssen. Man sollte überprüfen, ob tatsächlich alle Koordinaten nach der Rechnung verändert sind. Beim Skalarprodukt wirkt es anfangs ungewohnt, dass aus der Multiplikation zweier Vektoren eine reelle Zahl entsteht. Außerdem kann man sich insbesondere bei Koordinaten mit verschiedenen Vorzeichen schnell verrechnen.*

# Geradengleichungen aufstellen

**WOZU EIGENTLICH?** *In Kapitel 2 „Algebra" wurden bereits Geradengleichungen mithilfe von Steigungen aufgestellt. In der analytischen Geometrie werden Geradengleichungen mithilfe von Vektoren aufgestellt – was anschaulicher ist, da die Koordinaten eines Vektors die Richtung vorgeben, in die die Gerade verläuft.*

### Geraden in der analytischen Geometrie

In der Geometrie braucht man zwei Punkte, um eine Gerade zeichnen zu können. In der analytischen Geometrie kann man Geraden wie gewohnt aus zwei Punkten ermitteln, zusätzlich aber auch aus einem Punkt und der Richtung der Geraden.

### Geradengleichung aus Stütz- und Richtungsvektor

Man kennt einen Punkt P auf der Geraden und einen Vektor $\vec{v}$, der ihre Richtung angibt und deshalb **Richtungsvektor** der Geraden heißt. Um erst einmal „auf die Gerade zu gelangen", nimmt man den Ortsvektor $\vec{p}$ des Geradenpunktes P – dieser wird als **Stützvektor** der Geraden bezeichnet. Um zu ermitteln, wie die Gerade von P aus verläuft, setzt man den bekannten Richtungsvektor $\vec{v}$ an das Ende von $\vec{p}$.

Die Gerade läuft nun durch $\vec{v}$. Indem man $\vec{v}$ beliebig vervielfacht (d.h. mit einer beliebigen reellen Zahl t multipliziert, s. S. 242), erfasst man alle Punkte auf der Geraden $\vec{x}$.

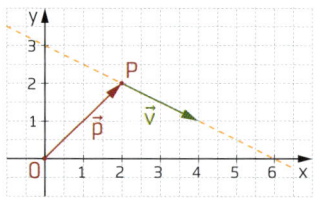

Durch eine Kombination des Stützvektors $\vec{p}$ und eines Vielfachen des Richtungsvektors $\vec{v}$ erhält man die **Geradengleichung:**

$$g: \vec{x} = \vec{p} + t \cdot \vec{v}$$

**BEISPIEL:** Gleichung der Geraden durch P(3|−1) mit dem Richtungsvektor $\vec{v} = \begin{pmatrix} -2 \\ 4 \end{pmatrix}$:

Ortsvektor zu P: $\vec{p} = \begin{pmatrix} 3 \\ -1 \end{pmatrix}$

Geradengleichung:
$$g: \vec{x} = \begin{pmatrix} 3 \\ -1 \end{pmatrix} + t \cdot \begin{pmatrix} -2 \\ 4 \end{pmatrix}; \ t \in \mathbb{R}$$

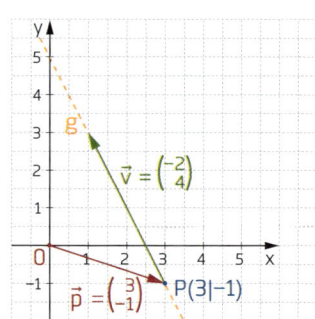

### Geradengleichung aus zwei Punkten einer Geraden

Sucht man die Gleichung einer Geraden, von der
man zwei Punkte P und Q kennt, beginnt man
ebenfalls mit einem Ortsvektor $\vec{p}$ zum ersten
der bekannten Punkte P – und erhält so den
**Stützvektor.**

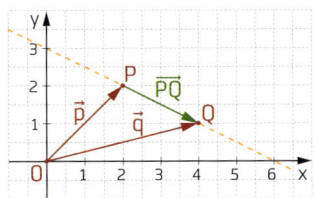

Nun ist der Vektor gesucht, dessen Anfangspunkt
in P und dessen Endpunkt im zweiten bekannten
Punkt Q liegt. Denn dieser Vektor $\overrightarrow{PQ}$ „verbindet" P und Q und gibt so die Richtung
der Geraden an – dieser Vektor ist der **Richtungsvektor.**
Um den Richtungsvektor zu ermitteln, subtrahiert man den Ortsvektor $\vec{p}$ des
ersten Punktes vom Ortsvektor $\vec{q}$ des zweiten Punktes (s. S. 241):
$\overrightarrow{PQ} = \vec{q} - \vec{p}$
Da die Gerade unendlich lang ist, wird auch hier wieder der Richtungsvektor
beliebig mit t vervielfacht.
**Geradengleichung:** $g: \vec{x} = \vec{p} + t \cdot \overrightarrow{PQ}$

**BEISPIEL:**    Eine Gerade geht durch die Punkte P (1|2) und Q (4|3).
Der Ortsvektor $\vec{p}$ zu P hat die Koordinaten $\binom{1}{2}$; er soll Stützvektor
werden. Der Ortsvektor $\vec{q}$ zu Q hat die Koordinaten $\binom{4}{3}$. Um den
Richtungsvektor $\overrightarrow{PQ}$ zu bestimmen, muss $\vec{p}$ von $\vec{q}$ subtrahiert werden:
$\overrightarrow{PQ} = \vec{q} - \vec{p} = \binom{4}{3} - \binom{1}{2} = \binom{3}{1}$.
(In der Abbildung ist die Subtraktion
skizziert (gestrichelte Vektoren). Der
Richtungsvektor $\overrightarrow{PQ}$ muss dann an das
Ende von $\vec{p}$ verschoben werden.)

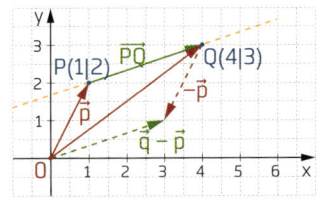

Es ergibt sich die Geradengleichung:
$g: \vec{x} = \binom{1}{2} + t \cdot \binom{3}{1}$.

Bei Vektoren im dreidimensionalen Raum – mit 3 Koordinaten – geht man
analog vor.

---

**PATZER VERMEIDEN!**    *Bei der Ermittlung der Geradengleichung aus zwei Punkten
muss der zweite Vektor erst berechnet werden. Die Vektorsubtraktion sollte also bereits verinnerlicht sein. Natürlich ist auch hier insbesondere auf die Vorzeichen bei der
Subtraktion zu achten.*

# 6

# ANHANG

# Glossar

**Absolutes Glied:** Das Glied in einer Funktion oder Gleichung, bei dem keine Variable steht. In $x^3 + 2x + 4 = 0$ ist „4" das absolute Glied.

**Achsenspiegelung:** Jeder beliebige Punkt kann an einer Geraden gespiegelt werden, indem man seinen Abstand zu der Geraden auf der anderen Seite der Geraden abträgt.

**Achsensymmetrisch:** Figuren und Körper, die an einer Geraden auf sich selbst abgebildet werden können.

**Addition:** Summand + Summand = Summe.

**Ähnlichkeit:** Ähnliche Figuren haben die gleiche Form, können aber unterschiedlich groß sein.

**Antiproportional:** Zwei Größen sind antiproportional, wenn sie sich im umgekehrten Verhältnis zueinander verändern: Wird die erste Größe verdoppelt, halbiert sich die zweite Größe etc.

**Äquivalenzumformung:** Rechnung, die man auf beiden Seiten einer Gleichung oder Ungleichung vornimmt. Dabei bleibt die Lösung unverändert.

**Arithmetischer Mittelwert:** Durchschnittswert aus einer Stichprobe:
$$\mu = \frac{\text{Summe aller Daten}}{\text{Anzahl der Daten}}$$

**Assoziativgesetz:** Rechengesetz, das für ↑Addition und ↑Multiplikation gilt: Die Reihenfolge der Rechenschritte darf vertauscht werden, ohne dass sich das Ergebnis dadurch ändert: $(5 + 8) + 2 = 5 + (8 + 2)$

**Asymptote:** Gerade, an die sich ein ↑Graph anschmiegt, sie aber nie berührt oder schneidet.

**Basis:** Die Zahl, die in einer ↑Potenz „unten steht" und potenziert werden soll.

**Bernoulli-Versuch:** Einstufiges ↑Zufallsexperiment mit genau zwei möglichen Ergebnissen.

**Betrag:** Der Betrag einer Zahl ist der Abstand dieser Zahl zur 0. Der Betrag ist immer positiv: $|-4| = 4$ und $|4| = 4$.

**Binomialkoeffizient:** Der Binomialkoeffizient gibt die Anzahl der Möglichkeiten an, aus n verschiedenen Objekten k Objekte zu ziehen (ohne Zurücklegen und ohne Berücksichtigung der Reihenfolge): $\binom{n}{k} = \frac{n!}{k! \cdot (n-k)!}$

**Bruchgleichung:** Gleichung, die mindestens einen Bruch enthält, in dessen ↑Nenner eine ↑Variable vorkommt.

**Definitionsbereich (Definitionsmenge):** Menge aller Zahlen, die in einer vorgegebenen Rechnung oder Funktion für die Variable „erlaubt" sind, ohne dass es zu mathematischen Widersprüchen kommt.

**Definitionslücke:** Wenn einzelne Werte nicht in eine Funktion eingesetzt werden können (weil es bspw. zur Division durch 0 kommen würde), ist deren ↑Graph nicht durchgängig zu zeichnen, sondern enthält eine Definitionslücke. Diese Werte müssen beim Definitionsbereich ausgeschlossen werden.

**Differenz:** Ergebnis einer ↑Subtraktion.

**Differenzialquotient:** Berechnung der ↑Steigung eines Funktionsgraphen in einem Punkt des Graphen: $f'(x) = \lim_{x_1 \to x_0} \frac{f(x_1) - f(x_0)}{x_1 - x_0}$

**Distributivgesetz:** Steht ein ↑Faktor vor einer Klammer, muss beim Ausmultiplizieren jedes einzelne Klammerglied mit diesem Faktor multipliziert werden: $a(b+c) = ab + ac$

**Dividend:** Die Zahl innerhalb einer ↑Division, die geteilt wird.

**Division:** Dividend : Divisor = Quotient.

**Divisor:** Der Teiler innerhalb einer ↑Division.

**Doppelbruch:** Ein Bruch, dessen ↑Zähler und ↑Nenner ebenfalls Brüche sind.

**Drehsymmetrisch:** Kann man eine Figur durch Drehung auf sich selbst abbilden, ist sie drehsymmetrisch.

**Dreieck, gleichschenkliges:** Dreieck mit zwei gleich langen ↑Schenkeln.

**Dreieck, gleichseitiges:** Alle drei Seiten des Dreiecks sind gleich lang.

**Dreieck, rechtwinkliges:** Einer der Winkel des Dreiecks beträgt 90°.

**Dreieck, spitzwinkliges:** Alle Winkel des Dreiecks sind kleiner als 90°.

**Dreieck, stumpfwinkliges:** Ein Winkel des Dreiecks ist größer als 90°.

**Ereignis:** Zusammenfassung aller erwünschten ↑*Ergebnisse.* Ein sicheres Ereignis liegt vor, wenn das Ereignis auf jeden Fall eintritt (z.B. Ziehen einer blauen Kugel aus zehn blauen Kugeln); ein unmögliches Ereignis, wenn das Ereignis gar nicht eintreten kann (z. B. Ziehen einer roten Kugel aus zehn blauen Kugeln).

**Ergebnis:** Ausgang eines ↑*Zufallsexperiments.*

**Ergebnismenge:** Menge aller möglichen ↑*Ergebnisse* eines ↑*Zufallsexperiments.*

**Erwartungswert:** Das durchschnittlich zu erwartende Ergebnis nach sehr häufigem Durchführen eines ↑*Zufallsexperiments,* bspw. der durchschnittlich zu erwartende Gewinn beim Glücksspiel.

**Erweitern:** ↑*Multiplikation* von ↑*Zähler* und ↑*Nenner* eines Bruches mit derselben Zahl. Der Wert des Bruches bleibt unverändert.

**Eulersche Zahl e:** Die Zahl e ≈ 2,718.

**Exponent:** „Hochzahl" bei einer ↑*Potenz.* Gibt an, wie oft die ↑*Basis* mit sich selbst multipliziert werden muss.

**Exponentialfunktion:** Funktion der Form: $f(x) = a^x$

**Extrempunkt:** Oberbegriff für ↑*Hochpunkte* und ↑*Tiefpunkte.*

**Faktor:** Zahl, mit der multipliziert wird.

**Fakultät einer Zahl:** Die Zahl wird mit jeder ganzen Zahl zwischen 1 und der Zahl selbst multipliziert: $5! = 5 \cdot 4 \cdot 3 \cdot 2 \cdot 1 = 120$

**Funktion:** Ordnet einem Wert x aus der Definitionsmenge eindeutig einen Wert f(x) aus der Wertemenge zu.

**Ganze Zahlen:** ↑*Zahlenbereich* $\mathbb{Z} = \{... ; -4; -3; -2; -1; 0; 1; 2; 3; 4; ...\}$

**Gebrochenrationale Funktion:** Der Funktionsterm enthält mindestens einen Bruch, der mindestens im ↑*Nenner* ↑*Variablen* enthält.

**Gegenereignis:** Alle ↑*Ergebnisse,* die nicht zum Erfolg führen.

**Gegenzahl:** Zahlen mit dem gleichen ↑*Betrag,* aber unterschiedlichem Vorzeichen: 5 und −5.

**Gemischte Zahl:** Eine Zahl, die aus einer ↑*ganzen Zahl* und einem Bruch besteht: $2\frac{3}{8}$.

**Gemischt quadratisch:** ↑*Terme* oder Gleichungen mit ↑*quadratischem,* ↑*linearem* und ↑*absolutem Glied,* bspw.: $x^2 - 3x + 14$

**Gestreckter Winkel:** Winkel von 180°.

**Gleichungssystem, lineares:** Mehrere ↑*lineare* Gleichungen mit mehreren ↑*Variablen.* Eine Lösung des Gleichungssystems muss jede einzelne Gleichung lösen. Gelöst wird mit Additions-, Einsetzungs-, Gleichsetzungsverfahren oder zeichnerisch.

**Grad einer Funktion:** Der höchste vorkommende ↑*Exponent* einer ↑*Funktion* ($x^2$: Funktion zweiten Grades; $x^3$: Funktion dritten Grades etc.)

**Graph:** Schaubild einer ↑*Funktion* in einem Koordinatensystem.

**Grundwert:** Gibt bei Prozentrechnung an, welche Anzahl oder Menge der Gesamtheit (also 100%) entspricht.

**Halbgerade:** Eine Linie, die einen Anfangspunkt hat, in die andere Richtung aber unendlich lang ist.

**Häufigkeit, absolute:** tatsächliche (zählbare) Anzahl, mit der ein Ergebnis bei einem ↑*Zufallsexperiment* auftritt.

**Häufigkeit, relative:** in der Stochastik:

$$\frac{\text{absolute Häufigkeit}}{\text{Anzahl der Versuchswiederholungen}}$$

**Hauptnenner:** Brüche lassen sich nur addieren oder subtrahieren, wenn sie denselben ↑*Nenner* haben. Ggf. müssen sie dafür ↑*erweitert* werden. Der gemeinsame Nenner, der dadurch entsteht, heißt Hauptnenner; er entspricht dem kleinsten gemeinsamen Vielfachen der beiden Nenner.

**Hochpunkt:** Punkt, zu dem hin ein ↑*Graph* aufsteigt und danach wieder abfällt.

**Höhe:** Die Strecke in einem Dreieck, die von einer Ecke ausgeht und senkrecht auf die gegenüberliegende Seite fällt. Jedes Dreieck hat 3 Höhen, zu jeder Seite eine.

**Höhensatz (des Euklid):** (Höhe zur Hypotenuse)$^2$ = Produkt aus den Hypotenusenabschnitten.

**Hyperbel:** ↑*Graph* einer ↑*antiproportionalen* Funktion: $y = \frac{k}{x}$.

**Hypotenuse:** Die Seite im rechtwinkligen ↑*Dreieck,* die dem ↑*rechten Winkel* gegenüberliegt.

**Hypotenusenabschnitte:** Die ↑*Höhe* auf der ↑*Hypotenuse* teilt diese in die beiden Hypotenusenabschnitte.

**Inkreis:** Der Inkreis einer Figur berührt alle Seiten dieser Figur.

**Inkreismittelpunkt:** Der Schnittpunkt aller drei ↑*Winkelhalbierenden* in einem Dreieck ist der Mittelpunkt des Inkreises des Dreiecks.

**Irrationale Zahlen:** ↑*Zahlenbereich* der Zahlen, die sich weder als Dezimalzahl noch als Bruch schreiben lassen, weil sie unendlich viele Nachkommastellen besitzen.

**Katheten:** Seiten des rechtwinkligen Dreiecks, die die Schenkel des ↑*rechten Winkels* bilden.

**Kathetensatz (des Euklid):**
Kathete² = Hypotenuse × entsprechendem Hypotenusenabschnitt.

**Kapital:** Gibt in der Zinsrechnung an, wie viel 100 % beträgt; entspricht dem ↑*Grundwert* der Prozentrechnung.

**Kegel:** Spitz zulaufender Körper mit runder Grundfläche.

**Koeffizient:** ↑*Faktor*, der direkt vor einer ↑*Variablen* steht.

**Kommutativgesetz:** Rechengesetz, das für ↑*Addition* und ↑*Multiplikation* gilt: Die Reihenfolge von Summanden bzw. Faktoren darf vertauscht werden, ohne dass sich das Ergebnis ändert: 4 + 3 = 3 + 4 = 7

**Komplementärwinkel:** Zu jedem ↑*spitzen Winkel* gehört ein Komplementärwinkel. Gemeinsam ergeben sie einen ↑*rechten Winkel*, 90°.

**Kongruenz:** Zwei Figuren sind kongruent, wenn man sie genau passend aufeinanderlegen kann. Sie sind deckungsgleich.

**Kosinus eines Winkels α:**
$$\cos\alpha = \frac{\text{Länge der Ankathete}}{\text{Länge der Hypotenuse}}$$

**Kosinussatz:** Für Berechnungen in beliebigen Dreiecken: $a^2 = b^2 + c^2 - 2bc \cdot \cos\alpha$

**Kosinusfunktion:** ↑*Funktion* der Form:
$f(x) = a\cos x$.

**Kotangens eines Winkels α:**
$$\cot\alpha = \frac{\text{Länge der Ankathete}}{\text{Länge der Gegenkathete}}$$

**Kreisabschnitt:** Ausschnitt aus einem Kreis, der von einer ↑*Sehne* und einem ↑*Kreisbogen* begrenzt wird.

**Kreisbogen:** Ausschnitt aus der Kreislinie.

**Kreissektor:** Ausschnitt aus einem Kreis, der von zwei Radien und einem ↑*Kreisbogen* begrenzt wird.

**Kugelabschnitt:** Mit einem geraden Schnitt abgetrenntes Kugelstück.

**Kugelausschnitt:** Ausschnitt aus einer Kugel, der gebildet wird, indem man an den ↑*Kugelabschnitt* einen ↑*Kegel* „klebt", dessen Spitze im Kugelmittelpunkt liegt.

**Kugelkappe:** Oberfläche eines ↑*Kugelabschnittes*.

**Kugelsektor:** ↑*Kugelausschnitt*.

**Kürzen:** ↑*Division* von ↑*Zähler* und ↑*Nenner* eines Bruches durch dieselbe Zahl. Der Wert des Bruches ändert sich nicht.

**Laplace-Versuch:** ↑*Zufallsexperiment*, bei dem jedes ↑*Ergebnis* die gleiche Wahrscheinlichkeit hat. Die Wahrscheinlichkeit ist:
$$P(E) = \frac{\text{Anzahl der günstigen Ergebnisse}}{\text{Anzahl aller möglichen Ergebnisse}}$$

**Linear:** ↑*Terme*, Gleichungen oder ↑*Funktionen* sind linear, wenn der höchste ↑*Exponent* der Variable 1 ist.

**Logarithmus:** Eine Umkehrung des Potenzierens, mit der der ↑*Exponent* der ↑*Potenz* ermittelt werden kann:
$4^3 = 64 \Rightarrow 3 = \log_4 64$
**dekadischer** Logarithmus: zur Basis 10,
**natürlicher** Logarithmus: zur Basis e.

**Logarithmusfunktion:** Umkehrfunktion der ↑*Exponentialfunktion* der Form: $f(x) = \log_a x$

**Lösungsmenge:** Menge aller Zahlen, die eine Gleichung oder Ungleichung lösen.

**Lot:** ↑*Halbgerade* oder ↑*Strecke*, die im ↑*rechten Winkel* auf eine Linie trifft.

**Median:** Der Wert, der bei einer Stichprobe in der Mitte liegt, wenn man die Werte der Stichprobe der Größe nach ordnet.

**Minuend:** Die Zahl, von der bei einer ↑*Subtraktion* etwas abgezogen wird.

**Mittelpunktswinkel:** Winkel im Kreismittelpunkt; wird von zwei Radien eingeschlossen.

**Mittelsenkrechte:** Gerade, die eine ↑*Strecke* senkrecht durchläuft und sie halbiert.

**Modalwert:** Der Wert, der in einer Datenmenge am häufigsten vorkommt.

**Monotonie:** Eine Funktion ist streng monoton, wenn ihre Funktionswerte bei zunehmendem x ebenfalls immer zunehmen (streng monoton wachsend) oder immer abnehmen (streng monoton fallend). Gibt es neben wachsenden bzw. fallenden Funktionswerte auch gleich bleibende, ist die Funktion monoton wachsend bzw. monoton fallend.

**Multiplikation:** Faktor × Faktor = Produkt.

**Natürliche Zahlen:** ↑*Zahlenbereich*
$\mathbb{N}$ = {0; 1; 2; 3; 4; …}.

**Nebenwinkel:** Schneiden sich zwei Geraden, ergeben im Schnittpunkt zwei nebeneinanderliegende Winkel 180°.

**Nenner:** Die Zahl, die im Bruch unterhalb des Bruchstriches steht.

**Normalparabel:** ↑*Graph* der einfachsten ↑*quadratischen* Funktion f(x) = $x^2$.

**Nullstelle:** Schnittpunkt des ↑*Graphen* einer Funktion mit der x-Achse.

**Ortsvektor:** ↑*Vektoren*, die im Ursprung beginnen.

**Parabel:** ↑*Graph* einer ↑*quadratischen* ↑*Funktion*.

**Periode:** a) Unendlich oft wiederkehrende Nachkommastellen; b) Graphenabschnitte bei einer *periodischen* ↑*Funktion*.

**Pi:** Zahl, die das Verhältnis vom Umfang eines Kreises zu dessen Durchmesser angibt:
$\pi$ = 3,141592653589…

**Potenz:** Zusammenfassende Darstellung einer wiederholten Multiplikation einer Zahl mit sich selbst. Eine Potenz besteht aus einer ↑*Basis* und einem ↑*Exponenten*, bspw. $6^3$. Der Exponent gibt an, wie oft die Basis mit sich selbst multipliziert werden muss: $6^3 = 6 \cdot 6 \cdot 6$.

**Potenzfunktion:** ↑*Funktion* der Form: f(x) = $x^n$.

**p-q-Formel:** Formel zum Lösen ↑*quadratischer* Gleichungen in der Normalform $x^2 + px + q = 0$:
$$x_{1,2} = -\frac{p}{2} \pm \sqrt{\left(\frac{p}{2}\right)^2 - q}$$

**Primfaktorzerlegung:** Jede ↑*natürliche Zahl* lässt sich in ein ↑*Produkt* zerlegen, das nur ↑*Primzahlen* als Faktoren hat.

**Primzahl:** Eine Zahl, die nur durch 1 und sich selbst (ohne Rest) teilbar ist.

**Prisma:** Körper, die zwei parallele, ↑*kongruente* Grundflächen besitzen.

**Produkt:** Ergebnis einer ↑*Multiplikation*.

**Proportionalität:** Zwei Größen verändern sich immer im gleichen Verhältnis zueinander: Wird eine Größe verdoppelt, verdoppelt sich die zweite auch.

**Prozentsatz:** Gibt in der Prozentrechnung einen Anteil des Ganzen in % an.

**Prozentwert:** Gibt in der Prozentrechnung einen Anteil des Ganzen als Zahl an.

**Punktspiegelung:** Jeder Punkt kann an einem weiteren Punkt (dem Spiegelpunkt) gespiegelt werden, indem man den Abstand der beiden auf der anderen Seite des Spiegelpunktes abträgt.

**Punktsymmetrisch:** Figuren und Körper, die durch Spiegelung an einem Punkt auf sich selbst abgebildet werden können.

**Pyramide:** Spitz zulaufender Körper mit eckiger Grundfläche.

**Quadratisch:** ↑*Terme*, Gleichungen oder ↑*Funktionen* sind quadratisch, wenn der höchste ↑*Exponent* der Variable 2 ist.

**Quartil:** Nach Zerlegung einer geordneten Datenliste in Viertel ergeben sich drei Grenzen zwischen diesen – die Quartile.

**Quotient:** Das Ergebnis einer ↑*Division*.

**Radikand:** Die Zahl „unter der Wurzel".

**Rationale Zahlen:** ↑*Zahlenbereich*, der alle Zahlen enthält, die sich als Brüche darstellen lassen.

**Raute (Rhombus):** Viereck mit paarweise parallelen Seiten, die alle gleich lang sind.

**Rechter Winkel:** Winkel von 90°.

**Reelle Zahlen:** ↑*Zahlenbereich*, der sowohl die ↑*rationalen Zahlen* als auch die ↑*irrationalen Zahlen* enthält.

**Rein quadratisch:** ↑*Terme* oder Gleichungen, die nur aus einem ↑*quadratischen* Glied und einem ↑*absoluten Glied* bestehen: $x^2 - 9 = 0$.

**Richtungsvektor:** ↑*Vektor*, der parallel auf eine Gerade gelegt wird, um ihre Richtung anzuzeigen.

**Satz des Pythagoras:**
Kathete² + Kathete² = Hypotenuse².

**Satz des Thales:** Liegt der Punkt C eines Dreiecks ABC auf einem Halbkreis über der ↑*Strecke* AB, hat das Dreieck bei C einen rechten Winkel.

**Scheitelpunkt:** ↑*Tiefpunkt* oder ↑*Hochpunkt* einer ↑*Parabel*.

**Scheitelwinkel:** Schneiden sich zwei Geraden, sind sich im Schnittpunkt gegenüberliegende Winkel gleich groß.

**Schenkel:** Strahlen, die einen Winkel einschließen.

**Sehne:** ↑*Strecke*, die von einem Punkt der Kreislinie zu einem zweiten verläuft.

**Sehnensatz:** Schneiden sich zwei ↑*Sehnen*, ist das ↑*Produkt* der beiden Abschnitte immer gleich groß.

**Seitenhalbierende:** Die Seitenhalbierende in einem Dreieck ist eine ↑*Halbgerade*, die in einer Ecke startet und die gegenüberliegende Seite halbiert. Der Schnittpunkt aller Seitenhalbierenden eines Dreiecks ist der Schwerpunkt des Dreiecks.

**Sekante:** Gerade, die durch zwei Punkte der Kreislinie verläuft.

**Sinus eines Winkels α:**

$$\sin\alpha = \frac{\text{Länge der Gegenkathete}}{\text{Länge der Hypotenuse}}$$

**Sinusfunktion:** ↑*Funktion* der Form: $f(x) = a\sin x$

**Sinussatz:** In beliebigen Dreiecken:

$$\frac{a}{\sin\alpha} = \frac{b}{\sin\beta} = \frac{c}{\sin\gamma}$$

**Spannweite:** Das einfachste ↑*Streuungsmaß*: größter Wert – kleinster Wert.

**Spitzer Winkel:** Winkel zwischen 0° und 90°.

**Standardabweichung:** ↑*Streuungsmaß*: Wurzel aus der ↑*Varianz*.

**Steigung:** Gibt an, wie flach oder steil ein ↑*Graph* in einem Punkt verläuft.

**Steigungsdreieck:** gedachtes Dreieck an einer Geraden im Koordinatensystem. Hilfsmittel, um die ↑*Steigung* einer ↑*linearen* ↑*Funktion* abzulesen.

**Strecke:** Linie, die einen eindeutigen Anfangs- und Endpunkt besitzt.

**Streckfaktor:** Gibt an, um wie viel eine Figur verkleinert oder vergrößert wird.

**Streckzentrum:** Bei einer ↑*zentrischen Streckung* misst man alle Abstände zwischen dem Streckzentrum und den Punkten einer Figur und vervielfacht diese Abstände um den ↑*Streckfaktor* k.

**Streuungsmaß:** Abweichung der Daten vom ↑*arithmetischen Mittelwert* oder vom ↑*Median*.

**Stufenwinkel:** Werden zwei parallele Geraden von einer dritten Geraden geschnitten, sind in den Schnittpunkten zwei parallel versetzte Winkel gleich groß.

**Stumpfer Winkel:** Winkel zwischen 90° und 180°.

**Stützvektor:** ↑*Ortsvektor*, der zu einem Punkt auf einer Geraden führt.

**Subtrahend:** Die Zahl, die bei einer ↑*Subtraktion* abgezogen wird.

**Subtraktion:** Minuend – Subtrahend = Differenz

**Summand:** Zahl, die zu einer anderen addiert wird.

**Summe:** Das Ergebnis einer ↑*Addition*.

**Tangens eines Winkels α:**

$$\tan\alpha = \frac{\text{Länge der Gegenkathete}}{\text{Länge der Ankathete}}$$

**Tangensfunktion:** ↑*Funktion* der Form: $f(x) = a\tan x$

**Tangente:** Gerade, die einen Kreis in einem einzigen Punkt berührt.

**Term:** Rechenausdruck, der Zahlen, ↑*Variablen*, Rechenzeichen oder Klammern enthalten kann. Er kann berechnet werden, sobald man für die Variablen Werte eingesetzt hat.

**Tiefpunkt:** Punkt, zu dem hin ein ↑*Graph* abfällt und danach wieder aufsteigt.

**Trapez:** Viereck mit einem parallel verlaufenden Seitenpaar.

**Überstumpfer Winkel:** Winkel zwischen 180° und 360°.

**Umfangswinkel:** Winkel, der auf der Kreislinie liegt.

**Umkreis:** Der Umkreis einer Figur verläuft durch alle Ecken dieser Figur.

**Umkreismittelpunkt:** Ergibt sich im Dreieck aus dem Schnittpunkt aller drei ↑Mittelsenkrechten.

**Variable:** Platzhalter in einem ↑Term; wird meist als Buchstabe dargestellt, z.B.: 3 + x. Der Term lässt sich erst berechnen bzw. eine Gleichung erst lösen, wenn für die Variablen Zahlenwerte eingesetzt werden.

**Varianz:** ein ↑Streuungsmaß.

**Vektor:** Pfeil im Koordinatensystem, der Länge, Richtung und Orientierung anzeigt. Ein Vektor kann überall im Koordinatensystem liegen, da er die Menge aller zueinander parallelen, gleich langen und gleich gerichteten Pfeile darstellt.

**Verschiebungssymmetrisch:** Verschiebung einer Figur derart, dass sie auf sich selbst abgebildet wird.

**Vollwinkel:** Winkel mit einer Größe von 360°.

**Wahrscheinlichkeitsverteilung:** Aufteilung der Gesamtwahrscheinlichkeit von 100% auf alle möglichen ↑Ergebnisse.

**Wechselwinkel:** Werden zwei parallele Geraden von einer dritten Geraden geschnitten, sind in den Schnittpunkten schräg gegenüberliegende Winkel gleich groß.

**Wendepunkt:** Punkt, an dem ein ↑Graph seine Krümmung ändert, also von einer Linkskurve in eine Rechtskurve übergeht oder umgekehrt.

**Winkelhalbierende:** Gerade, die durch einen Winkel verläuft und diesen in zwei gleich große Teile teilt.

**Wurzelexponent:** Die Zahl „über der Wurzel". Der Wurzelexponent gibt an, die wievielte Wurzel gezogen wird. Steht dort keine Zahl, geht man vom Wurzelexponenten 2 aus.

**Wurzelfunktion:** Umkehrfunktion der ↑Funktion $f(x) = x^2 \rightarrow f^{-1}(x) = \sqrt{x}$

**y-Achsenabschnitt:** Schnittpunkt eines ↑Graphen mit der y-Achse.

**Zahlenbereich:** Menge von Zahlen mit gleichen Eigenschaften, wie ↑natürliche Zahlen, ↑ganze Zahlen, ↑rationale Zahlen, ↑reelle Zahlen usw.

**Zahlengerade:** Eine (waagerechte) Skala, die nach links und rechts unendlich weit geht. Es werden gleichmäßige Zählabstände eingetragen, die das Ordnen von Zahlen erleichtern.

**Zahlenstrahl:** Ähnlich der ↑Zahlengeraden, jedoch nur in eine Richtung unendlich lang und am anderen Ende begrenzt (meistens mit der 0 als Startpunkt).

**Zähler:** Die Zahl, die im Bruch oberhalb des Bruchstriches steht.

**Zehnerpotenz:** Zahlen, die sich durch eine ↑Multiplikation darstellen lassen, bei der nur 10 als ↑Faktor vorkommt, bspw. 10, 100, 1000, 10 000 usw.

**Zentralwert:** ↑Median.

**Zentrische Streckung:** Vergrößerung oder Verkleinerung einer geometrischen Figur mithilfe eines ↑Streckzentrums und eines ↑Streckfaktors.

**Zinsen:** Gibt in der Zinsrechnung einen Anteil am Ganzen (↑Kapital) als Betrag an.

**Zinseszinsen:** Bei mehrjähriger Kapitalanlage verändert sich das zu verzinsende ↑Kapital von Jahr zu Jahr, weil immer die ↑Zinsen des Vorjahres dazukommen. Die Zinsen der Vorjahre werden ebenfalls verzinst.

**Zinsfaktor:** ↑Faktor, mit dem bei mehrjähriger Kapitalanlage das ↑Kapital multipliziert wird, um das Endkapital zu berechnen: $q^n = (p + \frac{1}{100})^n$

**Zinssatz:** Gibt in der Zinsrechnung einen Anteil am Ganzen (dem ↑Kapital) in % an.

**Zufallsexperiment:** In der Stochastik ein Vorgang mit ungewissem Ausgang, der beliebig oft wiederholt werden kann (mehrstufig), wie Münzwurf oder Würfeln.

**Zuordnung:** Eine Zuordnung ordnet einem Element aus der Definitionsmenge ein Element aus der Wertemenge zu. Ist die Zuordnung eindeutig, wird jedem Element also genau ein anderes Element zugeordnet, ist die Zuordnung eine ↑Funktion.

**Zylinder:** Körper mit einer rechteckigen Mantelfläche und runder Grund- und Deckfläche.

# Register

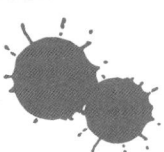